逻辑学·编辑学·文学随笔

——李小虎文集

李小虎　著

山东大学出版社
SHANDONG UNIVERSITY PRESS
·济南·

图书在版编目(CIP)数据

逻辑学·编辑学·文学随笔:李小虎文集/李小虎著.—济南:山东大学出版社,2022.5
ISBN 978-7-5607-6856-4

Ⅰ.①逻… Ⅱ.①李… Ⅲ.①编辑学—文集②逻辑学—文集③文学理论—文集Ⅳ.①G232—53②B81—53③I0—53

中国版本图书馆 CIP 数据核字(2022)第 066789 号

责任编辑 姜 山
文案编辑 肖世伟
封面设计 张 荔

逻辑学·编辑学·文学随笔
LUOJIXUE BIANJIXUE WENXUESUIBI
——李小虎文集

出版发行	山东大学出版社
社 址	山东省济南市山大南路 20 号
邮政编码	250100
发行热线	(0531)88363008
经 销	新华书店
印 刷	山东新华印务有限公司
规 格	720 毫米×1000 毫米 1/16
	24.25 印张 361 千字
版 次	2022 年 5 月第 1 版
印 次	2022 年 5 月第 1 次印刷
定 价	72.00 元

总　序

《山东师范大学学报》(人文社会科学版)已经走过60多个春秋。回顾学报的学术建设历程,我们不会忘记开拓者筚路蓝缕的艰辛,几代学报人的勤奋耕耘。正是由于一代代编辑们的努力,学报逐渐地形成了“传承学术,弘扬真理”的优良传统。为了不忘初心,砥砺前行,我们决定出版这样一套大致体现学报学术水准的论文选,以表达向这份学术期刊的致敬。

《山东师范大学学报》(人文社会科学版)最早可以追溯到1954年,当年,山东师范学院成立了校刊编辑委员会,编辑出版了《山东师院》(内部刊物)。1956年5月,上级部门同意山东师范学院出版“‘教与学’学报”,随后,学校成立校刊编辑室,正式出版了《教与学》。1957年12月,学校成立学报编辑委员会,以《山东师范学院学报》(人文科学)为名,正式出版了学报第1期(总1期)。之后,学报的现代文学版、地理版不定期地编辑出版。1967年,《山东师范学院学报》改名为《黄河评论》。1971年,学报改名为《教革简讯》。次年,又改为《山东师院》。1976年,改为《山东师院学报》(社会科学版)。1981年,山东师范学院升格为山东师范大学,《山东师院学报》(社会科学版)改为《山东师大学报》(哲学社会科学版)。2002年,学报由《山东师大学报》(哲学社会科学版)改为《山东师范大学学报》(人文社会科学版)。

面对这样一份具有60多年历史的学术期刊,我们计划对其历史渊源进行系统的梳理,彻底理清其历史发展的轨迹。然而,在实际工作中,却发现存在着不少难以逾越的障碍,主要在于历史资料的散佚。有鉴于此,我们除了继续通过图书馆、网络渠道搜购缺失的学报文本外,还启动了作为基础性建设工程的资料搜集和整理工作:一是搜集整理了学报1978~2016年被《新华文摘》和人大“复印报刊资料”转载复印等较为详尽的数据(详见翟德耀《新时期以来〈山东师范大学学报〉(人文社会科学版)学术建设述略》一文,载《山东师范大学学报》2017年第5期);二是即将付梓的这套文粹。

或许有人认为学术论文在学报发表后再编辑出版会给人以叠床架屋之感,似乎没有太大的必要,其实并不然。学报作为综合性的学术期刊,其栏目涉及人文社会科学的方方面面,其论文来自人文社会科学的不同学科,这样一来，综合性的学术期刊便犹如一个拼盘，其中盛放的诸多瓜果品类大不相同，效能也大不相同，这种情形相对于分化得日益专业化的读者阅读期待来讲，自然难以满足不同口味的读者需求。尽管，随着大数据时代的到来，诸多的数据库为读者查阅资料提供了许多便利，但缘于数据库呈现在读者面前的只是单篇论文，而对学术期刊的栏目设置及其刊发论文的整体面貌则无缘窥视，这就使得学术期刊这一重要平台退到了历史的幕后。为了保持期刊的学术风貌，也为了满足读者专业研究的需求，把发表在学术期刊上的论文进行分类梳理，从中精选出一些代表性的论文按照学科专业或专题出版，便显得很有必要。

其实，把学术期刊上发表的论文编选出代表性的论文再次出版，早已是一些名刊的惯例。《文史哲》就有与著名出版机构合作，将刊发过的文章按专题结集出版的传统。早在1957年，该杂志曾与中华书局合作，以"《文史哲》丛刊"为名，推出了一系列研究专集；近几年，《文史哲》编辑部与商务印书馆合作，推出了一系列研究专集。《中国社会科学》编辑部推出了四卷本的《〈中国社会科学〉创刊三十五周年论文选(1980～2014)》。这些名刊的实践经验充分说明，分门别类地编选的论文集，能够集中地展示一份学术期刊长期以来的学术坚守，其学术影响力也会随之扩大，产生叠加效应。

正是基于这样的考虑，我们编选了这套《山东师范大学学报》(人文社会科学版)文选。为了便于读者更直观地了解历史，我们辑录了60年来的论文，为以后再往历史深处延伸作好铺垫。我们希望，在重新编选并集纳成册之后，这些既体现了作者学术创新水平又承载了编辑学术愿景的文选，能够唤醒老读者的阅读情感体验，同时也能够满足新读者的阅读期待，从而为我国学术事业的繁荣发展发挥积极的作用。

李宗刚

2017年11月22日

(2020年修订)

自 序

我接触逻辑学、编辑学与文学比较晚。初中上了一年,“文化大革命”开始,然后上农场种地,去工厂修车,到部队当兵,进机关工作,直到 1977 年恢复高考,我作为七七级首届本科生进校才开始接触逻辑学、编辑学和文学。

说来也巧,我差不多是在同一时间听这三门课的。学了逻辑学,觉得“有骨头”了;学了文学,觉得“有肉”了;学了编辑学,觉得“有筋”了。我不知不觉喜欢上逻辑学、编辑学和文学,像极了爱情。

留校后,我选教了逻辑学。一边教学,一边思考着有关理论与应用问题,逐渐有了自己的一些想法。这些想法既不同于过往别人的认识,又有别于自己已有的认知,整理发表后,引起一些同行的关注。1982 年 7 月,我受邀参加了中国逻辑与语言研究会在贵阳市教师进修学院(今贵阳大学)举办的全国首届语言逻辑讲习班,与同行特别是前辈老师面对面地交流,坚定了自己要下功夫弄清逻辑理论与应用问题的想法。之后,我写了一些论文,收录到本书中一部分,如《关于传统逻辑的公理》《关于定义的规则》《关于划分的规则》《命题三论》《论关系命题的逻辑性质》《推理不是传统逻辑的主体部分》《论传统形式逻辑中的关系推理》《消解形式逻辑四律》《毛泽东:两种逻辑观念的阐扬人》《毛泽东逻辑观念的嬗变及其意义》,等等。

在承担教学任务的同时,我也做着学报编辑工作,多年与文字打交道,深深地体会到编辑工作既是事务性的,也是学术性的,必须具有足够的专业知识。其中,编辑学、逻辑学和文学知识尤为重要。编辑学是讲工作规律的,不懂得编辑学,不知道干什么;逻辑学是讲思维规律的,不懂得逻辑学,不知道为什么干;文学是讲表达规律的,不懂得文学,不知道怎么干。

有一次,我在《山东师范大学学报》(人文社会科学版)首篇编发了一篇文章,内容是马克思主义基本理论方面的。没想到社会上有人以书面的形式、用责备的口气问我:“你编发的这篇文章的内容你自己信不信?如果你信,那么你就是一个傻子;如果你不信,那么你就是一个骗子;你或者信,或者不信;总之,你或者是个傻子,或者是个骗子。”我一向不喜欢“有来无回”的做法,便很快以同样的方式、用责编的口气回复了对方。我说:“你的这段话,构造的是一个二难推理,但遗憾的是,它的两个假言命题的前件与后件之间不具有充分条件关系。充分条件关系是有前件，肯定有后件；无前件，不一定无后件。而‘你信’与‘你就是一个傻子’之间，‘你不信’与‘你就是一个骗子’之间，构不成这种关系。你连起码的逻辑规则和要求都不懂，不配提马克思主义。马克思是讲逻辑的典范，他的《资本论》通过对资本主义经济现象的科学抽象，形成了各种科学概念，并在把这些概念从抽象上升到具体的逻辑进程中，再现出资本主义经济运行的规律。恩格斯的《反杜林论》阐明了辩证逻辑的基本内容和研究方向。列宁的《哲学笔记》则提出辩证逻辑许多重要的原则。我相信马克思主义不仅是因为马克思、恩格斯和列宁的著作本身是逻辑科学，只能证实，不能证伪，而且是因为它是科学世界观和方法论。一百多年来，除了马克思主义，没有别的主义能够探究出人类真正的精神价值和生命意义。我为自己有热情学也有资格编马克思主义的基本理论稿件而骄傲。”对方没再来信说些什么，想必是被说服了，或者无理可辩。这件事让我真切地感受到编辑工作者的理论自信，与逻辑学知识密不可分。

做编辑工作期间，我把逻辑学与编辑学结合起来，探讨“如何提升学报质量和突出刊物特色”的问题，也写了些论文，本书中收录了《加大学报编辑工作的逻辑含量》《词项伸缩在编辑工作的应用》《标注关键词的逻辑要求》等实用编辑学文章。

退休后，虽说课还没有全停，稿子也没断了看，但我的兴趣和精力转移到文学上，写了点儿感悟、随笔之类的东西，本书中收录了《拿手菜》《老家“蟹”味儿》《自家露台》《收拾家》《霞浦春光》《迷上玉兰》《让我血脉偾张的两个“牙”》《跟夏威夷说说情话》等文章。

过去，我讲传统形式逻辑课，也讲现代形式逻辑课，还讲辩证逻辑课，不管什么逻辑学，都属于抽象思维的东西，而文学是形象思维的东西，编辑学介于它们二者之间，现在用抽象思维支撑形象思维的写作，用形象思维活化抽象思维，又有中间的媒介铺路搭桥，这是蛮有意思的一种体验，我享受其中，乐此不疲。

本书的出版得到山东师范大学“双一流”学科建设经费的资助。本书得以出版，我特别感谢山东师范大学李宗刚老师，没有他的支持和帮助，就没有出这本书的念头和动力。我也特别感谢山东大学出版社的姜山和肖世伟两位老师，没有他们的严谨态度和细致、精准的订正，就没有本书出版的质量保证。

李小虎

2021年11月11日

目　录

逻辑学专论

编辑学杂谈

文学随笔

逻辑学专论

关于传统逻辑的公理

公理是在一个理论中已为反复的实践所证实而被认为不需要证明的命题。每一门系统的科学都有公理,因为各门系统的科学都有作为其理论出发点的命题,这些命题必须依据但不必证明的原则,即必须先知道和先运用的最根本的原则,这些最先原则正是公理。

传统逻辑作为一门科学,也有公理。逻辑按其历史发展的不同阶段,分为传统逻辑和现代逻辑。通常说来,传统逻辑是由古希腊亚里士多德开创的,历经2000多年历史、直到19世纪中叶发展起来的逻辑。从其内容来说,它包括以概念外延关系为主要根据的概念逻辑和以命题间真假关系为依据的传统命题逻辑。传统逻辑虽然没有现代逻辑严格的公理系统,却有自己的公理,也形成了自己的理论体系,而且对其研究是成熟的。它是逻辑学科与实际思维的有机结合,具有很强的操作性。

关于传统逻辑的公理,国内逻辑学界现行的提法主要有三种。

(1)传统逻辑的公理就是传统逻辑的三段论的公理,即凡对一类对象有所断定,则对该类对象中的每一对象也有所断定。换言之,对一类对象有所肯定,则对该类对象中每个对象也有所肯定;对一类对象有所否定,则对该类中每个对象也有所否定。① 这是因为,传统逻辑的基本内容和体系核心是三段论,三段论的理论依据——三段论公理,不能不是传统逻辑的理论依据——传统逻辑公理。

(2)传统逻辑的公理就是同一律、矛盾律、排中律和充足理由律。这是因为,同一律、矛盾律、排中律和充足理由律是传统逻辑的基本规律,概念、命题、推理、论证等思维形式都受制于这四律。

(3)传统逻辑的公理就是亚里士多德系统中第一格的两个全称式。“按照亚里士多德的思想,所有式都可以化归为第一格的两个全称式,因此也可以用

① 参见陈孟麟:《墨辩逻辑学的特点及其历史命运》,《中国社会科学》1991年第5期。

Barbara 和 Celarent 作公理。”①

关于传统逻辑公理的这三种认定，由来已久，至今仍旧为逻辑学界所认可。其实，这些所谓的“传统逻辑公理”都有不能解释和处理的逻辑问题。

首先，把传统逻辑的公理说成是传统逻辑的三段论公理，容易陷入理论窘境。传统逻辑的三段论是由两个直言命题作为前提，得出一个直言命题的结论的推理。这种推理实质是一种对概念外延关系的考察，是反映事物类的包含或排斥关系的理论。它的大项、中项和小项反映三个集合之间的包含或排斥关系。但是，凡对一类对象有所肯定（或否定），则对该类对象中每个对象也有所肯定（或否定），反映的却是个体与集合的关系。集合所具有的属性，个体必然不具有；同样，个体所具有的属性，集合必然不具有。如果把“凡对一类对象有所肯定（或否定），则对该类对象中每个对象也有所肯定（或否定）”改述为“凡对一类对象有所肯定（或否定），则对该类对象中部分对象也有所肯定（或否定）”，虽说能够反映 S 与 P 的关系，反映三个集合之间的包含（或排斥）关系，但直言三段论推理形式实际上是命题的一种改述，它在整个传统逻辑理论中算不上“最先知道和最先运用的根本原则”。

在“凡 M 都是 P；凡 S 都是 M；所以，凡 S 都是 P”这一直言三段论推理形式中，之所以能够从“凡 M 都是 P”和“凡 S 都是 P”这两个直言命题得出“凡 S 都是 P”这个直言命题，就是由该推理中作为前提命题的逻辑含义中衍生出来的。它不过是衔接或转述了前提命题的含义关系，因为任何直言三段论推理形式都能够表示为一个蕴涵式。这就是说，只要一个直言三段论推理的所有前提合取起来作为前件，把该推理的结论作为后件，就构成一个“如果……则……”形式的条件命题。这种形式的条件命题直接反映前后条件之间的蕴涵关系。亚里士多德就把他的直言三段论推理形式表示为一个条件命题。他在《前分析篇》中把这种推理形式表述为：如果 A 述说所有 B，并且 B 述说所有 C，那么 A 述说所有 C。直言三段论推理作为传统逻辑的研究对象之一，不仅缺少特有的逻辑特征，而且还缺少克服自身缺陷的能力。例如，对于一个正确的直言三段论推理的判定，传统逻辑讲前提必须真实，推理形式必须有效，但由真实前提和有效

① 王路：《亚里士多德的逻辑学说》，北京：中国社会科学出版社，1991 年，第 171 页。

形式组成的直言三段论推理，其结论却不一定都正确。因此，传统逻辑所讲的直言三段论推理有它不能排解的逻辑问题，用能够陷入窘境的这种推理的公理作为一门学科的公理，显然是不适当的。

其次，把传统逻辑的公理说成传统逻辑的基本规律——同一律、矛盾律、排中律和充足理由律，也有疑可问。传统逻辑讲逻辑四律，其出发点是要保持理论体系的统一性和协调性，传统逻辑中的概念、命题、推理、论证等思维形式确实受制于这四律。但是，这四条规律却不能作为传统逻辑的公理，因为逻辑四律是讲真假的。同一律通常被表示为“A 是 A”，即任何一种思想是真的，就是真的；是假的，就是假的。矛盾律通常被表示为“A 不是非 A”，即两个互相否定的思想至少有一假，不得同真。排中律通常被表示为“要么 A，要么非 A”，即两个互相否定的思想必有一真，不得同假。充足理由律通常被表示为：“A 真是因为 B 真，并且由 B 能够推出 A 真。”这就是说，一个思想被确认为真，只有具备那些使人承认它为真的理由，不能是假理由，或者是真理由但与推断无逻辑联系。由此可见，逻辑四律无一不是讲真假的。但是，传统逻辑所研究的“凡 S 都是 P”“凡 M 都是 P，凡 S 都是 M，所以，凡 S 都是 P”“如果 p，则 q；p；所以，q”等形式，只是对具体思维形式的一般抽象，是逻辑变项和逻辑常项的搭配方式，其本身无真假可言。它只有通过解释成为具体的思维形式后才有所谓真假。用单纯讲真假的二值的逻辑四律作为传统逻辑的公理，这就不称其为传统逻辑了。

逻辑四律本身并不是严格意义上的逻辑规律，而只是构建逻辑理论时所提出的一些作为出发点的基本原则和要求。亚里士多德最先提出矛盾律，他在《形而上学》中指出：“同样属性在同一情况下不能同时属于又不属于同一主题。”①“两个互相矛盾的判断不能同时对同一对象为真，两个反对判断也如此。”②这就是说，任一对象不能同时既具有某属性又不具有某属性；对于一个命题形式及其否定不能持两可的态度。亚里士多德在论述排中律时指出：“两个相反显然不能同时都真，——另一方面，也不能一切叙述都是假的。”③显然，这是从另一角度提出命题形式确定性的原则要求。同一律是从正面直接体现命

① [古希腊]亚里士多德：《形而上学》，吴寿彭译，北京：商务印书馆，1959 年，第 62 页。

② 转引自杨百顺：《西方逻辑史》，成都：四川人民出版社，1984 年，第 104 页。

③ [古希腊]亚里士多德：《形而上学》，吴寿彭译，北京：商务印书馆，1959 年，第 81 页。

题形式确定性的原则要求。即如果在考察条件不变的情况下,某一命题成立,则它陈述的客体是怎么一个事态,就不会又是另一种事态。黑格尔在评述这条规律时说:它能使命题形式,包括命题形式成分具有"坚定性和确定性",从而能"加以充分确切地把握","不以混沌模糊的印象为满足"。① 莱布尼茨最先提出充足理由律,他在《单子论》中指出:"凭着这个原则,我们认为:任何一件事如果是真实的,或实在的,任何一个陈述如果是真的,就必须有一个为什么这样而不那样的充足理由,虽然这些理由常常总是不能为我们所知道。"②可见,充足理由律是在前三律的基础上要求进一步明确命题形式与命题形式之间具有联系的必然性。逻辑四律作为构建逻辑理论的原则和要求,不仅不能充当传统逻辑的公理,而且由于传统逻辑的研究内容不够系统,它的研究方法也不够科学,传统逻辑不能也不可能保证这些基本原则完全实现。用自身难保的所谓"逻辑四律"取代逻辑公理,只能给传统逻辑理论添乱。

最后,把传统逻辑的公理说成亚里士多德系统中第一格的两个全称式,也不正确。按照亚里士多德的思想,所有的式的确都可以化归为第一格的两个全称式,但用 Barba 和 CeIarehe 这两个有效式只能作为直言三段论的公理,而不能作为整个传统逻辑的公理,因为亚里士多德根据中项与大项、小项的不同关系,把直言三段论区分为三个格:(1)A 述说 C,而 C 述说 B;(2)C 分别述说 A 和 B;(3)A 和 B 分别述说 C。据此,他提出 14 个有效式,可得出 AEIO 四种结论。在第一格中,由前提必然得出结论的道理极为明显,无需任何附加的说明。如 Barbara 式就表明,从 S 类包含于 M 类,M 类包含于 P 类,必然地得出结论:S 类包含于 P 类。人们在实践中经常遇到这种类与类之间包含的关系,因此,从这种式可推导出第二格和第三格的各种有效式。但是,如前所述,直言三段第一格的 Barba 和 CeIarehe 式说到底也是直言命题式的配置方式,它作为直言三段论的公理,同样不能取代整个传统逻辑的公理。

在传统逻辑公理的表述中,"什么是所引起的假定,什么是公理导出的结论,将能表现得一清二楚。如果这一理论体系有什么不当之处,或和实践相冲

① [德]黑格尔:《小逻辑》,贺麟译,北京:商务印书馆,1980 年,第 185 页。

② 中国大百科全书总编辑委员会《哲学》编辑委员会编:《中国大百科全书·哲学》,北京:中国大百科全书出版社,1987 年,第 100 页。

突,就将表现为所表述的公理上的缺陷”①。既然传统逻辑的公理不是传统逻辑的三段论公理,也不是同一律、矛盾律、排中律和充足理由律,还不是亚里士多德系统中第一格的两个全称式,那么传统逻辑的公理究竟是什么呢?要明确这个问题,就要明确作为传统逻辑的公理必须具有的性质。

首先,传统逻辑的公理应具有自明性。公理不一定都具有“不证自明”性,但传统逻辑的公理却应具有这一特性,因为传统逻辑的公理不同于现代逻辑的公理。现代逻辑的公理是在19世纪末20世纪初提出来的。在这一时期,德国数学家希尔伯特出版了《几何基础》一书,构造了几何学的现代公理系统。德国逻辑学家弗雷格随之出版《概念文字》一书,给出了初步完备的命题逻辑、谓词逻辑的公理系统。在弗雷格的公理系统中,选择作为公理的命题是从所要构筑的系统出发考虑的,不必都是直接的、显露的,只要能充分刻画并处理系统中对象的特征,均可被认定为公理。传统逻辑的公理则不同,只有那些自明的真理才能作为公理,所有非自明的命题都要借助公理和已证明的命题。这种公理近似于2000多年前欧几里得在《几何原本》一书中确认的公理。欧几里得把一些较为自明的基本性质作为公理或公设,以此为出发点,论证出一系列定理。传统逻辑的公理是客观事物的最一般、最普遍关系在人的意识中的反映,是在人类亿万次的实践中总结出来并为实践所反复证实的,从而具有不需逻辑证明而自明的性质。

传统逻辑的公理还应具有不矛盾性和独立性。在传统逻辑的公理系统中,如果从给定的公理出发,运用演绎手段,推导出与其相悖或相反的命题,那么这个公理系统就存在逻辑矛盾。包含这种逻辑矛盾的公理系统则是无效的。有效的传统逻辑的公理、系统的任一公理不得从其他公理推出,从公理出发的证明只能以公理为依据,按照规定的推理规则进行,既不能附加其他的前提,也不能有其他隐含的前提。传统逻辑是由公理推出的,公理本身不具有独立性,而是不适当地草率地由事物中抽象出来的,那么,在它的建筑基地上就不会有任何牢固的东西。

在传统逻辑中,具有自明性、不矛盾性和独立性的公理只能是五个基本命

① 何祚庥:《谈谈科学方法论问题》,北京:科学普及出版社,1983年,第21页。

题形式:“并非 p”“p 并且 q”“p 或者(可兼的)q”“如果 p 则 q”“当且仅当 p 才 q”。它们依次表示否定、合取、相容析取、蕴涵和等值命题的形式。这些命题的形式都是由逻辑变项即表示任意命题的命题变元(如 p,q)和逻辑常项即命题联结词(如并非、并且、或者、如果……则……、当且仅当……才……)组成。

传统逻辑的公理区别于现代逻辑的公理。现代逻辑的公理是一种形式公理,主要是用形式语言建立起来的形式系统,即完全形式化了的公理。上述五个基本命题形式表示为“$\neg p$”“$p \wedge q$”“$p \vee q$”“$p \rightarrow q$”“$p \leftrightarrow q$”,加上用来显示公式的结构层次的括弧(),形成公理系统的初始符号。传统逻辑的公理主要是用自然语言建立起来的公理系统。在这个系统中,上述五个基本命题形式是作为经典逻辑理论出发点的命题形式,这些命题形式本身是永真公式,它们是其他逻辑理论必须依据但不必证明的原则。传统逻辑体系由概念、命题、推理、逻辑规律和论证五部分构成,五个基本命题形式作为最基本的结构形式在其他结构形式及逻辑规律、论证中起到支撑和决定作用。

概念就是五个基本命题形式的浓缩和省略。概念包括概念的内涵和外延,这两个方面的构成都是命题形式。概念与概念之间外延关系的确定和表示,也是命题形式。如 A 概念与 B 概念有“全同”关系,即“凡 A 是 B”并且“凡 B 是 A”。因此,用语词形式表示的概念,实际上是紧缩、简略的基本命题形式。

推理就是五个基本命题形式的转换和伸展。命题形式与命题形式之间存在着含义关系,包括等同、蕴含、交叉和全异四种。推理反映的是前提命题形式与结论命题形式之间的蕴含或等同关系,这种含义上的蕴含、等同关系具有真假依存性。如“p 或者 q;非 p;所以 q”这一相容选言推理之所以能够从否定一个支命题到肯定一个支命题,就是由该推理中的选言命题形式“p 或者 q”的逻辑性质决定的。“p 或者 q”的逻辑性质受制于被其连接的各个支命题的真假。当支命题有一个真或者都真时,它为真;当且仅当各支命题都假时,它才为假。因而,否定了选言命题的一个支命题,就要肯定剩余的一个支命题。由此可见,推理的形式是从命题形式的逻辑含义中推导出来的,它不过是通过衔接或转换的方式转述了命题含义上的蕴含或等同关系。

逻辑规律就是命题形式的原则和要求。逻辑规律反映的客观规律是任何事物都要遵守的,概莫能外。它们对命题形式具有规范性,是规范命题形式确定性和一贯性的，四条规律结合起来规范命题形式必须同一、不二、无三、有据。

论证就是命题形式的认定和解释。论证即确认某一命题形式为真或假的过程。如果某一命题形式是未经检验为真或为假的，其论证就是对该命题形式的一种认定。这种认定带有科研性。如果一个命题形式是由别人论证为真或为假的，其论证就是对该命题形式的一种解释。这种解释带有宣示性。不对命题形式作出某种认定或解释的论证，不称其为论证。

总之，五个基本命题形式在概念、推理、逻辑规律和论证中都起到主轴的作用，用自然语言研究它的形式特征及其配置方式不仅是传统逻辑研究的各部分内容作为其理论出发点的命题，而且是必须依据又不必证明的原则。

五个基本命题形式是普遍有效的，它们之所以具有公理的性质，还因为人们在长期的经验中没有发现以它为真前提衍生出假结论的事例。如果人们在经验中发现某一演绎式从基本命题形式中的任何一个的逻辑性质出发，也能得出假结论的反例，那么人们就不再认为它是一个永真式了。这些基本命题形式是人们在亿万次实践中对经验归纳概括的成果，它们并不是空洞抽象的外壳，而是客观世界最普遍关系的反映。“由于千百次的重复，才有着先入之见的巩固性和公理的性质。”①

[本文原刊于《山东大学学报》(哲学社会科学版)2000 年第 4 期，收入本书时有改动]

① 《列宁全集》第 38 卷，北京：人民出版社，1959 年，第 233 页。

关于定义的规则

国内现行的逻辑教科书中，着重说明了定义的几条规则。(1)定义必须是相应相称的。违反这条规则，就会出现“定义过宽”或“定义过窄”的逻辑错误。(2)定义不得采用否定或比喻的形式，否则就会出现“否定定义”或“比喻定义”的逻辑错误。(3)定义项不得直接或间接包含被定义项，否则就会出现“同语反复”或“循环定义”的逻辑错误。①

制定定义的这些规则，意在保证定义的正确性。但这几条规则很难保证定义的正确性。

“定义必须是相应相称的”，被作为定义的基本规则，但这一基本规则的表述并不科学。这是因为，“定义必须是相应相称的”，可以理解为定义项的外延和被定义项的外延必须完全重合，即二者具有全同关系，也可以理解为定义项的内涵和被定义项的内涵必须完全相同，还可以理解为定义项的内涵与外延和被定义项的内涵与外延完全一致。

如果把本规则理解成第一种意思，那就分明是从外延的角度考察、规范定义了。而从外延的角度考察和规范定义，既不应该，也不可能。定义是揭示概念所反映的事物本质的简短命题。人们是从明确概念内涵的角度提出并运用定义这一逻辑方法的。古希腊的亚里士多德就把定义规定为“表明事物的本质的短句”②。作为定义的规则，理所当然地要从揭示概念内涵的同一角度，保证定义的合理性和有效性。

实际上，从外延的角度考察、规范定义，也难以达到明确概念内涵的目的。例如，“埃菲尔铁塔是法国的铁建筑标志”。这一定义的定义项“法国的铁建筑标志”的外延与被定义项“埃菲尔铁塔”的外延完全重合，二者具有全同关系，但它们的内涵却不尽相同。“法国的铁建筑标志”侧重于反映这一铁建筑是法国

① 《普通逻辑》编写组编：《普通逻辑》，上海：上海人民出版社，1986 年，第 37—38 页；崔清田主编：《形式逻辑》，北京：中央广播电视大学出版社，1988 年，第 67—70 页。

② [古希腊]亚里士多德：《论辩常识篇(英希对照版)》第 1 卷，伦敦，1960 年，第 101 页。

所特有的，而“埃菲尔铁塔”则侧重于反映这一铁建筑是以100年前法国的建筑设计师埃菲尔命名的。用内涵不尽相同的“法国的铁建筑标志”和“埃菲尔铁塔”作为定义项和被定义项，至多能表明被定义项某一方面的特有属性，但毕竟不是其最本质的属性。定义项与被定义项的外延同一，其内涵不仅有质的偏重，而且有量的区别。例如，把“农业是人类社会中产生最早的物质生产部门”一句作为定义，在定义项的基础上，只能认识和利用某些领域和过程的客观必然规律，因此人们获得的自由总是具体的、相对的。然而，人的认识能力和实践能力又总是不断发展的，所以，从必然向自由的转化又是一个无限的过程。“人类社会中产生最早的物质生产部门”与被定义项“农业”的外延虽同一，但其内涵前者少，而后者多。“农业”除了有“人类社会中产生最早的物质生产部门”这一特有的属性，还具有其他固有的本质属性，如“以动物、植物、微生物为劳动对象，以土地为基本生产资料，通过人工培育和饲养取得产品的物质生产部门”等。因此，只用“人类社会中产生最早的物质生产部门”不足以指称“农业”的内涵。

假如从外延的角度能够表露一个概念的内涵的话，那么，像“数是指整数、有理数、实数和复数等”之类的句子也都可圈定为定义。因为“整数、有理数、实数和复数等”与“数”的外延完全重合，二者具有全同关系，但前者根本无法展示后者的内涵。常识告诉我们：数是事物量的规定性的抽象。这一表述中的“事物量的规定性的抽象”，揭示了“数”概念所反映的对象的本质，而“事物量的规定性的抽象”正是从内涵的角度界定“数”概念的。

如果把“定义必须是相应相称的”理解成第二种意思，即定义项的内涵与被定义项的内涵必须是完全相同的，那么违反了这条规则也不“就会出现‘定义过宽’或‘定义过窄’的逻辑错误”。既然本规则是从内涵的角度鉴别、约束定义的，也就无所谓什么宽窄了。概念的内涵只有多少、深浅之分，而无宽窄、大小之别。

如果把“定义必须是相应相称的”理解成第三种意思，即定义项的内涵与外延和被定义项的内涵与外延必须是完全一致的，那么有悖于这条规则，同样也不“就会出现‘定义过宽’和‘定义过窄’的逻辑错误”。如“牛是用来耕地的家畜”这一定义的定义项“用来耕地的家畜”的内涵与外延和被定义项“牛”的内涵与外延并不完全一致。有人认为,它犯了“定义过宽”的逻辑错误,因为“用来耕地的家畜”不仅有牛,还有马、骡子等。有人认为,它犯了“定义过窄”的逻辑错误,因为“牛”不仅仅是用来耕地的,还有奶牛专供产奶的,有菜牛专供食肉的。也有人认为,它犯了“定义既过宽又过窄”的逻辑错误,因为用来耕地的家畜不只是牛,牛也不只是用来耕地的。还有人认为,它犯了“交叉关系的概念不当并列使用”的逻辑错误,因为“用来耕地的家畜”的内涵和外延与“牛”的内涵和外延具有部分重合性,而凡是具有这一特征的概念都不得并列使用。违反定义项的内涵与外延和被定义项的内涵与外延必须是完全一致的要求,除了会出现以上的逻辑错误外,还会出现“定义全异”的逻辑错误。如“商品就是商人的品格”“股票就是资本主义股份公司的权力机构”。这里的“商品”与“商人的品格”、“股票”与“资本主义股份公司的权力机构”,其内涵和外延都相排斥,硬把它们凑在一起,当然不是正确的定义。

总之,“定义必须是相应相称的”这一规则的不确定性,决定了它不足以成为保证定义正确性的必要条件。

“定义不得采用否定或比喻的形式”,作为定义的规则之一,似有绝对之嫌。

定义采用否定的形式不外有三。一是被定义项肯定,定义项否定,联项肯定。如“正当防卫,是指不负刑事责任和民事责任的行为”。又如,“生荒地是指没有开垦过的荒地”。二是被定义项否定,定义项肯定,联项肯定。如“非法人团体就是具有法人资格以外的设有代表人或管理人的独立社会组织”。三是被定义项否定,定义项否定,联项肯定。如“非婚生子女就是不具有合法婚姻关系的男女所生的子女”。

在第一种形式中,前例只表明“正当防卫”不具有负刑事责任和民事责任的行为的性质,但它到底具有什么性质,没有表示出来,因而起不到定义的作用。后例尽管和前例采用同样的形式,它表明的对象不具有“开垦过的荒地”的性质,也不是从正面对被定义项的内涵作出说明,但这一定义的被定义项的本质特征恰好是缺少“开垦过的荒地”的性质,因而它能够充当定义。第二种形式之例和第三种形式之例分别揭示了“非法人团体”和“非婚生子女”的内涵,起到了定义的作用。

定义采用否定的形式不仅是允许的,而且是必不可少的。“对日常的运用来说，这样的定义是非常方便的，在有些地方简直是不能缺少的。”[1]只要承认相对概念(如“生荒地”等)的存在，只要承认负概念(如“非法人团体”“非婚生子女”等)的存在，就得承认揭示其内涵的特殊形式——否定定义形式的存在。

定义能否采用比喻的形式，也不能一概而论。比喻通常是指对某一事物采用与其在某一点上相似的事物来说明或描述，使其具体、生动、形象，便于理解。比喻有明喻(被比的事物和用来作比的事物之间用“像”“如”之类词连接)、借喻(直接用作比的事物代替被比的事物)和暗喻(被比的事物和用来作比的事物用“是”连接)。明喻和借喻显然不能用作定义，定义采用比喻的形式都是指暗喻。单纯的暗喻不能充当有效的定义。如“改革就是推动社会发展的发动机”，它用“推动社会发展的发动机”的喻体指称不出“改革”本体的内涵。但是，含有暗喻的定义不一定都是无效的定义。如“国家是一个阶级镇压另一个阶级的暴力工具”。在这一定义中，定义项的属概念“工具”就是比喻。“‘工具’比喻用以达到目的的事物。”[2]在这里，尽管采用了“比喻”的形式，但它直接和确切地反映出“国家”这一概念的阶级本质。马克思主义就是把国家同阶级和阶级斗争联系起来，透过国家作为负责维护社会秩序的特殊管理机器的表面现象，揭示了这一内涵，从而在人类思想史上第一次科学地对“国家”这一概念作出定义。

由上可见，定义能否采用否定或比喻的形式，取决于它能否达到定义的目的。定义的目的给它们提供了一个鉴别定义是否正确、是否符合规则的客观标准。凡是达到了定义的目的，有效地揭示了被定义项本质属性的，就是与规则相契合的；凡是没有达到定义的目的，不是有效地揭示了被定义项本质属性的，就是与规则相抵牾的。与规则相契合的，就要予以承认；与规则相抵牾的，就要予以否认。

“定义项中不得直接或间接包含被定义项”的规则，从内涵的角度考察、规范定义无疑是必要的。但在具体运用这条规则时，也不能绝对化。例如，(1)“经济法是调整一定经济关系的法规的总称”。(2)“道德品质是指体现一定社会或阶级的道德要求，并具有稳定性倾向的个人的道德意识和行为的特点”。在例(1)中，

---

① 《马克思恩格斯选集》第3卷，北京：人民出版社，1972年，第122页。

② 中国社会科学院语言研究所词典编辑室编：《现代汉语词典》，北京：商务印书馆，1978年，第379页。

定义项“调整一定经济关系的法规的总称”直接包含被定义项“经济法”中的“经济”和“法”。但它并不是用被定义项来揭示其自身的内涵，而是通过展现被定义项所反映的本质特征，达到了明确概念的目的，因此它不应被简单地判定为不合规则。在例(2)中，定义项“体现一定社会或阶级的道德要求，并具有稳定性倾向的个人的道德意识和行为的特点”直接包含被定义项“道德品质”的相关概念“道德”。在这里，它是借以表征品德的实质状况的，同样不悖于规则。定义项在特殊情况下包容被定义项，只要不是用被定义项揭示它自身的内涵，而是能够有效地达到定义目的的，那就应当肯定。

定义的各条规则，受制于定义的实质和要求。定义的实质就在于揭示被定义项所反映的对象的本质属性，以区别于其他事物。定义的要求是多方面的，但概括起来不外乎定义内容的要求和定义形式的要求。定义内容的要求指的是在给某个概念下定义时必须具备有关这个概念的具体知识，否则要给属于这些具体知识范围内的概念下定义是不可能的。但是，这些具体知识的获得和确认，并不是逻辑学所能解决和所要解决的。逻辑学研究的只是各种定义所共同具有的逻辑特征，从而向人们提出定义形式的要求。定义形式的要求是由定义的形式派生出来的。定义的形式就是定义对其内容的反映方式，即确定被定义对象的类别，并揭示一类事物的种差(有别于其他种的特性)。正如列宁所指出的：“下‘定义’是什么意思呢？这首先就是把某一个概念放在另一个更广泛的概念里。例如，当我下定义说驴是动物的时候，我是把‘驴’这个概念放在更广泛的概念里。”① 定义形式正是通过陈述包含某一种的属，以及这个种的种差，来说明这个种的。定义的这种形式要求有效地表现定义内容，避免导致定义内容的混乱。只有以这样的认识为原则和出发点，才能概括出合理的关于定义的规则。

我认为，定义的规则主要有以下几条。

1. 定义必须采用简短的命题

命题是直陈句的意义，是一种或真或假的思想。非命题的疑问句、感叹句和祈使句不表达或真或假的思想，不能用作定义。但这并不是说所有的命题都

① 《列宁全集》第14卷，北京：人民出版社，1957年，第146页。

能用作定义。命题有简短和繁长之分。只有简短的命题才能用作定义。这是因为,定义本身是揭示概念内涵的简短命题。简短的命题主要有直言命题。“直言命题指直接陈述对象有无某种性质的命题。这是传统逻辑中的一类最简单的命题。”①

另外,由关系命题(形式为“a 与 b 有关系 c”的简单命题)、联言命题(形式为“a 并且 b”的复合命题)、相容选言命题(形式为“a 或者 b”的复合命题)、充分必要条件假言命题(形式为“a 当且仅当 b”的复合命题)组成的复合谓项的命题,也在简短的命题之列,因而也能够用作定义。例如,(1)“素数是只能被 1 和自身整除的整数”。(2)“生产是人类从事创造社会财富的活动和过程”。(3)“价值是凝结在商品中的无差别的人类劳动或抽象的人类劳动”。(4)“一个整数是偶数当且仅当它能被 2 整除”。例(1)是由关系命题组成的复合谓项的命题,例(2)是由联言命题组成的复合谓项的命题,例(3)是由相容选言命题组成的复合谓项的命题,例(4)是由充分必要条件假言命题组成的复合谓项的命题。这些命题都是简短的命题,符合本规则的要求。

违反这条规则出现的逻辑错误,称作“定义拖沓”。例如,“所谓剥削,就是指一定社会上的某一个人(某一些人)或者某一个集团(某一些集团)凭借他(他们)对生产资料(或货币)的占有(或垄断),无偿地大量地占有那些没有或者缺少生产资料(或货币)的人或集团的剩余劳动和剩余产品,也就是无偿地大量地占有或侵吞另一个人(另一些人)或另一个集团(另一些集团)的劳动成果的行为”。这一定义冗长,包含不必要的成分或命题,即可以从定义指出的其他特征中推出并非初始的特征。因此,犯了“定义拖沓”的逻辑错误。

2. 定义不得采用充分条件假言命题、必要条件假言命题和不相容选言命题

充分条件假言命题和必要条件假言命题形式分别为“如果 a 则 b”“只有 a 才 b”的复合命题。它们都是陈述一种事物情况是另一种事物情况的条件。如果定义采用这两种假言命题,即由充分条件假言命题或必要条件假言命题组成复合谓项的命题,那么它只能界定概念的一种事物情况是另一种事物情况的条

① 中国大百科全书总编辑委员会《哲学》编辑委员会编:《中国大百科全书·哲学》,北京:中国大百科全书出版社,1987 年,第 1175 页。

件,而不能揭示概念特有的本质属性。不相容的选言命题是形式为“要么 a 要么非 a”的复合命题,它是陈述若干事物情况中有并且只有一种事物情况为真的命题。由于它本身不能表明所陈述的若干事物情况哪一个为真,因此也无法用作定义。违反这条规则出现的逻辑错误,称作“条件定义”。

例如,(1)“液化是如果气体温度降低就会变成液体”。(2)“真理是只有对客观事物及其规律进行反映,才能得到的认识”。(3)“具体物质是纯净物,要么是混合物”。例(1)中的定义项指出了被定义项是在“气体温度降低”的条件下,有“变成液体”的结果。但是,“气体温度降低”只是“变成液体”的充分条件,而不是充分必要条件,其前件与后件不具有互蕴涵关系,因此不等值。“液化”在“气体温度降低”的条件下,有“变成液体”的结果,它在其他条件下,如“气体的压力增加”,也有“变成液体”的结果。显然,这一定义犯了“条件定义”的逻辑错误。例(2)中的定义项表明的被定义项是在对“客观事物及其规律进行反映”的必要条件下,形成“得到的认识”的结果。其定义项与被定义项同样不具有互蕴涵关系,因而也就不能用后者定义前者。例(3)中的定义项揭示了被定义项组成的两种可能:纯净物(由一种物质组成);混合物(由不同物质组成)。这两种情况不可能被一种具体物质同时具有。显然,这是从外延的角度圈定概念的,不是揭示概念内涵的逻辑方法。定义用不相容选言命题组成复合谓项的命题,因缺少作为支命题的真假条件,也就难以成立。

3. 定义概念必须具有被定义概念归属的上一个层次的概念和同一个层次的不同种的特征

本文所涉及的定义都是实质定义。如果定义概念不具有被定义概念归属的上一个层次的概念,那么定义就无法确定被定义概念最邻近的类别;如果定义概念不具有被定义概念同一个层次的不同种的特征,也就无法确定被定义概念与同级概念的差别。

例如,(1)“角是由一点引两条射线而成的”。(2)“叔父是指跟父亲辈分相同而年纪较小的人”。(3)“道德是指社会意识形式”。例(1)中的定义概念“由一点引两条射线而成的”缺少被定义概念“角”的归属概念“图形”,因而是不完全的定义。例(2)中的定义概念“跟父亲辈分相同而年纪较小的人”,虽有被定义概念“叔父”的归属概念“人”,但不是其上一个层次的概念,而是越层次的概念。“叔父”归属的上一个层次的概念应是“男子”。例(3)中,定义概念“社会意识形式”只是被定义概念“道德”的归属概念,它不具有同一个层次的不同种的特征,即“以善恶评价的方式调整人与人、个人与社会之间相互关系的标准、原则和规范”。因而,原定义不能成立。

需要说明的是,有些被定义概念在某一范围内,似乎不具有归属的上一个层次的概念,如“物质”“意识”“运动”“静止”“原因”“结果”“存在”“消失”等。其实,对于这些概念,不是不可以从另一范围内找出其归属的上一个层次的概念从而作出定义。例如,(1)“物质是不依赖于意识而又能为人的意识所反映的客观实在”。(2)“物质是标志客观实在的哲学范畴,这种客观实在是人通过感觉感知的,它不依赖于我们的感觉而存在,为我们的感觉所复写、摄影、反映”。① 例(1)中的“客观实在”和例(2)中的“哲学范畴”都是“物质”这一概念在另一范围内即哲学范围内的归属概念。这两个定义都符合本规则的要求。

[本文原刊于《山东师大学报》(社会科学版)1990年第5期,被中国人民大学书报资料中心《复印报刊资料·逻辑》1990年第12期全文转载,被中国社会科学院哲学研究所主办的《哲学动态》1990年第1期辑录,收入本书时有改动]

① 《列宁选集》第2卷,北京:人民出版社,1972年,第128页。

定义概念与被定义概念是具有同一关系的概念

费洪稳在《山东师大学报》1986年第5期《定义概念与被定义概念是具有同一关系的概念吗》一文中认为，定义概念与被定义概念“不应说是具有同一关系的概念，因为它不具有同一关系概念的重要特征”。而同一关系概念的重要特征就是“虽然外延完全相同，但其内涵却不完全一样”。这种观点是难以确立的。

定义概念与被定义概念是具有同一关系的概念，因为定义概念的外延与被定义概念的外延完全重合，而内涵不完全相同。定义概念的外延与被定义概念的外延完全重合见诸二者的位置可以互换，而内涵不完全相同表现为二者的内涵不能颠倒说明。例如，“生命是蛋白体的存在方式”。在这个定义中，“生命”是被定义概念，它的内涵为“蛋白体的存在方式”。“蛋白体的存在方式”是定义概念，其内涵却不能是“生命”。“生命”作为被定义概念是通过高度浓缩的形式出现的，它本身不是反映在“蛋白体的存在方式”这一概念中的对象的本质属性，而内涵只能是指反映在概念中的对象的本质属性。定义概念与被定义概念在内涵上之所以不尽相同，归根到底是由定义的逻辑职能决定的。定义的逻辑职能就是用概括的形式揭示概念所反映的对象某一方面的本质属性，它不能说明概念所反映的对象方方面面的本质属性，也不可能展露概念所反映的对象的一切特征，这就使定义概念的内涵与被定义概念的内涵呈现出差异。

恩格斯在谈到“生命”的定义时就曾指出：“我们的关于生命的定义当然是很不充分的，因为它远没有包括一切生命现象，而只是限于最一般的和最简单的生命现象。”①这就表明，反映在“生命”这一概念中的对象的本质属性不能等同于被反映者。

如果定义概念与被定义概念不是具有同一关系的概念，那么按照普通逻辑关于概念间关系的分类，它就只能或者属于真包含关系，或者属于真包含于关

① 《马克思恩格斯选集》第3卷，北京：人民出版社，1972年，第122页。

系，或者属于交叉关系，或者属于全异关系。假如它属于真包含关系，定义概念便大于被定义概念，出现“定义过宽”的错误；假如它属于真包含于关系，定义概念便小于被定义概念，出现“定义过窄”的错误；假如它属于交叉关系，定义概念便有一部分重合于被定义概念，出现“定义既过宽又过窄”的错误；假如它属于全异关系，定义概念便不相容于被定义概念，出现“不相干定义”的错误。既然真包含关系、真包含于关系、交叉关系和全异关系都对不上象，那么定义概念与被定义概念就不能不是具有同一关系的概念了。

进一步讲，定义概念与被定义概念是具有同一关系的概念，既可以是对同一个定义而言，又可以是对不同的定义来说。例如，“生命是蛋白体的存在方式”。这只是从生物学的角度作出的定义，而且不是唯一的，我们还可以从其他学科的角度作出多种多样的定义。比较这些不同的定义，正是“从不同的方面反映同一类对象”的，它们具有相同的外延和不同的内涵，符合全同关系概念的特征。

应该强调的是，同一关系概念的重要特征是外延完全相同，而不是内涵完全相同。因为概念之间的关系就是着重于概念外延间的关系来讲的，它是根据两个概念的外延有无重合部分或重合部分的多少来区分的，而不是按照两个概念的内涵是否相同或相近的程度来决定的(尽管具有同一关系的概念表现出在内涵上不尽相同)。由于定义概念与被定义概念在外延上全同并没有争议，问题在于二者在内涵上是否一样，所以以上多从内涵的角度进行说明。

对于定义概念与被定义概念的关系，费文的正面看法是：“我认为可以说定义概念与被定义概念的外延必须完全相同(或相等)，但不应说是具有同一关系的概念。”这种看法本身包含逻辑矛盾。既然“定义概念与被定义概念的外延必须完全相同(或相等)”，这就恰好符合《普通逻辑》关于全同关系即同一关系的定义(“全同关系是指两个概念的外延完全重合的关系，即如果‘a’‘b’两个概念，‘a’概念的全部外延都是‘b’概念的外延，‘b’概念的全部外延也都是‘a’概念的外延，则‘a’‘b’这两个概念之间的关系是全同关系”)，而不会“不应说是具有同一关系的概念”；既然“不应说是具有同一关系的概念”，同样也不会“定义概念与被定义概念的外延必须完全相同(或相等)"①。在同一思维过程中,对于这一具有反对关系的判断都承认是真的,即对同一对象定义概念与被定义概念的关系是具有同一关系的概念既予以肯定又予以否定,前后思想贯通不了,这就出现了逻辑错误。

在定义概念与被定义概念是否具有同一关系的问题上,之所以会出现异议,主要原因如下。

一是把具有同一关系的概念和同一概念混在一起了。具有同一关系的概念如前所说是从不同方面反映同一类对象,其外延相同、内涵有别,它所表达的主要是不同概念之间的一种外延关系,而同一概念则是外延相同、内涵一样,它是用不同的语词表示出同一个概念,如"生意人"与"商人"。费文举出"北京"与"中华人民共和国首都"的例子,指出:"这两个概念,虽然外延完全相同,但其内涵却不完全一样,这就是具有同一关系概念的重要特征之一。"并以此来否认定义概念和被定义概念也具有这一特征,进而得出结论:"它们不是内涵不同的两个概念,而是一个概念揭示另一个概念的内涵。被定义概念的内涵就是定义概念,定义概念所表达的就是被定义概念的内涵,二者可以说表达的是同一个概念。"这显然是把具有同一关系的概念误认为同一概念了。

二是把实质定义和语词定义混在一起了。在实际思维活动中,我们采用的定义大都是实质定义,即通过规定反映对象的质来达到定义的目的。它包括性质定义、功用定义、发生定义等。这一类定义的定义概念与被定义概念都在外延上相同、内涵上不同,而语词定义是靠定义概念确定被定义概念的意义的,其定义概念和被定义概念的外延重合、内涵也等同。费文认为定义概念和被定义概念的外延相同,内涵也一样,正是把语词定义的这一特征扩大到实质定义上去了。需要说明的是,语词定义并不是严格意义上的定义,它不能表露被反映对象的质,只不过是一种类似定义的定义。

[本文原刊于《山东师大学报》(社会科学版)1987 年第 6 期,收入本书时有改动]

---

① 《普通逻辑》编写组编:《普通逻辑》,上海:上海人民出版社,1986 年,第 26 页。

关于划分的规则

划分的规则是把词项指称的类对象分成其子类或分子对象的规定原则。它在现行的逻辑教科书中被公认为以下几条:(1)“每次划分的根据必须同一”。否则,就会出现“混淆根据”的逻辑错误。(2)“划分的子项应是互相排斥的”。否则,就会出现“子项相容”的逻辑错误。(3)“划分必须是相称的”。否则,就会出现“多出子项”或“划分不全”的逻辑错误。① (4)“划分应按属种概念的层次进行”。否则,就会出现“划分层次不清”的逻辑错误。②

以上规则,对于实际划分应该具有规范作用和判据作用。前者是指它作为保持词项外延确定性的基本准则,对正确的划分有指导和约束作用;后者是指它作为一种尺度,能够衡量、评价任一具体的划分。凡是有悖其规则的划分,都不是有效的划分。但是,在实际思维中,往往有些被认可的划分却与上述规则相抵牾,这就有必要重新审视既定的划分规则。

首先,“每次划分的根据必须同一”,对于一个正确的划分来说,并不必然如此。所谓“同一”,是指“共同的一个或一种”③。每次划分的根据必须同一,即在同一个层次的划分中每次只能选择共同的一个或一种划分的标准。但是,在实际思维中,每次划分的根据只能是共同的一个或一种的毕竟是少数。大量的经常的划分,其根据不只是共同的一个或一种。

例如,“法可以分为奴隶制法、封建制法、资本主义法和社会主义法”,这一划分就是按照“经济基础”和“阶级本质”两个共同的划分的根据进行的,但它是一个有效的划分。又如,“现代人类学一般把人类区分为三大人种,即欧罗巴人种(也称欧亚人种、高加索人种或白色人种)、蒙古人种(也称亚美人种或黄色人

① 参见《普通逻辑》编写组编:《普通逻辑》,上海:上海人民出版社,1986年,第44—45页。

② 参见崔清田主编:《形式逻辑》,北京:中央广播电视大学出版社,1988年,第77页。

③ 中国社会科学院语言研究所词典编辑室编:《现代汉语词典》,北京:商务印书馆,1983年,第1153页。

种)和尼格罗——澳大利亚人种(也称尼格罗人种或黑色人种)”。这一划分则是按照“同一起源”“肤色”“发色”三个以上共同的根据进行的,但它也是一个有效划分。

每次划分的根据不仅可以是共同的两个或多个,而且可以是不同的两个或多个。例如,“自然科学分为有机的自然科学、无机的自然科学和边缘的自然科学。属于第一类的是各种生物学,属于第二类的是物理学、化学、力学、地质学、天文学等,属于第三类的是生物物理学、生物化学等”。这一划分就是先后采用了不同的两个根据。“有机的自然科学”和“无机的自然科学”是依据现代自然科学的研究对象是否为生命进行划分的,而“边缘的自然科学”与“有机的自然科学”和“无机的自然科学”却是依据现代自然科学的研究对象是否交叉进行划分的。随着越来越多的各种物质运动的相互联系、转化方式的发现,各门自然科学越来越相互渗透,旧有的把自然科学分成有机的和无机的划分,已不能反映现代自然科学中实际存在的并且是越来越多的边缘科学。在这种情况下,按照不同的两个根据作出的划分,不能说成是无效的。又如,“家庭可以分为通过婚姻关系结合而成的家庭,通过血缘关系结合而成的家庭,通过收养关系结合而成的家庭等等”。这一划分则是先后采用了不同的三个根据,即社会生活组织有无婚姻关系、社会生活组织有无血缘关系和社会生活组织有无收养关系。尽管这一划分出现了多个根据,但它如实地反映了现今社会家庭的基本类型,因此也不失为一个有效划分。

每次划分的根据不限于“一个或一种”,这在同一个层次的划分中如此,在不是同一个层次的划分中也是如此。例如,“渔业”这一词项,按其产品取得方式的不同,可以分为“捕捞渔业”和“养殖渔业”。“捕捞渔业”按其水域性质的不同,又分为“海洋捕捞渔业”和“淡水捕捞渔业”。“养殖渔业”按其养殖对象的不同,还可分为“鱼类养殖业”“虾类养殖业”“贝类养殖业”“蟹类养殖业”“藻类栽培业”。这就是一个多层次的连续划分,先后选择了“产品取得方式”“水域性质”“养殖对象”三个不同的标准进行划分,显然是正确的。

确定一个具体的划分根据,受制于不同的哲学出发点,也受制于一定的社会历史条件,即人类在理论和实践上把握自然界的程度。历史上各种科学划分的根据,或者是科学认识的客体,即现实世界的事物、性质和关系,或者是科学活动主体的认识特点。由于客观事物中类与类的区别是相对的，客观事物的性质和关系是复杂的，科学活动主体的认识特点也不是绝对的、单一的，划分的根据应在实际思维中确定，并非必须同一。

恩格斯指出："自从按进化论的观点来从事生物学的研究以来，有机界领域内固定的分类界线一一消失了；几乎无法分类的中间环节日益增多，更精确的研究把有机体从这一类归到另一类，过去几乎成为信条的那些区别标志，丧失了它们的绝对效力……这些对立和区别，虽然存在于自然界中，可是只具有相对意义。"①

随着思维科学的发展，用多种方法从多种角度同时研究、判定某一特定的对象，已成为思维科学发展最有前途的方式。这不仅为多根据划分提供了可能，而且使多根据划分获得了重要的意义。划分作为现实思维的一种逻辑方法，不能不给多根据划分以应有的位置。

其次，"划分的子项应是互相排斥的"这条规则是与上一条规则密切联系在一起的，既然"每次划分的根据必须同一"能够打上折扣，那么，对"划分的子项应是互相排斥的"也可以提出质疑。"划分的子项应是互相排斥的"，分明是说各子项之间不得有共同的分子。其实，各子项之间兼容不悖的划分不仅是实用的，而且很普遍。

例如，"公债"这一词项，在《中国大百科全书·经济学》中，按照有无利息及奖金的标准，被划分为"有息公债、无息公债和有奖公债"②。这一划分中的"有息公债"就与"有奖公债"相容。有息公债即债权者可从债务者处到期收回贷款和得到利息的公债。其中，不排除"有奖公债"的形式。而有奖公债是债权者可从债务者处取得包括奖金在内的奖品并到期收回贷款的公债。其中，也不排除"有息公债"的形式。虽说这一划分中的两个子项之间具有交叉关系，但它能够起到明确我国目前发行的公债类别的作用，而且能够被人们接受。

又如，"中心城市"这一词项，在《中国大百科全书·经济学》中，按照其性质

① 《马克思恩格斯选集》第3卷，北京：人民出版社，1972年，第54页。

② 中国大百科全书总编辑委员会《经济学》编辑委员会编：《中国大百科全书·经济学》，北京：中国大百科全书出版社，1988年，第212页。

和功能的不同，被划分为“政治中心城市、文化中心城市和经济中心城市等”①。这一划分中的“政治中心城市”“文化中心城市”“经济中心城市”都可以重叠。政治中心城市即在全国或较大区域内的政治活动中具有重大影响的城市。它可能也是文化中心城市，还可能是经济中心城市。文化中心城市即在全国或较大区域内的文化教育活动中起到主导或突出作用的城市。它可能也是政治中心城市，还可能是经济中心城市。经济中心城市即在全国或较大区域内的经济活动中具有举足轻重作用的城市。它可能也是政治中心城市，还可能是文化中心城市。这一三个子项都可以包容的划分，能够用以明确“中心城市”的基本性质和主要职能，因而也被人们接受。

有些划分，其子项之所以有共同的分子，是因为既属于这一子项又属于另一子项的认识对象是客观存在的，作为反映这些认识对象的词项划分时，其子项也就难免相容。

再次，“划分必须是相称的”规则，从划分后的子项外延之和必须与母项的外延重合的角度来理解，无疑是必要的，但“划分必须是相称的”这一提法本身毕竟不是科学的术语。这是因为，它既可以从子项与母项外延关系的角度来理解，也可以从子项与子项外延关系的角度来理解，还可以从子项与母项或者子项与子项内涵关系的角度来理解。这一提法应直述为：“划分后的各子项外延之和必须与母项的外延相等。”除此，违反这一条规则，并不是“就会出现‘多出子项’或‘划分不全’的逻辑错误”。

例如，“苔藓植物可以区分为海带、紫菜、发菜、石花菜等”。这一划分违反了“划分后的子项外延之和必须与母项的外延相等”的规则，但不是“多出子项”的逻辑错误，也不是“划分不全”的逻辑错误，而是“子项与母项全异”的逻辑错误，因为“海带”“紫菜”“发菜”“石花菜”都不是“苔藓植物”。

又如，“企业劳动组织可以区分为国内劳动组织和国外劳动组织”。这一划分也违反了“划分后的各子项外延之和必须与母项的外延相等”的规则，由于“企业劳动组织”与“国内劳动组织”和“国外劳动组织”分别具有部分重合性，所

① 中国大百科全书总编辑委员会《经济学》编辑委员会编：《中国大百科全书·经济学》，北京：中国大百科全书出版社，1988年，第1390页。

以该划分犯了“子项与母项外延交叉”的逻辑错误。

最后，“划分应按属种概念的层次进行”。“这是说，每次划分所得子项应是母项的邻近的种概念。”①这条规则，在实际划分中并无制约作用。

例如，“粗分类把整个工业分为冶金工业、电力工业、机械工业、食品工业、纺织工业等大部门”②。这一划分所得子项就不是母项邻近的种概念。“工业”（部门）按照是生产生产资料的部门还是生产消费资料的部门首先划分为重工业部门和轻工业部门。重工业部门才分为冶金工业、电力工业、机械工业等部门；轻工业部门才分为食品工业、纺织工业等部门。原划分在无需强调两大部类的情况下作出的越级划分，是恰切的。

每次划分可以不按照属种关系逐级进行。只要越级划分所得的子项是属于同一层次的，而且是穷尽了母项外延的，就应该是被允许的。

在实际思维中，不论采取何种形式的划分，也不论划分的内容和性质有何不同，都要遵守其规则。人们只有使用合理的有效的划分规则，才能保证明确地给所使用的词项指派对应的客体，以便独立思考时以此约束自己，或互相交流时宣示于人。划分的规则是否合理和有效，决定于它是否能在实际划分中体现其实质和要求。划分的实质就是将词项指谓的类对象分成若干同级的子类或分子对象，以明确词项的外延。近代法国的阿尔诺、尼柯尔在《波尔-罗亚尔逻辑》一书中，就指出了划分的这一实质。划分的要求是多方面的。概括起来不外乎内容方面的要求和形式方面的要求。前者是指在具体划分某个词项时，必须具备这个词项指称的类对象或分子对象的具体知识。但是，这些具体知识的获得和确认，并不是逻辑学所能解决和所要解决的。逻辑学研究的只是各种划分所共同具有的逻辑特征，为人们提出划分形式方面的要求。划分形式的要求是划分对其内容的反映方式上的要求。古希腊的柏拉图把划分的形式表述为“下降的辩证法”，即“将大类‘对’分为小类，再对分……‘分到不可再分为止’。例如将‘用具’分为家俱、农具；再将家俱分为桌、椅；再将桌分为方桌、圆桌。也

① 崔清田主编：《形式逻辑》，北京：中央广播电视大学出版社，1988年，第77页。

② 中国大百科全书总编辑委员会《经济学》编辑委员会编：《中国大百科全书·经济学》，北京：中国大百科全书出版社，1988年，第196页。

就是属—种—个体”。[①] 划分的这种形式，要求在每一次“对分”中都要坚持平列的原则，将母项（属）词项过渡到各个并列的子项（种）词项，同时也不排斥坚持隶属的原则，把子项按照由小到大、由远到近的序列组合。划分只有以这样的认识为出发点，才能总括出实用的划分规则。

我以为，划分的规则主要有以下几条。

1. 划分的子项必须是母项的子类或分子

所谓“划分的子项必须是母项的子类或分子”，就是划分出的各个词项外延必须是被划分词项外延的小类词项或个体词项。如果划分的子项不是母项的子类或分子，那就达不到划分的目的。这是因为，划分是用以揭示词项外延的，“外延是词项所指的事物所组成的那个类”[②]。词项的外延所指称的类可能只有一个对象，也可能是现实世界根本不存在相应的对象，还可能有若干对象。单独词项的外延只包含一个对象，用指出这一对象的方法就可以明确它的外延，因而无须划分，也无法划分。空词项的外延是现实世界的空类。某个空词项只适用于某个空类，这也无须和无法划分。普遍词项的外延包含若干对象，划分只适合这种词项。而普遍词项的外延所包含的若干对象，不是反映对象的小类，就是反映对象的个体，所以划分出的子项只能是母项的子类或分子。

违反这条规则，就会出现“以属性代子类”或“以部分代分子”的逻辑错误。例如，“劳动可以划分为具体劳动和抽象劳动”。“二胡可以划分为琴筒、琴杆、琴头、琴弦、琴码、弦轴、千斤、弓子和琴托”。前例划分出的子项“具体劳动”“抽象劳动”都不是母项“劳动”的子类，犯了“以属性代子类”的逻辑错误。这是因为，“具体劳动”和“抽象劳动”只是生产商品的劳动所具有的双重属性，是同一劳动的两个方面，而“劳动”则指谓劳动力的使用和劳动力的消费。后例划分出的子项“琴筒”“琴杆”“琴头”“琴弦”“琴码”“弦轴”“千斤”“弓子”“琴托”都不是母项“二胡”的分子，犯了“以部分代分子”的逻辑错误。这是因为，“二胡”虽是一个普遍词项，可以划分，但“琴筒”“琴杆”“琴头”“琴弦”“琴码”“弦轴”“千斤”“弓子”“琴托”都是组成“二胡”整体的各个部件，而不是“二胡”类的每一个个体对象。

---

① 杨百顺：《西方逻辑史》，成都：四川人民出版社，1984 年，第 39 页。

② 中国大百科全书总编辑委员会《哲学》编辑委员会编：《中国大百科全书·哲学》，北京：中国大百科全书出版社，1988 年，第 644 页。

2. 划分的子项之间必须具有并列关系或矛盾关系

划分的词项外延之间的关系是多种多样的。划分出的词项外延即子项之间必须具有并列关系或矛盾关系。所谓“并列关系”，指的是“在同一属概念下的种概念之间的关系。有相容的和不相容的两种。如：‘学习模范’‘劳动模范’‘工作模范’这些概念，在‘模范’这一属概念下具有相容的并列关系；‘原始公社制度’‘奴隶占有制度’‘封建制度’‘资本主义制度’‘社会主义制度’这些概念，在‘社会制度’这一属概念下具有不相容的并列关系”①。所谓“矛盾关系”，指的是“在同一个属概念下两个种概念之间的一种不相容关系。它们的内涵互相否定，外延互相排斥，其总和等于该属概念的外延。如在‘颜色’这一属概念下的‘白’和‘非白’这两个概念就具有矛盾关系”②。划分的子项之间不论是具有并列关系还是具有矛盾关系，都能够有效地表征母项的外延。把“模范”分为“学习模范”“劳动模范”“工作模范”等，把“社会制度”分为“原始公社制度”“奴隶占有制度”“封建制度”“资本主义制度”“社会主义制度”，把“颜色”分为“白”和“非白”，都达到了划分的目的。

违反这条规则，就会出现“子项重复”或“子项层次不清”或“子项不当交叉”或“划分过窄”的逻辑错误。例如，(1)“按照造型是二维空间还是三维空间，雕塑可以分为浮雕、圆雕和立体雕塑”。(2)“按照技术经济特征的不同，现代运输方式可分为铁路运输、公路运输、水路运输、航空运输、管道运输和远洋运输”。(3)“按照业务范围的不同，邮政可以区分为国内邮政、国际邮政和特殊邮政”。(4)“按照存在形式的不同，国土资源可以分为土地资源、水资源、生物资源、矿物资源和气候资源”。例(1)划分出的子项“圆雕塑”与“立体雕塑”的外延之间具有同一关系，“圆雕塑”和“立体雕塑”都是在三维空间造型的，其外延全部重合，这一划分将其中的一个词项还原，因而犯了“子项重复”的逻辑错误。例(2)在划分出的子项“水路运输”与“远洋运输”的外延之间具有真包含关系。远洋运输属于水路运输，但水路运输除了有远洋运输，还有内河运输和沿海运输。这一划分将“远洋运输”与“水路运输”平等并列，因而犯了“子项层次不清”的逻

① 辞海编辑委员会编：《辞海》，上海：上海辞书出版社，1989 年，第 743 页。

② 辞海编辑委员会编：《辞海》，上海：上海辞书出版社，1989 年，第 4745 页。

辑错误。例(3)划分出的子项“国内邮政”和“国际邮政”分别与“特殊邮政”外延之间具有交叉关系,国内邮政中有特殊邮政,反过来,特殊邮政中也有国内邮政;国际邮政中有特殊邮政,反过来,特殊邮政中也同样有国际邮政。这一划分的子项部分重叠后构不成并列关系,因而犯了“子项不当交叉”的逻辑错误。例(4)划分出的子项“土地资源”“水资源”“生物资源”“矿物资源”“气候资源”的外延之间具有反对关系,这些子项的外延之和小于母项“国土资源”的全部外延,缺少“海洋资源”(如滩涂、海岸带、大陆架)等子项,因而犯了“划分过窄”的逻辑错误。

3. 划分的子项必须是同一系列和序列的

对于同一个母项,从不同的角度可以划分出不同的子项,但对于同一个母项作出的每一次划分,其子项必须是同一系列和序列的。所谓“子项必须是同一系列和序列的”,指的是划分出的词项必须是根据统一原则组合的共同的一套类词项或分子词项,其结构和功能又是按照一定的秩序进行排列的。由于每一次划分只能从一个角度明确和展示母项所相应的子项,这一过程又受到客观存在的因果律的制约,所以每次划分出的子项必须是同一系列和序列的。

违反这条规则,就会出现“多出子项”或“划分无序”的逻辑错误。划分出的子项不是同一系列的,是前一种错误;划分出的子项不是同一序列的,是后一种错误。例如,“按照产品特点的不同,农作物种植可以分为粮食作物、经济作物、蔬菜作物、饲料作物、绿肥作物和山林作物的种植”。“按照人类社会历史经历的不同,生产方式可以分为奴隶制的生产方式、原始公社制的生产方式、资本主义的生产方式、封建制的生产方式和社会主义的生产方式。”前例划分出的子项中的“山林作物”是按照作物出产的区域划分出的,而不是按照产品的特点对农作物种植进行同一系列的类作物划分的,因而犯了“多出子项”的逻辑错误。后例划分出的子项中的“奴隶制的生产方式”与“原始公社的生产方式”、“资本主义的生产方式”与“封建制的生产方式”的排列顺序颠倒了,人类社会的历史所经历的五种基本生产方式本来是原始公社制的生产方式、奴隶制的生产方式、封建制的生产方式、资本主义的生产方式和社会主义的生产方式。按照这样的顺序排列生产方式,才能正确地反映社会历史发展中依次更迭并向高一级生产方式发展的过程。原划分没能如实地反映这一过程,因而犯了“划分无序”的逻辑错误。

上述划分的规则，分别从子项与母项之间的外延关系、子项与子项之间的外延关系和划分标准三个不同的方面，表现着划分的实质和要求。这些规则既是各自独立的，又是相互联系地发挥作用的。尽管它们的作用有的偏重于这一侧面，有的偏重于那一侧面，但是这些规则的特点就在于它们之间以及各条规则自身不同侧面之间存在密切的、不可分离的联系。因此，完整地把握这三条规则，是正确划分的必要条件。

［本文原刊于《山东师大学报》（社会科学版）1991 年第 5 期，被中国人民大学书报资料中心《复印报刊资料·逻辑》1991 年第 12 期全文转载，收入本书时有改动］

关于概念概括的极限问题

极限本来是数学的一个基本概念。在数学中，如果某个变化的量无限地逼近于一个确定的数值，那么该定值就被称为变化的量的极限。因极限具有方法论的意义，它被应用于逻辑学。在传统逻辑中，概念概括的极限是指缩小一个概念的内涵以增加其外延，从而过渡到外延较广的概念的最大限度。

关于概念概括的极限，通行的说法主要有以下两种。

一是概括“是有限度的，概括的极限是范畴。如物质、意识、运动、静止、原因、结果等范畴，都是外延最大、适用范围最广的概念。再也没有比范畴外延更大的概念，即再也不会找到属概念，当然就不能再进行概括了”①。

二是“概括超过一定的限度，就会大而失当，反而有损于准确地使用概念。例如，把蔬菜店中的西红柿概括为蔬菜就可以了，若一味地概括下去，概括到客观实在就概括过头了……概念概括的极限是最大的类概念”②。

上述两种说法，都确认概念的概括是有极限的，只是对概括极限的表述不同。前者认为概念概括的极限是范畴，或者是哲学范畴；后者认为概念概括的极限是最大的类概念。概念的概括究竟有无极限？这要先看范畴说或最大的类概念说成立与否。

范畴是反映事物本质属性和普遍联系的基本概念。每一门科学都有一些范畴。哲学作为一门科学也有一些范畴。物质、意识、运动、静止、原因、结果等范畴都属于哲学范畴。哲学范畴不同于各门具体科学的范畴，它不是对某一领域、某一方面、某一问题的反映，而是对自然、社会和思维发展过程最本质、最普遍联系的反映。把具体科学的一个范畴或概念概括成一个哲学范畴，无疑能够缩小一个范畴概念的内涵以扩大其外延，进而过渡到外延更广的概念。但是，由此并不能把范畴或者哲学范畴作为概念概括的极限。这是因为，缩小一个范

① 吴家国主编：《普通逻辑原理》，北京：高等教育出版社，1989年，第45页。

② 中国人民大学哲学系逻辑教研室编：《形式逻辑》，北京：中国人民大学出版社，1984年，第57、58页。

畴或概念的内涵以扩大其外延，从而过渡到外延更广的概念，只是就一定范围来讲的，只是从认识的角度考察和认识问题的，即便是从这一个角度考察和认识问题，也不是没有可过渡的外延更广的概念。

例如，“物质”这一哲学范畴，按照既定的说法，是不能也不可能进行概括的，但在实际上，它仍然要根据人们不同的思维需要，进行各种不同的概括。在哲学上，“物质”并不只是被概括为哲学范畴，它在《中国大百科全书・哲学》中就被定义为“不依赖于意识而又能为人的意识所反映的客观实在”[①]。在这里，“客观实在”是作为“物质”这一概念邻近的属概念出现的，其本身就是对“物质”的一种概括 。如果不把“客观实在”看作“物质”这一概念邻近的属概念，而是把它们看作同一概念，那么该定义的定义项不是直接包含被定义项，出现“同语反复”的逻辑错误，就是定义项小于被定义项，出现“定义过窄”的逻辑错误。既然该定义是被公认合理的、有效的，那么把“客观实在”作为“物质”的属概念，从而认定前者是对后者的一种概括，就是无可非议的。

在日常思维中，有时人们也把“物质”和“客观实在”作为同等意义上的概念使用，但严格来讲，“物质”概念有“具体物质形态”和“物质一般”两个意义 。“物质一般即客观实在性，是从各种实物的总和中抽象出来的最本质的共性，它不等于任何一个具体的物质形态。”[②]因此，“客观实在”相对任何一个“具体的物质形态”，都是一种概括。从系统论的观点出发，“物质”又可被概括为“有机整体”，物质正是由诸要素以一定的结构组成的、具有确定功能的有机整体。从经济学的观点出发，“物质”可被概括为“生活资料”（“消费资料”）。从语言学的观点出发，“物质”可概括为“实词”“语词”“语言材料”等。从逻辑学的观点出发，“物质”还可概括为“普遍概念”“非集合概念”“肯定概念”“实体概念”“绝对概念”，等等。

“物质”这一概念不仅可以从不同的角度进行不同的概括，而且可以从同一个角度进行连续概括。从哲学角度，把“物质”概括为“哲学范畴”，可以继续概

① 中国大百科全书总编辑委员会《哲学》编辑委员会编:《中国大百科全书・哲学》，北京:中国大百科全书出版社，1987 年，第 944 页。

② 中国大百科全书总编辑委员会《哲学》编辑委员会编:《中国大百科全书・哲学》，北京:中国大百科全书出版社，1987 年，第 945 页。

括为“范畴”,还可以继续概括为“基本概念”“概念”“存在”,等等。

物质等哲学范畴之所以能够从不同的角度或从同一个角度再概括,是由这些范畴的作用和概括的实质、要求决定的。

关于范畴的作用,列宁指出:“范畴是区分过程的一些小阶段,即认识世界的过程中的一些小阶段,是帮助我们认识掌握自然现象之网的网上纽结。”①概念概括的实质即缩小一个概念的内涵,相应扩大它的外延,以确定其归属。概念的概括要求在具有种属关系的概念间进行,而且是从种概念过渡到属概念。概念之间凡是具有某种隶属关系,并且是从种概念到属概念的过渡,就是概念有效概括。“物质”这一哲学范畴横着与“客观实在”“有机整体”“生活资料”等概念有着种属关系,纵着与“哲学范畴”“范畴”“基本概念”等概念也有着种属关系,这就不会是“再也没有比范畴外延更大的概念,即再也不会找到属概念,当然就不会再进行概括了”。

把哲学范畴作为概括极限的观点,是由17世纪法国的逻辑学家阿尔诺和尼柯尔提出的。他们在合著的《波尔-罗亚尔逻辑》(1662年)一书中,明确提出概念的内涵与外延有其反变性,并根据唯理论哲学家笛卡尔的观点,说明了扩展概念外延的最高限度。笛卡尔认为,在理性看来,只要是清楚明白的,就是真的。复杂的事物看不清,应该尽可能地分成简单的部分,直到理性可以判定其真伪的程度。笛卡尔在认识上所应用的这种理性主义,被阿尔诺和尼柯尔化解到逻辑教科书中,于是就出现:扩展概念的外延,要“在理性看来清楚明白”,非“范畴”不尽。三个世纪过去了,在人们的现实思维中,笛卡尔的唯理论观点早就不被人们接受了,可令人费解的是,笛卡尔学派的阿尔诺、尼柯尔的扩展概念外延限度的逻辑观点却一直延续到今天。

把哲学范畴作为概念概括的极限,往往束缚、限制人们的思想发展。以往的哲学范畴是对人类认识史的概括,是一定历史阶段科学认识成果的凝结。随着客观现实的发展和科学认识的不断进步,不仅范畴的数量和内容在日益丰富,而且一些范畴的意义和地位也发生了变化。如过去对“物质形态”这一概念的认定只包括三种,即“固态”“液态”“气态”。20世纪以来,随着现代自然科学

① 《列宁全集》第38卷,北京:人民出版社,1959年,第90页。

对物质结构研究的深化，人们又发现了物质的第四种状态——“超固态”，继而又发现了第五种状态——“等离子态”、第六种状态——“场”、第七种状态——“反物质”。这就表明概念或范畴不是一成不变的。把旧有的定死的范畴作为现实思维中概括的极限，显然不能达到有效概括的目的。

也许有人认为，上述看法的本身引进了变化发展的思想，超出了形式逻辑的范围。其实，承认范畴数量或质量的可变性，并不意味着它同形式逻辑保持思维确定性的要求相抵牾。就像形式逻辑讲排除认识上的逻辑矛盾，并不否认认识对象所固有的辩证矛盾的存在一样。如果说有超出形式逻辑范围的地方，那么范畴或哲学范畴作为概括极限的提法的本身就超出了形式逻辑的范围。这是因为，范畴是人们用以认识客观现实的具有极大普遍性的概念，辩证逻辑才把范畴作为自己的研究对象，把辩证法作为工具研究范畴的内容。

在概括极限的问题上，与范畴说联袂而至的，就是所谓“最大的类概念”说。类概念也叫属概念，即上位概念。它是反映事物中作为属的那类事物的概念。最大的类概念，即反映事物中作为超过其他属的那类事物的概念。至于反映事物中作为超过其他属的那类事物的概念究竟是什么，不得而知。最大的类概念实际上只是一个反映物体类或属性类的宽泛概念，借此作为概念概括的极限，不能明确概括过程中的具体的规定界限。

在把“蔬菜店中的西红柿概括为蔬菜就可以了”这一表述中，似乎是把“蔬菜”作为“蔬菜店中的西红柿”的最大的类概念。这是因为，“若一味地概括下去，概括到客观实在就概括过头了”。其实，“蔬菜店中的西红柿”概括成“蔬菜”不错，但“蔬菜”却不是“蔬菜店中的西红柿”的最大的类概念。“蔬菜店中的西红柿”除了能够概括成“蔬菜”之外，还能够概括成“副食品”“食品”“茄科食物”“蔬类植物”等，而“副食品”“食品”“茄科食物”“蔬类植物”等概念的外延均比“蔬菜”这一概念的外延宽泛。再说，“蔬菜店中的西红柿”就是“一味地概括下去，概括到“客观实在”也不会“就概括过头了”。“蔬菜店中的西红柿”与“客观实在”二者具有种属关系。况且概念的概括未必都得按照层次逐级进行，只要实际思维需要，从“蔬菜店中的西红柿”完全能够越级概括到“客观实在”。

既然范畴或哲学范畴和最大的类概念都不足以作为概念概括的极限，那么概括的极限所赖以存在的根据就不见了。黑格尔说过：“理解存在物，就是把它变成普遍的东西。”列宁则明确批注:“思想和词表明一般的东西。”①一般的概念如此,范畴或哲学范畴和最大的类概念也不例外。

传统的形式逻辑一向按照生物学分类系统中的“种”“属”“科”“目”“纲”“门”“界”的顺序排列其外延关系。它是以“种”为单位的,把“种”概括为“属”,把“属”概括为“科”,把“科”概括为“目”,如此进行,一直概括到“界”。“界”在中国最早出自《孟子·公孙丑下》:“域民不以封疆之界。”这里的“界”指称地域的限隔,引申为极限。概括以“界”为极限,是传统的提法。在现实思维中,人们所使用的反映客观对象的概念,即便是到了“界”也不是就无属可归不能再概括了。例如,“点”在自然中已为“界”,但它可被定义为“没有宽窄和厚薄的位置”,这就等于确认了“点”可被概括的一个属概念,即一个特殊的“位置”。又如,“遗传”在生物界中也已为“界”,但它被定义为“生物在繁殖时将其结构与功能特性传递给后代的复杂过程”,该表述也等于确认了“遗传”这一概念可被概括的一个属概念——一个特殊的“复杂过程”。上述两例都是对概念所作的有效概括,前例从空间上找出了被概括概念邻近的属概念,后例从时间上找出了被概括概念邻近的属概念。

从空间上或时间上对概念进行概括,具有不可穷尽性。这是因为,客观存在的物质的每一种具体形态和相应的具体的时空是有限的,但是由各具特点的有限时空组成的整个物质世界的时空却是无限的。这种时空无限性的辩证唯物主义观点,实质上在于确认不断发展着的物质世界在质和量的多样性上具有无穷性。所以,对反映具有时空关系的客观对象的概念的概括,也就具有不可穷尽性。

概念的概括无极限可言,但这并不是说概念的概括可随意进行。概念的概括只有从实际出发,实现由种概念到属概念的推演,才能达到有效概括的目的。否则,从想当然出发,由反映属性的概念推演到反映实体的概念,或由反映单个体的概念推演到反映集合体的概念,或由反映部分的概念推演到反映整体的概念,都是无效的概括或不称其为概括。例如,由“使用价值”和“价值”推演到“商品”,由“具体劳动”和“抽象劳动”推演到“劳动”,都不成立。这是因为,“使用价

① 《列宁全集》第55卷,北京:人民出版社,1990年,第233页。

值”和“价值”只是“商品”的两重属性或两个因素，而“商品”则指谓“用于交换，能满足人们某种需要的劳动产品”。“具体劳动”和“抽象劳动”只是生产商品的劳动所具有的双重属性，是同一劳动的两个方面，而“劳动”则指谓“劳动力的使用和劳动力的消费”。由反映属性的概念分别概括成反映实体的概念，得不出共性的认识。又如，由“人”推演到“人口”，由“九龙”推演到“香港”，也不成立。这是因为，“人”是能制造和使用工具，从事劳动的高级动物，是反映单个体的概念，而“人口”则是生活在一定时间、一定区域和一定社会生产方式下由具有一定数量和质量的个人所组成的社会群体，它是反映集合体的概念，单个体所具有的属性集合体却不具有。“九龙”是组成“香港”的一部分地区，“香港”除了“九龙”，还有香港岛和“新界”，“九龙”与“香港”只是部分与整体的关系，部分所具有的特征同样不为整体所具有。由反映单个体的概念或反映部分的概念概括成反映集合体或整体的概念，当然也得不到共性的认识。

总之，概念的概括无极限，但有规范。我们要在实际思维中对概念作出有效概括，就要明确概括的逻辑特征，合乎规范地进行概括。

（本文原刊于《理论学刊》1992 年第 5 期，被中国人民大学书报资料中心《复印报刊资料·逻辑》1992 年第 11 期全文转载，收入本书时有改动）

概念的限制无极限

概念的限制，是指增加一个概念的内涵以缩小其外延，从而过渡到外延较小的概念。我国现行的传统形式逻辑教科书普遍认为，概念的限制是有极限的。概念限制的极限是单独概念。因为，概念的限制是在具有属种关系的概念之间进行的，而单独概念是外延最小的种概念。也就是说，再也找不出比单独概念外延更小的种概念了，所以概念限制到单独概念就无法再限制了。

逻辑界有人提出过不同意见，认为概念的限制是有极限的，但概念限制的极限不能一概说成是单独概念。有的单独概念是可以再限制的。如在“今天的中国是历史的中国的一个发展”这个判断中，“今天的中国”就是对“历史的中国”的一种限制，而“历史的中国”正是一个单独概念。有的单独概念则是不能再限制的，如“地球”就不能限制成“北半球”或“南半球”。

概念限制的极限是所有的单独概念还是有些单独概念，尽管人们至今还未达成共识，但对于概念的限制是有极限的说法似无疑可问。其实，并非如此。

概念的限制是有极限的，即概念的限制是有最高限度的。但是，单独概念却难以成为确立概念限制的最高限度的根据。

首先，一个单独概念本身无所谓种概念。种概念是与属概念并列对举的。如果有两个概念，其中一个概念的外延是并且仅仅是另一个概念的外延的一部分，那么，前一概念称为后一概念的种概念，而后一概念称为前一概念的属概念。种概念和属概念是亚里士多德范畴、概念论中的两个重要概念。在亚里士多德看来，“属是述说种的本质的谓词，在‘人是动物’这个判断里，动物便是这个种概念的属”[①]。种概念与属概念所具有的这种被包含与包含的关系，决定了它们是互为存在条件的。种概念离不开属概念，属概念也离不开种概念。一个概念，相对于一个比其外延宽的概念，是一个种概念，但相对于一个比其外延窄

① 中国大百科全书总编辑委员会《哲学》编辑委员会编：《中国大百科全书·哲学》，北京：中国大百科全书出版社，1987年，第258页。

的概念,又是一个属概念。既无后继概念又无前承概念的一个单独概念,也就不称其为种概念或者属概念了。

其次,一个单独概念,即便算是种概念,也不是外延最小的种概念。单独概念是与普遍概念和空概念同时存在的。概念根据其外延所指称的类的不同,划分为单独概念、普遍概念和空概念。一个概念,其外延所指称的类可能只有一个对象,也可能有若干对象,还可能是现实世界根本不存在相应的对象。单独概念的外延所指称的类只有一个对象。普遍概念的外延所指称的类有若干对象。空概念的外延所指称的类是现实世界根本不存在相应的对象。比较单独概念和空概念,前者只反映某一特定对象,即指外延数量为一的概念;后者是连一个特定对象也不反映的概念,即指外延数量为零的概念,从类概念的角度判定外延最小的种概念,外延数量为一的单独概念理应让位于外延数量为零的空概念。

既然单独概念不是外延最小的种概念,这就意味着单独概念有可以过渡的种概念。但这并不是说,单独概念只能过渡到空概念,空概念成了概念限制的极限。因为,空概念的外延虽说是现实世界的空类,某个空概念只适用于某个空类,一般无须对其进行限制,但不是无法限制。如"小鬼"和"一座纯银山"这两个空概念,就是"鬼"和"纯银山"这两个空概念的种概念,前者正是对后者的一种限制。尽管"鬼"和"纯银山"等空概念所反映的"类"在现实中不存在任何具体的分子,但它毕竟是人们在头脑中把不同对象的属性综合起来,并根据这些属性构成的一个特定的"类",这就使得这些概念能够增加其内涵,相应缩小其外延。连外延数量为零的空概念都能够再限制,对外延数量不是零的单独概念进行限制,也应该是没有问题的。

对单独概念的限制不同于对普遍概念的限制,普遍概念的外延所包含的若干对象,不是反映对象的小类,就是反映对象的个体。对普通概念的限制便可将其过渡到子类概念或是分子概念。单独概念的外延只包含一个对象,用指出这一对象的方法即可明确它的外延,一般也无须限制。但是,这种概念在特定的语言环境中,不仅需要而且也能够进行限制。例如,在"42 岁的亚里士多德当上马其顿王腓力二世王子亚历山大的教师""在雅典的亚里士多德带领泰奥弗拉斯多另立了学园"这两个判断中,"42 岁的亚里士多德"是从时间上对亚里士多德"这一单独概念进行限制的,"在雅典的亚里士多德"则是从空间上对"亚里士多德”这一单独概念再限制的。又如，在“世界上第一高峰的珠穆朗玛峰位于中国西藏自治区和尼泊尔接界处”“第一个到达终点的4号运动员刷新了本校短跑纪录”这两个判断中，“世界上第一高峰的珠穆朗玛峰”是从程度上对“珠穆朗玛峰”这一单独概念进行限制的，“第一个到达终点的4号运动员”是从次序上对“4号运动员”这一单独概念再限制的。

对同一单独概念的限制，既可以从时间、空间、程度、次序等不同的方面来进行，也可以从同一个方面连续来进行。如“这位作者”可限制成“本书的这位作者”，也可限制成“昨天我说的本书的这位作者”，等等。

单独概念能够再限制，有无反例？的确，“地球”这一单独概念不能限制成“北半球”或“南半球”，因为“北半球”或“南半球”只是组成“地球”这一单独概念所指称的整体对象的部分对象，而概念的限制必须在具有属种关系的概念间进行。但是，从严格意义上讲，把“地球”过渡到“北半球”或“南半球”并不是一种限制，而是一种分解。“地球”这一单独概念也不是不能再限制的。

例如，“2亿年前的地球”“与太阳平均距离14960公里的地球”“体积约1.0832×10^{12}立方千米的地球”“按距太阳由近及远的次序为第三颗的地球”“呈扁球体的扁率1/298.257的地球”“公转周期365日、自转周期23小时56分的地球”“有四季寒暑和昼夜长短的地球”“有一个卫星（月球）的地球”就是对“地球”这一单独概念所作的几种不同的限制。它们都是把“地球”概念的某种属性抽取出来，再用来限定原概念，起到强调“地球”某种属性的作用。

也许主张单独概念是限制极限的观点，把单独概念前加定语看作只是强调指出该概念所反映的对象的某一属性，没有改变原单独概念的适用范围。其实，在单独概念前加定语，是否改变单独概念的适用范围，要看其是否具有属种关系。这是因为，概念内涵与外延之间的反变系，只存在于具有属种关系的概念之间，而不存在于具有同一关系、交叉关系和全异关系的概念之间。一个具体的单独概念与其加定语后所形成的新概念之间，怎么来看都构不成“凡S是P并且凡P是S”的关系，也构不成“有S是P并且有P不是S”的关系，更构不成“没有S是P”的关系，而只能是“凡S是P并且有P不是S”的关系，显然它们之间所具有的是一种属种关系。因此，带定语的单独概念，突出该概念所反映的对象的某一属性本身，也就改变了原单独概念的适用范围。

把单独概念作为概念限制极限的观点由来已久。17—19世纪西欧影响较大的逻辑学教本《波尔-罗亚尔逻辑》，根据唯理论哲学家笛卡尔的观点，提出扩充一个概念的内涵，以减小其外延的终极。笛卡尔认为，从理性的角度出发，如果是清楚明白的，那就不是假的。复杂的事物看不清，应尽量化解成其简单的部分，直到理性可以判定其真伪的程度。笛卡尔在认识上的这种理性主义观点，被《波尔-罗亚尔逻辑》的作者——17世纪法国逻辑学家阿尔诺和尼柯尔接受并运用到概念内涵与外延的反变关系上，设“P”与“S”分别为“属”与“种”。这样，“P”的外延就比“S”的外延广，而“S”的外延就比“P”的外延窄；“P”的内涵比“S”的内涵浅，而“S”的内涵则比“P”的内涵深。“S”一旦被个体概念（单独概念）代入，就到了“理性可以判定真伪的程度”。虽然后来的逻辑学家对概念内涵与外延所具有的反变关系的合理性提出质疑（概念的内涵与外延的反变关系不是一条严格的数学规律和逻辑规律），笛卡尔的唯理论观点也早就不被人们接受了，但是“单独概念是概念限制的极限”的提法却沿用至今。

承认概念的限制具有极限，就等于否认概念之间具有可互相推演的性质。在成熟的逻辑体系中，每个概念的内涵和外延的确定都应该是严格的，而不是任意的，概念与概念之间也应该是具有相互制约性，而不是无关联的。根据概念之间的这种逻辑联系，每个概念都必然固定于逻辑体系的一定环节之上，也就使概念之间具有一种可以推导的性质。把概念的限制划定出极限，无异于确认了极限概念与其他概念不具有推演关系。

否认概念的限制有极限，并不意味着对概念的限制可随意进行，概念的限制只有从实际思维出发，实现由属概念到种概念的推演，才能达到有效限制的目的。否则，从想当然出发，由反映实体的概念推演到反映属性的概念，或由反映整体的概念推演到反映部分的概念，或由反映集合体的概念推演到反映单个体的概念，都是无效限制或不称其为限制。如由“劳动力商品”推演到“劳动力商品的使用价值”或“劳动力商品的价值”就不成立，因为“劳动力商品的使用价值”和“劳动力商品的价值”与“劳动力商品的价值”只是“劳动力商品”这一概念的两重属性或两个因素，“劳动力商品”指称“作为买卖对象的劳动力”，而“劳动力商品的使用价值”则指称“劳动力的使用，能够创造价值，并且能够创造出比它自身价值更大的价值”，“劳动力商品的价值”指称“生产、发展、维持和延续劳动力商品所必需的生活资料的价值”。可见，“劳动力商品”是实体概念,“劳动力商品的使用价值”和“劳动力商品的价值”是属性概念,实体概念与属性概念之间不具有属种关系。再如,由“亚里士多德的《工具论》”推演到“亚里士多德的《前分析篇》”,由“自然数集”推演到“自然数”也不成立,因为“亚里士多德的《工具论》”是由安德罗尼科编辑出版的亚里士多德所著六部逻辑著作的总称,是反映整体的概念,而“亚里士多德的《前分析篇》”,是亚里士多德表述三段论的重要的逻辑著作,是反映部分的概念,整体概念所具有的属性,部分概念并不具有。“自然数集”是由全部“自然数”的集合体构成,它与每个“自然数”是集合与非集合的关系。反映整体概念或集合概念的属性,不反映部分概念或单个体概念的属性,所以由反映整体或集合体的概念,限制成反映部分的概念或反映单个体的概念,也得不到个性的认识。

总之,概念的限制无极限,但有规范。要在实际思维中对概念作出有效限制,就要明确概念过渡的逻辑特征和要求,合乎规范地进行限制。

(本文原刊于《理论学刊》1993 年增刊,收入本书时有改动)

命题三论

一、命题的分类

命题是用直陈句表达的有真假的思想。目前,国内普通逻辑学界关于命题的分类,大致是按命题形式及其相互关系进行的。命题分成简单命题和复合命题两类。不含有其他命题的命题是简单命题;含有其他命题的命题是复合命题。简单命题分成直言命题和关系命题两种。直接陈述对象有无某种性质的命题,称为直言命题;陈述对象与对象之间具有某种关系的命题,称为关系命题。这种分类,易于理解和掌握,对我们分析日常思维很直观和方便,但是不科学。问题在于关系命题不应作为一种简单命题或命题。

在普通逻辑史上,古希腊的亚里士多德、古罗马的麦加拉-斯多噶学派和近代的康德对命题分类的研究贡献最大,但他们都没有单列关系命题作为一种或一类命题。亚里士多德关于命题分类的思想贯彻在他的《解释篇》中,他把命题主要分为实然的和模态的,实然的又分为简单的和复合的,简单的既可分为肯定和否定的,又可分为全称的、特称的和不定的,但没有把关系命题提出来。麦加拉-斯多噶学派补充和发展了亚里士多德关于关系命题分类的理论,建立起命题逻辑的理论框架。在这一理论框架中,他们按照新的标准,把命题分为原子和分子的,原子命题有确定的、不定的和中间的,分子命题有条件的、推断的、合取的、析取的、因果的、比较的、否定的,但也没有涉及关系命题。康德是最早提出按关系划分命题形式的,他把命题划分为直言(两概念间的关系)命题、假言(两命题间的关系)命题和选言(若干命题间的关系)命题。他还按量的不同,把命题分为全称的、特称的、单称的;按质的不同,把命题分为肯定的、否定的、无限的;按模态词的不同,把命题分为或然的、实然的、必然的。无论从哪个角度进行划分,都没有把关系命题单列出来。

关系命题被确认为一类命题,只是从近代开始,是为数不多的学者与特定的思想紧密联系而形成的。1638 年,德国人雍久斯著《汉堡逻辑》,首次提出逆关系:"'由大卫是所罗门的父亲'可得出'所罗门是大卫的儿子'。"这就是最初的根据实际存在的关系区分关系命题形式的认识。1847年,英国人A.德摩根著《形式逻辑》,首次提出关系的对称性和传递性质。1910年,英国人B.罗素和A.N.怀特海合著《数学原理》(第1卷),提出了反对称关系和连通关系。他们着力从外延的角度来考虑关系,试图对关系命题作出形式上的刻画,但仍没有摆脱普通逻辑的束缚。1937年,金岳霖著《逻辑》,最先把这种认识介绍给国内读者。此后,国内各种普通逻辑教本或多或少地都介绍了关系命题的内容。在普通逻辑学发展的历史长河中,我们很难说,这个特定时期某几位学者与特定的思想紧密联系而形成的逻辑观念,从此就可以一劳永逸地讲下去。

把关系命题作为一种独立的命题,有着不能解释和处理的逻辑问题。关系命题既不能研究非二元关系命题,也难以契合具体的二元关系命题。普通逻辑学界现认定关系命题的逻辑性质是关系的对称性和传递性。关系的对称性包括关系的对称、反对称和非对称,关系的传递性包括关系的传递、反传递和非传递。但是这些所谓的逻辑性质本身容易陷入窘境。例如,"这一套计算机程序编排比较合理""亚洲大陆南北中心线位于北纬43度至44度之间",这两个看上去是很简单的关系命题,就难以从对称性和传递性这两个方面以及每个方面三种不同情况来判定"与……比较""位于……之间"具有怎样的逻辑性质。如现代逻辑学家L.维特根斯坦所说,"认为我知道实际情形是'aRb或并非aRb',我就了解了'aRb'"①,这也是不正确的。这是因为知道了上述两例的实际情形,并能把它们分别抽象出相应的关系命题形式,却不一定知道相应的关系命题的逻辑性质。普通逻辑是由表达具体内容的关系命题抽象出命题形式,考察其命题变元的真假,然后确认这种命题的逻辑性质。既然关系的对称性和传递性无法使上述两个具体的关系命题对号入座,也就不能不承认对关系命题逻辑性质的这种认定,面临一种理论上的困惑。

也许有人会提出,"这一套计算机程序编排比较合理"是一元关系(表示一个个体对象隐藏的关系)命题,"亚洲大陆南北中心线位于北纬43度至44度之间"是三元关系(表示三个个体对象之间的关系)命题,而普通逻辑不研究一元

---

① [奥]路·维特根什坦:《逻辑哲学论》,张申府译,北京:北京大学出版社,1988年,第90页。

关系命题的逻辑性质，也不研究三元或三元以上关系的逻辑性质，只研究二元关系(表示两个个体对象之间的关系)命题的逻辑性质。这种说法本身就表明，普通逻辑因其不能研究非二元关系命题的逻辑性质，也就构不成一个系统的关系命题的理论体系。单从普通逻辑只研究二元关系命题的逻辑性质来看，依据这些所谓的二元关系命题的逻辑性质，也难以契合具体的关系命题。例如，"生产价格等于商品的生产费用加平均利润"。这是一个二元关系命题，依据其中"等于"的逻辑性质，在"生产价格"与"商品的生产费用加市场利润"之间，就无所谓关系的传递性。尽管说明关系的传递性必须涉及三个或三个以上的对象，但传递性仍然是二元关系的性质。像"战国时期的炼铁技术比欧洲的炼铁技术早 1600 多年"这样的命题涉及了三个对象，但仍算二元关系性质的命题，还是不能说明其逻辑性质。

普通逻辑难以解释关系命题的逻辑性质，不仅在于这些所谓的逻辑性质本身容易陷入窘境，而且在于它与普通逻辑应该研究的逻辑性质相去甚远。关系的对象性和传递性以及这两种性质各自所具有的三种不同情况所反映出的问题，都是非形式方面的，都是对不同对象之间所具有的一种实际存在关系的断定。但是，普通逻辑的研究对象和研究手段，决定了它不能也不可能研究对象之间的实际存在关系，而只能研究对象之间的形式关系，即对象之间所固有的相对稳定的组织方式或联结方式。如果两个或两个以上的对象按照一定方式结合起来，构成一个统一的整体，其中对象之间确定的构成关系就是形式关系。例如，"我国的对外经济关系同资本主义国家的对外经济关系有着原则的区别"，这一关系命题反映的形式关系，就是在统一论域中"我国的对外经济关系"与"资本主义国家的对外经济关系"这两个个体对象之间确定的构成关系。可以将它表示为"G(x,y)"，即论域中的个体 x 和 y 之间具有关系 G。形式关系具有不同的类型，主要包括存在于两个对象之间的关系、存在于三个对象之间的关系以及存在于 n 个对象之间的关系。在 G(x,y)中，x 和 y 是个体变项；G 是二元的谓词变项。从谓词变项的元数区分关系命题的逻辑性质，才是逻辑应该研究的问题。

另外，在关系命题中，除了个体变项和谓词变项以外，组成其关系命题的还有量词。应用不同的量词和命题联结词，便可构造出表示各种不同的关系命题的形式。因此,从量词的数目及排列顺序区分关系命题的类型,也不失为逻辑要研究的形式关系问题。

普通逻辑之所以不能合理地、有效地揭示关系命题的逻辑性质,这是与它不能系统地使用符号语言分不开的。如果缺少谓词变元符号和个体变元符号以及表示量词的符号,既难以研究量词本身的逻辑性质和多个量词之间的相互关系,也无法表示一个包含多元谓词之间的相互关系。尽管普通逻辑也使用一些字母符号或者序数词作为关系命题形式的构成成分,但这些并不是关系命题形式的主要的和决定的成分。它不用谓词变元符号和个体变元符号以及表示量词的符号表示关系命题形式,更多的则是依赖自然语言解释其关系命题理论,但自然语言的许多词是多义的或者是有歧义的。这种不精确的词、句使得它所表示的关系命题形式意义不清,用相同的词表示不同的关系,会模糊这些关系的区别,因而也会模糊这些命题的逻辑性质。

要合理、有效地揭示关系命题的逻辑性质,必须进一步分析关系命题的形式,这需要建立新的分析手段。由于现代逻辑提出和探讨的问题,契合关系命题面临的一系列问题,它通过制定和使用全面符号化的符号语言,把关系命题形式表示为可以进行各种运算的公式,从而能分析各种关系命题的逻辑性质。这种分析手段,首先是用多种符号构造公式,这包括用变项符号和常项符号、个体变项符号和个体常项符号、联结词符号、量词符号,分别表示谓词、主词、联结词和量词。用括号和逗号表示公式的构成形式或明确其结构之间的关联和量词的辖域。由这些专用符号构成的各种关系命题形式,包括带否定词的关系命题公式和关系命题的否定公式,反映着客观世界和思维的不同关系。使用替代方法(确定一公式是否为普遍有效式、可满足式、不可满足式)、逻辑运算(求否定、求对偶、求范式等运算)、形式证明等方法,便能考察和确定不同关系命题各自所具有的不同的逻辑性质。

关系命题不作为普通逻辑的一种或一类命题,并不意味着普通逻辑学不再需要涉及任何关系。相反,普通逻辑学中的任何两个或两组命题都必定发生一定的关系,如等值关系、矛盾关系、反对关系、下反对关系、差等关系、蕴涵关系、逆蕴涵关系、互蕴涵关系、并列关系、独立关系等。即便是一个命题,不是普通逻辑的关系命题形式,也不是不能反映某种意义上的关系,如“这个球队的队员和那个球队的队员都鼓起劲来了”这个省略式的联言命题(“这个球队的队员鼓起劲来了,并且那个球队的队员也鼓起劲来了”),反映的既然是这个球队和那个球队的队员都鼓起劲来了,也可以说他们之间存在“共同鼓起劲来”的相似关系。普通逻辑学所研究的命题都反映某种或某些关系,是由命题的实质决定的。命题作为一种思维形式,表现了人们的一种认识,任何认识都是对事物之间、事物内部诸方面之间的关系的反映。因此,表示认识的任何命题都反映客观世界和思维的某种关系。

二、命题的作用

普通逻辑通常分为概念、命题、推理、逻辑规律和论证五部分。其中,命题被公认为是非主体部分,而推理则被公认为是主体部分。其实,这恰好颠倒了命题和推理在逻辑体系中的位置。推理是由前提和结论构成的,前提和结论都是命题。推理就是由作为前提的命题推出结论的命题。推理的逻辑特征,不外乎推理的形式和规则。

推理的形式是由命题形式中的逻辑常项决定的。命题形式中的逻辑常项,即在同类命题形式中都存在的固定不变的部分,用以表示各个逻辑变项(命题形式中可变的部分)之间的关系。它主要有命题联结词和量词。最基本的推理仅仅与命题联结词有关。自然语言中最常见的命题联结词有“或者”“并且”“如果……那么……”“并非”等。命题形式与命题形式之间存在含义关系,包括蕴含、等同、交叉和全异四种。推理反映的是前提命题形式与结论命题形式之间的蕴含或等同关系,这种含义上的蕴含、等同关系具有真假依存性。如“p 或者 q;非 p;所以 q”这一相容选言推理之所以能够从否定一个支命题到肯定一个支命题,就是由该推理中的选言命题形式“p 或者 q”的逻辑性质决定的。“p 或者 q”的逻辑性质受制于被其连接的各个支命题的真假。当支命题有一个真或者都真时,它为真;当且仅当各支命题都为假时,它才为假。因此,否定了选言命题的一个支命题,就要肯定剩余的一个支命题。例如,“一个家庭或者是通过婚姻关系结合而成的,或者是通过血缘关系结合而成的,或者是通过收养关系结合而成的;这个家庭并不是通过婚姻关系结合而成的,或者是通过血缘关系结合而成的。所以,这个家庭是通过收养关系结合而成的”。这是一个有效的选言推理。它之所以能够从否定两个支命题到肯定一个支命题，正是由该推理中的选言命题联结词的逻辑性质决定的。这一命题联结词的逻辑性质受制于被其连接的各个支命题的真假。否定了选言命题的两个支命题，就要肯定剩余的一个支命题。由此可见，推理的形式是从命题形式的逻辑含义中衍生出来的，它不过是通过衔接或转换的方式转述了命题的含义上的蕴含或等同关系。

推理形式是命题的逻辑特征的改述，还表现为任何推理形式都能够表示为一个蕴涵式。这就是说，只要把一个推理的所有前提合取起来作为前件，把该推理的结论作为后件，就构成一个“如果……则……”形式的条件命题。这种形式的条件命题直接反映前后件之间的蕴涵关系。亚里士多德把他主要的推理理论就表示为条件命题。他在《前分析篇》中把直言三段论陈述为：如果 A 述说所有 B，并且 B 述说所有 C，那么 A 述说所有 C。把模态三段论推理陈述为：如果 A 必然属于所有 B，并且 B 属于所有 C，那么 A 必然属于所有 C。在直言三段论推理和模态三段论推理中，不用单称命题作为前提，不用“因为……除以……”表示推理前提与结论之间的推论关系，而且条件命题表示推理前提与结论之间的蕴涵关系，正是亚里士多德推理理论的重要特征。

普通逻辑在陈述推理形式的同时，也陈述推理的规则。从实际思维的角度来看，推理的规则具有规范作用和判据作用。前者是指它作为保持推理有效性的基本准则，对正确的推理有指导和约束作用；后者是指它作为一种尺度，能够衡量、评价任一具体的推理，凡是有悖其规则的推理，都不是有效的推理。但是，从逻辑意义上讲，推理的规则缺少特有的逻辑特征。仍以相容选言推理为例，相容选言推理的规则有两条：一是肯定一部分支命题，不能否定另一部分支命题；二是否定一部分支命题，就要肯定另一部分支命题。显然，这些规则就是相容选言推理有效式（否定肯定式）的文字表述。

命题不仅在推理中起到支撑作用，而且在概念、逻辑规律和论证中也起到决定性的作用。概念是命题形式的浓缩和省略。概念包括概念的内涵和外延，这两个方面的构成都是命题形式。概念与概念之间外延关系的确定和表示，也是命题形式。如 A 概念与 B 概念有“全同”关系，即“凡 A 是 B”并且“凡 B 是 A”。因此，用语词形式表示的概念，实际上是紧缩、简略的基本命题形式。逻辑规律是命题的原则和要求。所谓逻辑规律，是指普通逻辑的同一律、矛盾律、排中律和充足理由律。这四条规律是普通逻辑构建形式系统时所提出的一些命题形式的基本原则和要求。亚里士多德一开始提出同一律、矛盾律和排中律，就是作为其“论辩术”的基本原则的。他的“论辩术”，指称我们现在所说的命题逻辑。亚里士多德最先考察了不矛盾律原则，他在《形而上学》中孜孜以求的是探究、寻求不矛盾律原则，提出“同样属性在同一情况下不能同时属于又不属于同一主题”①，“两个互相矛盾的判断不能同时对同一对象为真，两个反对判断也是如此”②。这就是说，任一对象不能同时既具有某属性又不具有某属性；对于一个命题形式及其否定不能持两可的态度。在亚里士多德看来，不矛盾原则本身的确实无误性以及它在整个命题逻辑的地位和作用，决定了它能够成为命题逻辑中最确知的原则、理性上最有根据的原则。

亚里士多德在考察排中原则时指出：“两个相反显然不能同时都真，——另一方面，也不能一切叙述都是假的。”③

显然，这是从另一角度提出命题形式确定性的原则要求。同一律是从正面直接体现命题形式确定性的原则要求，即如果在考察条件不变的情况下，某一命题成立，则它陈述的客体是怎么一个事态，就不会又是另一种事态。黑格尔在评述这条规律时说：它能使命题形式包括命题形式成分具有“坚定性和确定性”，从而能“加以充分确切地把握”，“不以混沌模糊的印象为满足”④。亚里士多德虽未明确提出同一原则，但在他的某些言论中已有关于这一原则的思想，并认为它是“公认的”，因而可以被多数人接受下来。莱布尼茨最先提出充足理由律，他在《单子论》中指出：“凭着这个原则，我们认为：任何一件事如果是真实的，或实在的，任何一个陈述如果是真的，就必须有一个为什么这样而不那样的充足理由，虽然这些理由常常总是不能为我们所知道。”⑤

可见，充足理由律是在前三律的基础上要求进一步明确命题形式与命题形式之间具有联系的必然性。逻辑规律所反映的客观规律是任何事物都要遵守

---

① [古希腊]亚里士多德：《形而上学》，吴寿彭译，北京：商务印书馆，1959年，第6、9页。

② 杨百顺：《西方逻辑史》，成都：四川人民出版社，1984年，第104页。

③ 杨百顺：《西方逻辑史》，成都：四川人民出版社，1984年，第81页。

④ [德]黑格尔：《小逻辑》，贺麟译，北京：商务印书馆，1980年，第185页。

⑤ 中国大百科全书总编辑委员会《哲学》编辑委员会编：《中国大百科全书·哲学》，北京：中国大百科全书出版社，1987年，第100页。

的，概莫能外。它们对命题形式具有规范性，是规范命题形式确定性和一贯性的。四条规律结合起来规范命题形式必须同一、不二、无三、有据。论证是命题的认定和解释。论证即确认某一命题形式为真或假的过程。如果某一命题形式是未经检验为真或为假的，其论证就是对该命题形式的一种认定。这种认定带有科研性。如果一个命题形式是由别人论证为真或为假的，其论证就是对该命题形式的一种解释。这种解释带有宣示性。不对命题形式作为某种认定或解释的论证，不称其为论证。

总之，命题形式在概念、推理、逻辑规律和论证中都起到主轴的作用，用自然语言研究它的形式特征及其配置方式不仅是普通逻辑研究的各部分内容作为其理论出发点的命题，而且是必须依据又不必证明的原则。

三、命题的性质

在普通逻辑中，命题具有五个基本形式："并非 p""p 并且 q""p 或者（可兼的）q""如果 p 则 q""当且仅当 p 才 q"。它们依次表示否定、合取、相容析取、蕴涵和等值命题的形式。这些命题的形式都是由逻辑变项和逻辑常项组成。这五个基本命题形式具有公理的性质。

公理是在一个理论中已为反复的实践所证实而被认为不需要证明的命题。普通逻辑是由古希腊亚里士多德开创的，经历 2000 多年历史、直到 19 世纪中叶发展起来的逻辑。从其内容来说，它包括以概念外延关系为主要根据的概念逻辑和以命题间真假关系为依据的传统命题逻辑。传统逻辑虽然没有现代逻辑严格的公理系统，却有自己的公理，也形成了自己的理论体系，而且对其研究是成熟的，它是逻辑学科与实际思维的有机结合，具有很强的操作性。

五个基本命题形式之所以具有公理的性质，首先是因为它们具有自明性。公理不一定都具有"不证自明"性，但普通逻辑的公理却应具有这一特性。这是因为，普通逻辑的公理不同于现代逻辑的公理。现代逻辑的公理是在 19 世纪末 20 世纪初提出来的。在这一时期，德国数学家希尔伯特出版了《几何基础》一书，构造了几何学的现代公理系统。德国逻辑学家弗雷格随之出版《概念文字》一书，给出了初步完备的命题逻辑、谓词逻辑的公理系统。在弗雷格的公理系统中，选择作为公理的命题是从所要构筑的系统出发考虑的，不必都是直接的、显露的，只要能充分刻画并处理系统中对象的特征，均可被认定为公理。传统逻辑的公理则不同，只有那些自明的真理才能作为公理，所有非自明的命题都要借助公理和已证明的命题。这种公理近似于2000多年前欧几里得在《几何原本》一书中确认的公理。欧几里得把一些较为自明的基本性质作为公理或公设，以此为出发点，论证出一系列定理。五个基本命题形式是客观事物的最一般、最普遍关系在人的意识中的反映，具有不需逻辑证明而自明的性质。其次，五个基本命题形式还具有不矛盾性和独立性。在普通逻辑的公理系统中，如果从给定的公理出发，运用演绎手段，推导出与其相悖或相反的命题，那么这个公理系统就存在着逻辑矛盾。包含这种逻辑矛盾的公理系统则是无效的。有效的传统逻辑的公理、系统的任一公理不得从其他公理推出，从公理出发的证明只能以公理为依据，按照规定的推理规则进行，既不能附加其他的前提，也不能有其他隐含的前提。普通逻辑的公理主要是用自然语言建立起来的公理系统。在这个系统中，五个基本命题形式是作为经典逻辑理论出发点的命题形式，这些命题形式的本身是永真公式，人们在长期的经验中没有发现以它为前提衍生出假结论的事例。如果人们在经验中发现某一演绎式从基本命题形式中任何一个的逻辑性质出发，也能提出假结论的反例，那么人们就不再认为它是一个永真式。这些基本命题形式是人们在亿万次实践中对经验归纳概括的成果，它们并不是空洞抽象的外壳，而是对客观世界最普遍关系的反映。“由于千百次的重复，才有着先入之见的巩固性和公理的性质。”①

命题具有公理的性质也许不被学界认可，因为长期以来学界占主导性的认识是三段论具有公理的性质，或者逻辑规律具有公理的性质，或者第一格的两个全称式具有公理的性质。正如科学不迁就任何人一样，普通逻辑也不迁就任何一种提法。普通逻辑体系的某一部分当然要对命题的公理性发生影响，但这种影响不应通过迁就三段论、逻辑规律和第一格的两个全称式，或者通过普通逻辑向三段论、逻辑规律和第一格的两个全称式靠拢来实现；相反，恰恰要通过普通逻辑在形式系统中对三段论公理、逻辑规律公理、亚里士多德系统中第一格的两个全称式公理的消解来完成。其实，普通逻辑的形式系统中内含可以被

① 《列宁全集》第38卷，北京：人民出版社，1959年，第259页。

消解的规定性。

首先，三段论不具有公理的性质。三段论公理说，即对一类对象有所断定，则对该类对象中的每一对象也有所断定。然而，三段论是由两个直言命题作前提，得出一个直言命题的结论的推理。这种推理实质是一种对概念外延关系的考察，是反映事物类的包含或排斥关系的理论。它的大项、中项和小项反映三个集合之间的包含或排斥关系。但是，“凡对一类对象有所断定，则对该类对象中每个对象也有所断定”，反映的却是个体与集合的关系。集合所具有的属性，个体必然不具有；同样，个体所具有的属性，集合必然不具有。如果把“凡对一类对象有断定，则对该类对象中每个对象也有所断定”，改述为“凡对一类对象有所断定，则对该类对象中部分对象有所断定”，虽说能够反映 S 与 P 的关系，反映三个集合之间的包含（或排斥）关系，但直言三段论推理形式实际上是命题的一种改述，它在整个逻辑理论中算不上“最先知道和最先运用的根本原则”。

其次，逻辑规律也不具有公理性质。普通逻辑所讲的逻辑规律，是讲真假的，其出发点是要保持理论体系的统一性和协调性，同一律通常被表示为“A 是 A”，即任何一种思想是真的，就是真的；是假的，就是假的。矛盾律通常被表示为“A 不是非 A”，即两个相互否定的思想至少有一假，不得同真。排中律通常被表示为“要么 A，要么非 A”，即两个互相否定的思想必有一真，不得同假。充足理由律通常被表示为：“A 真是因为 B 真，并且由 B 能够推出 A 真。”这就是说，一个思想被确认为真，只有具备那些使人承认它为真的理由，不能是假理由，或者是真理由但与推断无逻辑联系。由此可见，逻辑四律无一不是讲真假的。但普通逻辑所研究的“凡 S 都是 P”“凡 M 都是 P，凡 S 都是 M，所以，凡 S 都是 P”“如果 p，则 q；p；所以，q”等形式，只是对具体思维形式的一般抽象，是逻辑变项和逻辑常项的搭配方式，其本身无真假可言。它只有通过解释成为具体的思维形式后才有所谓真假。用单纯讲真假的二值的逻辑四律作为普通逻辑的公理，就不称为普通逻辑了。

再次，亚里士多德系统中第一格的两个全称式同样不具有公理的性质。按照亚里士多德的思想，所有的式都可化归为第一格的两个全称式，但用 Barba 和 Celareh 这两个有效式只带有三段论的公理性质，而不带有整个逻辑的公理性。因为，根据中项与大小项的不同关系，把三段论区分为三个格：(1) A 述说 C，而

C述说B;(2)C分别述说A和B;(3)A和B分别述说C。据此,构成十四个有效式,可得出AEIO四种结论。在第一格中,由前提必然得出结论的道理极为明显,无须再有任何附加说明。人们在实践中经常遇到这种类与类之间包含的关系,因此,从这种式可推导出第二格和第三格的各种有效式。但是,如前所述,三段论第一格的Barba和Celarehe式说到底也是直言命题式的配置方式,它作为三段论的公理,同样不带有整个逻辑的公理性质。

总之,三段论、逻辑规律和亚里士多德第一格的两个全称式都不具有逻辑公理的性质,而只有命题或者说命题的五个基本命题形式具有逻辑公理的性质,这是由命题本身或者说命题的五个基本命题形式本身的逻辑性质和普通逻辑学应该研究的对象及其逻辑性质决定的。

[本文原刊于《山东师范大学学报》(人文社会科学版)2002年第6期,收入本书时有改动]

论关系命题的逻辑性质

一

目前，国内普通逻辑学界流行的各种关于关系命题逻辑性质的解说，大致认为关系命题的逻辑性质是关系的对称性和传递性。这两种性质又有其不同的情况：关系的对称性包括关系的对称、反对称和非对称，关系的传递性包括关系的传递、反传递和非传递。以国内最重要的普通逻辑学教材为例，教育部批准修订的全国高等学校文科《普通逻辑》教材就认为："关系命题的逻辑性质主要有关系的对称性和传递性。与对称性关系相对应的则有反对称性关系与非对称性关系，与传递性关系相对应的则有反传递关系与非传递关系。"①

普通逻辑对关系命题逻辑性质的这种认定，易于理解和掌握，对我们分析日常思维是相当直观、方便的，但是它却有着不能解释和处理的逻辑问题。例如，"这一套计算机程序编排比较合理""亚洲大陆南北中心线位于北纬 43 度至 44 度之间"，这两个看上去是很简单的关系命题，就难以从对称性和传递性这两个方面以及每个方面三种不同情况来判定"与……比较""位于……之间"具有怎样的逻辑性质。如现代逻辑学家 L.维特根斯坦所说："认为我知道实际情形是'aRb 或并非 aRb'，我就了解了'aRb'。"②这也是不正确的。因为知道了上述两例的实际情形，并能把它们分别抽象出相应的关系命题形式，却不一定知道相应的关系命题的逻辑性质。普通逻辑是由表达具体内容的关系命题抽象出命题形式，考察其命题变元的真假，然后确认这种命题的逻辑性质。既然关系的对称性和传递性无法使上述两个具体的关系命题对号入座，也就不能不承认对关系命题逻辑性质的这种认定面临一种理论上的困惑。

---

① 《普通逻辑》编写组编：《普通逻辑》，上海：上海人民出版社，1993 年，第 195—196 页。

② ［奥］路·维特根什坦：《逻辑哲学论》，张申府译，北京：北京大学出版社，1988 年，第 90 页。

也许有人会提出,“这一套计算机程序编排比较合理”是一元关系(表示一个个体对象隐藏的关系)命题,“亚洲大陆南北中心线位于北纬 43 度至 44 度之间”是三元关系(表示三个个体对象之间的关系)命题,而普通逻辑不研究一元关系命题的逻辑性质,也不研究三元或三元以上关系的逻辑性质,只研究二元关系(表示两个个体对象之间的关系)命题的逻辑性质。这种说法本身就表明普通逻辑因其不能研究非二元关系命题的逻辑性质,也就构不成一个系统的关系命题的理论体系。

单从普通逻辑只研究二元关系命题的逻辑性质来看,依据这些所谓的二元关系命题的逻辑性质,也难以契合于具体的关系命题。例如,“工资水平等于劳动者工资基金和平均人数相除之商”。这是一个二元关系命题,依据其中“等于”的逻辑性质,在“工资水平”与“劳动者工资基金和平均人数相除之商”之间,就无所谓关系的传递性。如果说明关系的传递性必须涉及三个或三个以上的对象,但传递性仍然是二元关系的性质。像“中国战国时期的炼铁技术比欧洲的炼铁技术早 1600 多年”这样的命题涉及三个对象,但仍算二元关系性质的命题,还是不能说明其逻辑性质。

尽管普通逻辑难以排解关系命题逻辑性质的理论困惑,但为了合乎道理地说明这种命题的逻辑性质,不得不选择甚至编造例证。看上去符合其逻辑特征的典型事例,不过是符合人们对某种具体经验知识的认识。

普通逻辑难以解释关系命题的逻辑性质,不仅在于这些所谓的逻辑性质本身容易陷入窘境,而且在于它与普通逻辑应该研究的逻辑性质相去甚远。关系的对称性和传递性以及这两种性质各自所具有的三种不同情况所反映出的问题,都是非形式方面的。例如,“孟子政治思想的核心——仁政学说源于孔子的德治思想”,这个命题在普通逻辑看来,反映的是一种反对称关系,因为“孟子政治思想的核心——仁政学说”在事实上确实源自“孔子的德治思想”,“孔子的德治思想”也在事实上确实发展为“孟子政治思想的核心——仁政学说”,两边不相应相称。又如,“《简明不列颠百科全书(中文版)》11 卷的出版早于《中国大百科全书》74 卷的出版,《中国大百科全书》74 卷的出版早于《不列颠百科全书(国际中文版)》20 卷的出版”,这一命题在普通逻辑看来,反映的是一种传递关系,因为“《简明不列颠百科全书(中文版)》11 卷的出版”在事实上确实早于“《中国大百科全书》74 卷的出版”,“《中国大百科全书》74 卷的出版”也在事实上确实早于“《不列颠百科全书(国际中文版)》20 卷的出版”,这样“《简明不列颠百科全书(中文版)》11 卷的出版”一定早于“《不列颠百科全书(国际中文版)》20 卷的出版”。可见,上述两例涉及的都是对象之间内容方面的问题,都是对不同对象之间所具有的一种实际存在关系的断定。

普通逻辑的研究对象和研究手段,决定了它不能也不可能研究对象之间的实际存在关系,而只能研究对象之间的形式关系,即对象之间所固有的相对稳定的组织方式或联结方式。如果两个或两个以上的对象按照一定方式结合起来,构成一个统一的整体,其中对象之间确定的构成关系就是形式关系。例如,“我国的对外经济关系同资本主义国家的对外经济关系有着原则的区别”,这一关系命题反映的形式关系,就是在统一论域中“我国的对外经济关系”与“资本主义国家的对外经济关系”这两个个体对象之间确定的构成关系。可以将它表示为“G(x,y)”,即论域中的个体 x 和 y 之间具有关系 G。形式关系具有不同的类型,主要包括存在于两个对象之间的关系、存在于三个对象之间的关系以及存在于 n 个对象之间的关系。在 G(x,y)中,x 和 y 是个体变项,G 是二元的谓词变项。从谓词变项的元数区分关系命题的逻辑性质,才是逻辑应该研究的问题。另外,在关系命题中,除了个体变项和谓词变项以外,组成其关系命题的还有量词。应用不同的量词和命题联结词,便可构造出表示各种不同的关系命题的形式。因此,从量词的数目及排列顺序区分关系命题的类型,也不失为逻辑要研究的形式关系问题。

把关系的对称性和传递性这两种非形式方面的性质误作关系命题的逻辑性质,源于欧洲近代的逻辑学教本。1638 年,由德国人 J.雍久斯所著、在汉堡出版的《汉堡逻辑》一书,首次提出逆关系性质,并据此构造了这种关系的等价推理:“‘由大卫是所罗门的父亲’可得出‘所罗门是大卫的儿子;反之亦然。’”①这就是最初的根据实际存在关系,区分关系命题形式和相应的关系推理形式的认识。1847 年,由英国人 A.德摩根所著、在伦敦出版的《形式逻辑》一书,首次提

① 中国大百科全书总编辑委员会《哲学》编辑委员会编:《中国大百科全书·哲学》,北京:中国大百科全书出版社,1987 年,第 654 页。

出关系的对称性质和传递性质，认为："一种关系和它的逆关系如果是同一种关系，那么这种关系就具有对称性质。"①可见，他所说的关系的对称性，就是一种可逆关系。

用来表示传递关系的，或者表示传递关系的逆，由于传递关系的逆也是传递的，这样他所表示的直言三段论都是建立在传递关系和对称关系基础之上的。1910年，由英国人B.罗素和A.N.怀特海合著、由剑桥大学出版社出版的《数学原理》(第1卷)一书，又提出了关系的两种性质：反对称关系和连通关系。"当x对y有某种关系时，y对x必无这种关系，则此关系为反对称的……对于一类中任两元素之间其一对另一必有某种关系，则此关系为连通的。"② B.罗素和A.N.怀特海着力从外延角度来考虑关系，试图对关系性质作出形式上的刻画，但仍没有摆脱普通逻辑的束缚。1937年，金岳霖著、由商务印书馆出版的《逻辑》一书，最先把这种认识介绍给国内读者。他把关系的性质解说为两种："一曰对称质，一曰传递质。从对称方面着想，可以有对称，非对称，及反对称；从传递方面着想，可以有传递，非传递，及反传递。"③此后，国内各种普通逻辑教本或多或少地介绍了这一部分内容。本来是要借以说明科学思维中存在着的关系命题的形式问题，但它终因没有抛开其心理和认识活动方面的问题，把哲学、辩证逻辑等学科应研究的关系性质误作普通逻辑学科应研究的关系性质。

普通逻辑不能合理地、有效地揭示关系命题的逻辑性质，是与它不能系统地使用符号语言分不开的。如果缺少谓词变元符号和个体变元符号以及表示量词的符号，既难以研究量词本身的逻辑性质和多个量词之间的相互关系，也无法表示一个包含多元谓词之间的相互关系，尽管普通逻辑也使用一些字母符号或者序数词作为关系命题形式的构成成分，但这些并不是关系命题形式的主要的和决定的成分。它不用谓词变元符号和个体变元符号以及表示量词的符号表达关系命题形式，更多的则是依赖自然语言解释其关系命题理论，但自然语言的许多词是多义的或者是有歧义的。这种不精确的词、句使它所表示的关系命题形式意义不清，用相同的词表示不同的关系，会模糊这些关系的区别，因

① 宋文坚：《西方形式逻辑史》，北京：中国社会科学出版社，1991年，第251页。
② 宋文坚：《西方形式逻辑史》，北京：中国社会科学出版社，1991年，第317页。
③ 金岳霖：《逻辑》，北京：生活·读书·新知三联书店，1961年，第272页。

而也会模糊这些命题的逻辑性质。

二

要合理、有效地揭示关系命题的逻辑性质，必须进一步分析关系命题的形式，这需要建立新的分析手段。由于现代形式逻辑提出和探讨的问题，契合着关系命题面临的一系列问题，它通过制定和使用全面符号化的符号语言，把关系命题形式表示为可以进行各种运算的公式，从而能分析各种关系命题的逻辑性质。这种分析手段，首先是用多种符号构造公式，这包括用变项符号和常项符号、个体变项符号和个体常项符号、联结词符号、量词符号，分别表示谓词、主词、联结词和量词。用括号和逗号表示公式的构成形式或明确其结构之间的关联和量词的辖域。由这些专用符号构成的各种关系命题公式，包括带否定词的关系命题公式和关系命题的否定公式，反映着客观世界和思维的不同关系。使用替代方法（确定一公式是否为普遍有效式、可满足式、不可满足式）、逻辑运算（求否定、求对偶、求范式等运算）、形式证明等方法，便能考察和确定不同关系命题各自所具有的不同的逻辑性质。

对关系命题的研究，定位于现代形式逻辑，现行的普通逻辑学教本则不必再作专门介绍。这样，既能避免出现理论上的困惑，又能和原有普通逻辑理论体系保持一致。在原有的普通逻辑体系中，古希腊的亚里士多德、古罗马的麦加拉-斯多噶学派和近代的康德对命题逻辑的研究贡献最大。亚里士多德关于命题分类的思想贯彻在他的《解释篇》中，他把命题主要分为实然的和模态的，实然的又分为简单的和复合的，简单的既可分为肯定的和否定的，又可分为全称的、特称的和不定的，但没有把关系命题作为一类或一种命题提出来。麦加拉-斯多噶学派补充和发展了亚里士多德关于关系命题分类的理论，建立起命题逻辑的理论框架。在这一理论框架中，他们按照新的标准，把命题分为原子的和分子的，原子命题有确定的、不定的和中间的，分子命题有条件的、推断的、合取的、析取的、因果的、比较的、否定的，但也没有涉及关系命题。康德是最早提出按关系划分命题形式的，他把关系命题划分为直言（两概念间的关系）命题、假言（两命题间的关系）命题和选言（若干命题间的关系）命题。他还按量的不同，把命题分为全称的、特称的、单称的；按质的不同，把命题分为肯定的、否定的、无限的；按模态词的不同，把命题分为或然的、实然的、必然的。无论从哪个角度进行划分，都没有把关系命题单列出来。

关系命题被确认为一类命题，并具有上述逻辑特征，只是从近代开始，是为数不多的学者与特定的思想紧密联系而形成的。在普通逻辑学发展的历史长河中，我们很难说，这个特定时期，其几位学者与特定的思想紧密联系而形成的逻辑观念，就从此一劳永逸地解决了两千多年中众多的伟大逻辑学家所没有解决的关系命题的逻辑性质问题。现行的普通逻辑学教本不再专门讲关系问题，正与原有的理论体系保持协调一致。

把关系命题从现行的普通逻辑学教本中分离出去，并不意味着普通逻辑学教本不再需要涉及任何关系。相反，普通逻辑学中的任何两个或两组命题必定都发生一定的关系，如等值关系、矛盾关系、反对关系、下反对关系、差等关系、蕴涵关系、逆蕴涵关系、互蕴涵关系、并列关系、独立关系，等等。即便是一个命题，不是普通逻辑的关系命题形式，也不是不能反映某种意义上的关系。如“这个球队的队员和那个球队的队员都鼓起劲来了”这个省略式的联言命题（“这个球队的队员鼓起劲来了，并且，那个球队的队员也鼓起劲来了”），反映的既然是这个球队和那个球队的队员都鼓起劲来了，也可以说他们之间存在“共同鼓起劲来”的相似关系。普通逻辑学研究的命题都反映某种或某些关系，是由命题的实质决定的。命题作为一种思维形式，反映了人们的一种认识，任何认识都是对事物之间、事物内部诸方面之间的关系的反映。因此，表示认识的任何命题都反映客观世界和思维的某种关系。

综上所述，普通逻辑学在研究方向和研究手段两个方面限制了对关系命题逻辑性质的研究。毫无疑问，用现代形式逻辑的观点考察关系命题理论，对于推动对这种命题的逻辑性质的深入研究，对于建立现代化的自然语言的逻辑系统等都是有重大意义的。

（本文原刊于《齐鲁学刊》2001 年第 1 期，被中国人民大学书报资料中心《复印报刊资料·逻辑》2001 年第 6 期选登，收入本书时有改动）

推理不是传统形式逻辑的主体部分

传统形式逻辑通常分为概念、命题、推理、逻辑规律和论证五部分。其中,推理是主体部分。由于推理被作为传统形式逻辑的主体部分,因而出现了无形式意义的附性法推理和关系推理,也出现了既无形式意义又在其他学科(如辩证逻辑、自然辩证法等)都重复叙述的类比推理和假说,这就造成了理论体系上的混乱。为保持原有理论体系的一致性和协调性,有必要触动推理的主体地位问题。

一

推理在传统形式逻辑中的价值主要不在于逻辑方面,而是在于认识论方面。传统形式逻辑不是研究认识方面的规律,它只是研究思维形式的结构规律。推理作为思维形式的一种,本来应该以结构特征的面目出现,但它通常却被表述为从一个或一些已知的命题(前提)直接得出一个新命题(结论)的思维形式,其作用在于从已知的知识得到未知的知识,特别是可以得到不可能通过感觉经验掌握的未知的知识。这就显露出其主要的认识论方面的意义。

(一)推理反映前提与结论在内容上和意义上的联系

推理反映前提与结论在内容上和意义上的联系,指的是推理反映前提与结论具有已知性或未知性、必然性或或然性等认识论方面的联系。

1.推理反映前提与结论具有已知性或未知性的联系

推理是由前提与结论组成的。组成推理的前提和结论都是命题。命题按其内容知识被认知与否,分为已知性命题和未知性命题两种。作为推理前提的命题都是已知性的,但作为推理结论的命题却不一定是未知性的。例如,任何数都是事物量的规定性的一种抽象,零是数,所以,零是事物量的规定性的一种抽象。这是从已知的全称命题推出已知的单称命题,结论没有超出前提的范围。又如,高温、射频辐射等物理因素作用于生产过程中的劳动者会造成疾病,生产性粉尘、有害气体等化学因素作用于生产过程中的劳动者也会造成疾病,生产过程中的细菌、病毒等生物因素作用于生产过程中的劳动者还会造成疾病，这些物理因素、化学因素和生物因素都是职业危害因素，所以，凡职业危害因素作用于生产过程中的劳动者都会造成疾病。这一推理是从已知的个别性的命题推出未知的一般性的命题，结论超出前提的范围。它所反映的前提与结论的联系是未知性的。

任何推理不是反映其前提与结论具有已知性联系，就是反映它们具有未知性联系。人们正是根据推理反映前提与结论具有已知性或未知性联系的特征，通过选用相应的推理形式，达到用已有知识证实其自身，或利用已有的知识去认识未知的事物，使未知转化为已知的认识目的。

2.推理反映前提与结论具有必然性、或然性联系

推理前提的真，在多大程度上决定结论的真？要回答这个问题，就要考察其“联系度”。如果一个推理的前提是真的，并且前提与结论的联系度为100％，那么结论真的可能性就是100％。如果一个推理的前提是真的，并且前提与结论的联系度为50％，那么结论真的可能性则是50％。依此类推，根据这种联系度，推理前提与结论的联系分成必然性的和或然性的两种。

一个推理前提与结论具有必然性的联系，当且仅当前提与结论的联系度为100％。这就是说，如果一个推理前提与结论具有必然性联系，则它的结论完全依赖其前提条件；如果一个推理前提与结论不具有必然性联系，则它的结论不完全依赖其前提条件。

推理既反映前提与结论具有必然性联系，又反映前提与结论具有或然性联系。一个推理具有或然性联系，当且仅当它的前提与结论的联系度小于100％，大于0％。这就是说，如果一个推理前提与结论具有或然性联系，则它的结论不都依赖其前提条件；如果一个推理前提与结论不具有或然性联系，则它的结论完全依赖其前提条件或完全都不依赖其前提条件。

(二)推理反映前提与结论在结构上的联系

结构本身是对象系统的各要素所固有的稳定的组织方式。它在思维领域中分为思维内容的结构和思维形式的结构。推理的结构从属于思维形式的结构。如果推理把所依据的命题和所得到的命题用表达其关系的语词按照一定的方式组织起来，构成一个统一的整体，那么，其中所依据的命题、所得到的命题和表达其关系的语词之间确定的结构关系，就是推理的结构。推理反映前提

与结论在结构上的联系，就是反映它所依据的命题、所得到的命题和表达其关系的语词的联结方式。这种联结方式具有以下明显的特征。

1.效用性

推理的结构有有效和无效之分。如果一个推理的结构有效，当且仅当对其结构的任一解释(或有该结构的任一推理)都不出现真前提和假结论。但这不等于说，一个推理的前提和结论都真，则它的结构一定有效。从真前提得到真结论，其结构有无效的。有效的推理结构只保证从真前提得到真结论。反过来说，从真前提得到假结论，就可判定其结构是无效的。推理所反映的前提与结论在结构上的这种效用性，正是演绎推理的主要的认识意义。

2.稳定性

由于推理的前提、结论和联项之间都具有确定的、稳固的联系，这就使得推理的结构具有相对不变性。正是因为推理的结构带有稳定性特征，推理才得以完整地存留下来并分别出不同的类型。

3.有序性

从推理结构的组织方面着眼，当前提和结论由作用于它的因果律所控制时，就呈现出推理结构的有序性质，这是推理前提、结论与联项有规律地相互作用的结果。

二

推理的逻辑特征实际上是命题的逻辑特征的改述。推理的逻辑特征，不外乎推理的形式和规则。推理的形式是由命题形式中的逻辑常项决定的。命题形式中的逻辑常项即在同类命题形式中都存在的固定不变的部分，用以表示各个逻辑变项(命题形式中可变的部分)之间的关系。它主要有命题联结词和量词。最基本的推理仅仅与命题联结词有关。自然语言中最常见的命题联结词有“或者”“并且”“如果，则”“并非”等。例如，一个家庭或者是通过婚姻关系结合而成的，或者是通过血缘关系结合而成的，或者是通过收养关系结合而成的，这个家庭并不是通过婚姻关系结合而成的，或者是通过血缘关系结合而成的；所以，这个家庭是通过收养关系结合而成的。这是一个有效的选言推理。它之所以能够从否定两个支命题到肯定一个支命题，正是由该推理中的选言命题联结词的逻辑性质决定的。选言命题联结词的逻辑性质受制于被其连接的各个支命题的真假。当支命题有一个真,或者都真时,它为真,当且仅当各支命题都假时,它才为假。因此,否定了选言命题的两个支命题,就要肯定剩余的一个支命题。由此可见,推理的形式是从命题的逻辑含义中衍生出来的,它不过是通过衔接或转换的方式转述了命题的含义关系。

推理形式是命题的逻辑特征的改述,还表现为任何推理形式都能够表示为一个蕴涵式。这就是说,只要把一个推理的所有前提合取起来作为前件,把该推理的结论作为后件,就构成一个"如果……则……"形式的条件命题。这种形式的条件命题直接反映前后件之间的蕴涵关系。

传统形式逻辑的创始人亚里士多德把他主要的推理理论就表示为条件命题。他在《前分析篇》中把直言三段论陈述为:如果 A 述说所有 B,并且 B 述说所有 C,那么 A 述说所有 C。把模态三段论推理陈述为:如果 A 必然属于所有 B,并且 B 属于所有 C,那么 A 必然属于所有 C。在直言三段论推理和模态三段论推理中,不用单称命题作前提,不用"因为……所以……"表示推理前提与结论之间的推论关系,而用条件命题表示推理前提与结论之间的蕴涵关系,正是亚里士多德推理理论的重要特征。

传统形式逻辑在陈述推理形式的同时,还陈述推理的规则。从实际思维的角度来看,推理的规则具有规范作用和判据作用。前者是指它作为保持推理有效性的基本准则,对正确的推理有指导和约束作用;后者是指它作为一种尺度,能够衡量、评价任一具体的推理,凡是有悖其规则的推理,都不是有效的推理。但是,从逻辑意义上讲,推理的规则缺少特有的逻辑特征。仍以相容选言推理为例,传统形式逻辑中的相容选言推理的规则有两条:一是肯定一部分支命题,不能否定另一部分支命题;二是否定一部分支命题,就要肯定另一部分支命题。显然,这些规则就是相容选言推理有效式(否定肯定式)的文字表述。

推理作为思维形式的一种,不仅缺少特有的逻辑特征,而且缺少克服自身缺陷的能力。例如,对于一个正确推理的判定,传统形式逻辑讲前提必须真实,推理形式必须有效,但由真实前提和有效形式组成的推理其结论却不一定都正确。从"凡生物都是发展变化的"这一真实的前提,得出"有些非生物是不发展变化的"这一错误的结论,就采用了有效的推理形式。即将前提按照直接推理的规则换质得“凡生物都不是不发展变化的”,再换位得“不发展变化的不是生物”,继续换质得“不发展变化的是非生物”,继续换位得出“有些非生物是不发展变化的”。由此可见,传统形式逻辑中的推理有它不能处理和解释的问题。用能够陷入窘境的推理作为一门理论的核心部分,这恐怕是主张推理是传统形式逻辑主体部分的人也不会接受的。

三

既然传统形式逻辑不能以推理作为主体部分,那么,能否以概念或命题或逻辑规律或论证为主体呢?

第一,不能以概念为主体。这是因为,从概念的实质来看,它主要是具有哲学认识论的意义。关于概念的实质,《中国大百科全书·哲学》认定为:“抽象思维的基本形式之一。概念反映了事物的特有属性(固有属性或本质属性)……一类事物的特有属性是该类事物普遍、必然具有的属性;某类事物的本质属性是对该类事物有决定性的特有属性;某类事物的固有属性就是该事物派生的特有属性。”①这一表述是从认识形式与认识对象、反映与被反映关系的角度着眼的,其中所说的“特有属性(固有属性或本质属性)”都属于哲学认识论所研究的范畴,而不含有逻辑意义。从严格的逻辑角度审视概念,作为“抽象思维的基本形式之一”的概念未必都“反映了事物的特有属性(固有属性或本质属性)”。再从概念的作用来看,概念只是思维的元件,不能也不可能单独地表示思维,除非在一定的语言环境中,它单独形成一个不完全句。例如,当人们看到夜空中闪过的流星,往往脱口而出“流星”。这时的“流星”已经不是一个孤立的概念,而是作为一个不完全句出现的,在这一语境中表示“夜空中闪过流星”的意思。一个概念不能孤独地表示思维,即使是两个或两个以上的概念合起来有时也不能靠其自身表示思维,而只能表示一种客体事态。概念只是思维的细胞,可作为思维的起点,人们把不是单独使用的概念和概念按照一定方式组成命题,再由命题组成推理。概念的逻辑含量不过是构成命题和推理的基本要素而已。

① 中国大百科全书总编辑委员会《哲学》编辑委员会编:《中国大百科全书·哲学》,北京:中国大百科全书出版社,1987年,第884页。

第二，不能以逻辑规律为主体。逻辑规律指的是同一律、矛盾律、排中律和充足理由律。这四律何以不能成为传统形式逻辑的主体内容，是因为无论对其作出何种表述，都有悖于传统形式逻辑的研究对象。关于逻辑四律的表述主要有两种：一是思维形式的结构规律，二是逻辑思维的基本规律。前一种表述是从传统形式逻辑的研究对象出发的，但这种表达的结果却适得其反。这是因为，逻辑四律是讲真假二值的。通常，同一律被认定为“A 是 A”，即任一思想是真的就是真的，是假的就是假的。矛盾律被认定为“A 不是非 A”，即两个互相否定的思想至少有一假，不得同真。排中律被认定为“要么 A，要么非 A”，即两个互相否定的思想必有一真，不得同假。充足理由律被认定为“A 真因其 B 真，并由 B 真能推出 A 真”，即一个思想被确定为真，只有具备那些使人承认它为真的理由，不能是假理由，或是真理由但与推断无逻辑联系。

由此可见，逻辑四律无一不是讲真假的。但思维形式的结构只是对具体思维形式的一般抽象，是逻辑变项和逻辑常项的搭配方式，其本身并无真假可言。它只有通过解释成为具体的思维形式后才有所谓真假，显然，逻辑四律不是思维形式结构的规律。后一种表述也不能认同。逻辑四律何以不是逻辑思维的基本规律，是因为规律本来是就客观事物发展过程而言，指同一类现象的本质关系或本质之间的稳定联系。它一般被分为自然规律、社会规律和思维规律。逻辑思维的基本规律从属于思维规律。思维规律即人的思维正确反映客观现实所遵循的规律。它既受制于一般的规律，必须是用以反映客观事物发展过程的本质联系，又具有自身的特点，表现为主观的思维形式，即通过概念、命题和推理反映客观事物发展过程中的必然的稳定的基本的联系。而同一律、矛盾律、排中律和充足理由律反映的只是客观事物之间最简单的一种外延关系，它不反映客观事物之间的复杂的内涵关系，不揭示概念、命题、推理等思维形式的形成及其发展变化，不体现各种思维形式之间的矛盾运动，因此逻辑四律也不具有一般思维规律共性的东西。

第三，不能以论证为主体。论证就是以已知为真的命题为根据，通过推理形式，确定某一命题真假的思维过程。它实际上是各种逻辑形式和逻辑规律在人们表述论证思想过程中的综合运用，其本身不具有特殊的逻辑意义，而只表现出在认识中的特殊作用。一方面，它是科学思维探求真理的重要途径。科学史上大量的真理是先经过假设而后得到证明才予以承认的。在实践中检证真理往往也离不开逻辑论证,即使是实践检验为真的结论,也少不了最后加以论证才能建立严格的系统理论。另一方面,它是宣传、论战的重要工具。无论是传播文化科学知识,或是宣传真理、驳斥谬误,都离不开逻辑论证。论证已具有的这些认识作用显然是与逻辑主体应有的作用不相吻合。

传统形式逻辑主要的、起决定作用的部分不是推理,也不是概念、逻辑规律和论证,无疑就是命题了。命题作为基本的思维形式在其他思维形式及逻辑规律和论证中也起到主轴的作用。

概念就是命题的浓缩和省略。概念包括概念的内涵和外延。这两个方面的构成都是命题。概念与概念之间外延关系的确定和表示也是命题(如A概念与B概念有“全同”关系,即“凡A是B”并且“凡B是A”)。因此,用语词形式表示的概念,实际上是紧缩、简略的命题。

推理就是命题的转换和伸展。命题与命题之间存在含义关系,包括等同、蕴含、交叉和全异四种。推理反映的是前提命题与结论命题之间的含义蕴含或等同关系(这种含义上的蕴含或等同关系具有真假依存性),因此命题的转换和展开形式即为推理。

逻辑规律就是命题的原则和要求。亚里士多德最先提出矛盾律,他在《形而上学》中指出:“同样属性在同一情况下不能同时属于又不属于同一主题。”①这就是说,任一对象不能同时既具有某属性又不具有某属性,对于一个命题及其否定不能持两可的态度。亚里士多德在论述排中律时指出:“两个相反显然不能同时都真,——另一方面,也不能一切叙述都是假的。”②显然,这是从另一角度提出命题确定性的原则要求。同一律是从正面直接体现命题确定性的原则要求,即如果在考察条件不变的情况下,某一命题成立,则它陈述的客体是怎么一个事态,就不会又是另一种事态。黑格尔在评述同一律时指出,它能使命题包括命题成分具有“坚定性和确定性”,从而能“加以充分确切地把握”“不以混沌模糊的印象为满足”③。

---

① [古希腊]亚里士多德:《形而上学》,吴寿彭译,北京:商务印书馆,1959年,第62页。
② [古希腊]亚里士多德:《形而上学》,吴寿彭译,北京:商务印书馆,1959年,第82页。
③ [德]黑格尔:《小逻辑》,贺麟译,北京:商务印书馆,1980年,第185页。

莱布尼茨最先提出充足理由律，他在《单子论》中指出："凭着这个原则，我们认为：任何一件事如果是真实的，或实在的，任何一个陈述如果是真的，就必须有一个为什么这样而不那样的充足理由，虽然这些理由常常总是不能为我们所知道的。"可见，充足理由律是在前三律的基础上要求进一步明确命题与命题之间具有联系的必然性。

论证就是对命题的认定和解释。论证即确定某一命题要么为真要么为假的过程。如果某一命题是未经检验为真要么为假的，其论证就是对该命题的一种认定。这种认定带有科研性。如果某一命题是已由别人论证为真或为假的，其论证就是对该命题的一种解释。这种解释带有宣示性。不对命题作出某种认定或解释的论证，不称其为论证。

总之，命题在概念、推理、逻辑规律和论证中都起到支撑和决定作用，因而它理所当然地是传统形式逻辑的主体部分。

（本文原刊于《东岳论丛》1992年第4期，被中国人民大学书报资料中心《复印报刊资料·逻辑》1992年第9期全文转载，收入本书时有改动）

论传统形式逻辑中的关系推理

在传统形式逻辑(普通逻辑)中,关系推理被确认为是一种独立的推理形式,与直言三段论推理并列,从属于演绎推理。现行的传统形式逻辑教科书,无一例外地介绍了关系推理的内容。其实,传统形式逻辑难以解释关系推理的逻辑性质问题,也难以提供检验有效的关系推理的标准。

现行的传统形式逻辑教科书,一般都把关系推理分成纯关系推理和混合关系推理。前者是前提和结论均为关系命题的推理;后者是前提分别为关系命题和直言命题,结论为关系命题的推理。无论何种类型的关系推理,都是根据前提中关系的逻辑性质进行推演的。而前提中关系的逻辑性质都被认定为主要是关系的对称性和传递性。关系的这些所谓的逻辑性质又各有其不同的情况:关系的对称性包括关系的对称、反对称和非对称,关系的传递性包括关系的传递、反传递和非传递。传统形式逻辑就是主要从对称性和传递性这两个不同方面以及每个方面三种不同情况来研究前提中关系所具有怎样的逻辑性质,由此确立不同的关系推理形式。

传统形式逻辑对关系推理的这种研究,虽然也能提出与量词(包括全称量词和存在量词)相关的某种有效的关系推理形式,如对称性关系推理式,但也有它不能解释和处理的逻辑性质问题。例如,对“郑州位于北京和广州之间”“这台机器运转比较正常”这两个看上去再简单不过的关系命题,就难以从对称性和传递性这两个方面以及每个方面三种不同情况来研究“位于……之间”“与……比较”具有怎样的逻辑性质,因而也就无法组成其有效的推理形式。

也许有人会提出,传统形式逻辑只研究二元关系(表示二个个体对象之间的关系)命题的逻辑性质,不研究三元关系(表示三个个体对象之间的关系)命题的逻辑性质,也不研究一元关系(表示一个个体对象隐藏的关系),而“位于……之间”是三元关系命题的逻辑性质,“与……比较”是一元关系命题的逻辑性质。这种说法的本身就表明了传统形式逻辑因其不能研究非二元关系命题的逻辑性质,也就不能构成一个系统的关系命题和关系推理的理论体系。

单从传统形式逻辑只研究二元关系命题的逻辑性质来看,依据二元关系命题的所谓的这些逻辑性质,也难以构成传递性关系推理和反传递性关系推理。例如,“黄河长于珠江”,这是一个二元的关系命题,依据其中“长于”的逻辑性质,在“黄河”与“珠江”之间无所谓什么关系的传递性。如果说明关系的传递性必须涉及三个或三个以上对象,但传递性仍然是二元关系的性质,那么“4 比 3 大 1”这样的涉及了三个对象,但仍算二元关系性质的命题,还是无法构成其推理。

传统形式逻辑难以解释关系推理的逻辑性质问题,不仅在于这些所谓的逻辑性质本身能够陷入窘境,而且在于上述的逻辑性质与它应该研究的逻辑性质相去甚远。

关系的对称性质和传递性质刻画出的关系问题,都不是形式方面的关系问题。例如,“生产价格等于商品的生产费用加平均利润”,这一命题在传统形式逻辑看来,反映的是一种对称性关系。这是因为,“生产价格”在事实上确实等于“商品的生产费用加平均利润”,“商品的生产费用加平均利润”在事实上也确实等于“生产价格”,两边相应相称。又如,“老子早于庄子,庄子早于韩非子”,这一命题在传统形式逻辑看来,反映的是一种传递性关系。这是因为,“老子”的出生年代早于“庄子”,“庄子”的出生年代早于“韩非子”,这样,“老子”的出生年代一定早于“韩非子”。可见,上述两例所涉及的都是对象之间内容方面的问题,都是对不同对象之间所具有的一种实际存在关系的断定。但是,传统形式逻辑的研究对象和研究手段决定了它不能也不可能研究对象之间的实际存在关系,而只能研究对象之间的形式关系,即对象之间所固有的相对稳定的组织方式或联结方式。如果两个或两个以上的对象按照一定方式结合起来,构成一个统一的整体,其中对象之间确定的构成关系,就是形式关系。例如,“1 公斤等于 1000 克”这一关系命题反映的形式关系,就是在统一论域中“1 公斤”与“1000 克”这两个数量单位即个体对象之间确定的构成关系。它可表示为“G(x, y)”,即论域中的个体(x,y)之间具有关系 G。形式关系具有不同的类型:有存在于两个对象之间的关系,存在于三个对象之间的关系,存在于 n 个对象之间的关系。在 G(x, y)中,x 和 y 是个体变项,G 就是二元的谓词变项。从谓词变项的元数区分关系命题的类型,才是形式逻辑应该研究的关系问题。另外,在关系命题中,除了个体变项和谓词变项以外,组成其关系命题成分的还有量词。应用不同的量词和命题联结词,便可构造出表示各种不同的关系命题的形式。因此,从量词的数目及其排列顺序区分关系命题的类型,也不失为形式逻辑要研究的形式关系问题。

根据非形式关系的性质,区分关系命题形式和关系推理形式的做法,源于欧洲近代的逻辑教本。1638 年,由德国人雍吉斯所著、在汉堡出版的《汉堡逻辑》一书,首次提出逆关系的等价推理:"'由大卫是所罗门的父亲'可推出'所罗门是大卫的儿子',反之亦然。"[①]这就是最初的根据实际存在关系,区分关系命题形式和相应的关系推理形式的认识。1847 年,由英国人德摩根所著、在伦敦出版的《形式逻辑》一书,首次提出关系的对称性质和传递性质,认为:"一种关系和它的逆关系如果是同一种关系,那么这种关系就是具有对称性质。德摩根还定义了传递关系:当一关系者的关系者是同一东西的关系者时,关系便是传递的。"[②]他把直言三段论中系词"是"也看成是用来表示传递关系的;每一传递关系都可使类似直言三段论的推理有效。1913 年,由英国人 B.罗素与 A.N.怀特海合著、在伦敦出版的《数学原理》(第 1 卷)一书,提出了关系的两种性质:反对称关系和连通关系。"当 x 对 y 有某种关系时,y 对 x 必无这种关系,则此关系为反对称的。……对于一类中任两元素之间其一对另一必有某种关系,则此关系为连通的。"[③]B.罗素和 A.N.怀特海着力从外延角度来考虑关系,试图对关系性质作出形式上的刻画,但仍旧没有摆脱传统形式逻辑框架的束缚。1979 年,由金岳霖主编、在北京出版的《形式逻辑》一书,最先把这种认识介绍给国内读者。此后,各种传统形式逻辑教本或多或少地介绍了这一部分内容。本来是要借以说明科学思维中存在着的关系命题和关系推理的形式结构问题,但它终因没有抛开在其心理和认识活动方面的问题,把辩证逻辑、哲学等学科应研究的关系性质误作成本学科应研究的关系性质了。

传统形式逻辑不仅难以解释关系推理的逻辑性质问题,而且难以提供检验有效的关系推理的标准。关系推理有有效的和无效的之分。有效的关系推理

① 中国大百科全书总编辑委员会《哲学》编辑委员会编:《中国大百科全书·哲学》,北京:中国大百科全书出版社,1987 年,第 654 页。

② 宋文坚:《西方形式逻辑史》,北京:中国社会科学出版社,1991 年,第 251 页。

③ 宋文坚:《西方形式逻辑史》,北京:中国社会科学出版社,1991 年,第 317 页。

是具有以下性质的关系推理：根据作为前提和结论的关系命题形式，在前提真时，结论也必定是真的。要提供检验有效的关系推理的标准，就要提供有效的关系推理形式或合理的关系推理规则。因为，决定一个关系推理是不是有效，不是依据前提和结论的具体内容，而是依据作为前提和结论的关系命题形式的衔接或转换，而关系推理形式就是关系命题形式的衔接或转换的配置方式。有效的关系推理形式保证从真前提得到真结论。一个具体的关系推理的前提都真而结论却假，那么它的推理形式一定是错误的。由此可提供一个检验关系推理是否有效的标准。关系推理的形式也可以改述为关系推理的规则，合理的关系推理规则具有规范作用和判据作用。前者是指它作为保持关系推理有效性的基本准则，对正确的关系推理有指导和约束作用；后者是指它作为一种尺度，能够衡量、评价任一具体的关系推理，凡是有悖其规则的关系推理，都不是有效的关系推理。但是，现行的传统形式逻辑教科书中介绍的关系推理，一般都不提及其推理规则，即使涉及关系推理的规则，也不是纯关系推理的规则，而是混合关系推理的规则。纯关系推理不仅无相应的推理规则，其推理形式也不都是有效的。

例如，国家教育委员会批准修订的全国高等学校文科教材《普通逻辑》，把反对称性关系推理的形式介绍为：“aRb，所以，b 并非 Ra。如 a＞b，所以 b 不＞a。”①这是两个所谓的反对称性关系推理形式，但其前提都不能必然地推出结论。以后式为例，前提“a＞b”得不出结论“b 不＞a”，因为“b 不＞a”，既可以理解为“b＜a”，又可以理解为“b＝a”，还可以理解为“b＜a 并且 b＝a”。如果把“b 不＞a”理解为“b＜a”，那么，该式的结论就不是必然的。这是因为，它不能排除“b 不＞a”含有“b＝a”或“b＜a 并且 b＝a”的可能性。如果把“b 不＞a”理解为“b＝a”，那么，该式的结论就与前提相冲突。这是因为，根据交换律，“b＝a”即“a＝b”，而“a＞b”与“a ＝ b”是一对反对命题，二者不可同真。反过来，“a＞b”并且“a＝b”就是假的了。如果把“b＞a”理解为“b＜a 并且 b＝a”，那么，该式的结论就超出前提的范围，因为“b＜a 并且 b＝a”中的“b＝a”是“a＞b”所及范围以外的。把“b＞a”或者看成“b＜a”，或者看成“b ＝ a”，或者看成“b＜a 并且 b＝

① 《普通逻辑》编写组编：《普通逻辑》，上海：上海人民出版社，1986 年，第 162 页。

a”,总之其结论都是无效的。

传统形式逻辑还认定:依据关系的对称性和反对称性,可以进行对称性关系推理和反对称性关系推理,依据关系的传递性和反传递性,可以进行传递性关系推理和反传递性关系推理,而依据关系的非对称性和非传递性,却不能进行非对称性关系推理和非传递性关系推理。这是因为,关系推理是一种演绎推理,而依据关系的非对称性和非传递性进行的推理,都不具有演绎推理的特点。这种认识,显然是确认了依据关系的对称性、反对称性进行推理和依据关系的传递性、反传递性进行的推理都具有演绎推理的特点。其实,这也不是没有折扣可打。《中国大百科全书·哲学》认定,“演绎推理的特点在于如果前提都真,则结论必然真。演绎推理常常简称为推理,其前提与结论之间的联系反映了事物情况之间的必然联系①”。而依据关系的反对称性或反传递性进行的推理,其前提与结论之间的联系就不是反映了事物情况之间的必然联系。例如,“柏拉图早于亚里士多德,所以,亚里士多德不早于柏拉图”是所谓的依据关系的反对称性进行的推理,其前提断定柏拉图与亚里士多德具有“早于”关系,而结论却断定亚里士多德与柏拉图一定不具有“早于”关系。这分明是说,该推理前提与结论之间的联系是反映了事物情况之间的不必然联系。同样,“甲是乙的父亲,乙是丙的父亲,所以,甲不是丙的父亲”是所谓的依据关系的反传递性进行的推理,其前提断定的甲与乙有父子(女)关系,乙与丙有父子(女)关系,而结论却断定甲与丙一定不具有父子(女)关系。这也分明是说,该推理前提与结论之间的联系是反映了事物情况之间的不必然联系。如果把本来反映了事物情况之间的不必然联系的推理都算成必然性推理,那么,任何一个无效的演绎推理都可以按此办法变成有效的演绎推理。如“凡M都是P,凡S都是M,所以,凡S都不是P”就是一个无效的演绎推理。“P”在前提中作为肯定命题的谓项,不周延,但在结论却变成否定命题的谓项,周延了,这就违反了直言三段论推理关系“在前提中不周延的项,在结论中不得周延”的规则,犯了“大项不当周延”的逻辑错误。但是,硬把这一推理的前提“凡M都是P,凡S都是M”与结论“凡S不是

① 中国大百科全书总编辑委员会《哲学》编辑委员会编:《中国大百科全书·哲学》,北京:中国大百科全书出版社,1987年,第884页。

P”之间的联系看成是反映了事物情况之间的必然联系，也就无所谓非必然联系了。

传统形式逻辑之所以难以解释关系推理的逻辑性质问题，也难以提供检验有效的关系推理的标准，这是与它不能系统地使用符号语言分不开的。如果缺少谓词变元符号和个体变元符号以及表示量词的符号，既难以研究量词本身的逻辑性质和多个量词之间的相互关系，也无法表示一个包含多元谓词的关系命题形式和相应的关系推理形式。传统形式逻辑就不用谓词变元符号和个体变元符号以及表示量词的符号表达关系命题形式和关系推理形式，只用少数的符号表示关系命题的主项和谓项的概念，组成所谓的关系推理形式，更多的则是依赖自然语言解释其关系推理理论，但自然语言的许多词是多义的或有歧义的，使用它也就无法精确地表示各种关系推理的逻辑性质和推理形式。

传统形式逻辑按照它固有的研究方法，在自身的框架内不可能揭示关系推理应有的逻辑性质，也不可能提供有效的关系推理式和规则。只有运用现代形式逻辑的方法，才能完满地解决有关关系推理的逻辑问题。由于现代形式逻辑制定了全面符号化的人工语言或符号语言，可以把关系推理的逻辑性质作演算处理和系统处理，使关系思维推理变成一种关系形式运算，呈现出演算化和系统化的特点，这就使得科学关系推理理论体系的建立成为可能。为了保持传统形式逻辑原有理论体系的协调性，可以将关系推理的内容忽略不讲，或者将有效关系推理的形式表示为一个蕴涵式。

在逻辑史上，对命题和推理的分类有重大影响的，是古希腊的亚里士多德和古罗马时期的麦加拉-斯多噶学派。但他们都没有提出关系命题和关系推理。近代康德是最早提出按关系划分命题形式的，他把关系看成有直言（两概念间的关系）命题、假言（两命题间的关系）命题和选言（若干命题间的关系）命题，但没有把关系命题作为一类命题。20 世纪 30 年代，我国国内有重要影响的金岳霖所著的《逻辑》一书，同样没有涉及关系命题和关系推理。现行的传统形式逻辑教本不讲关系逻辑，既能和原有理论体系保持统一，又能避免出现理论上的困惑。

传统形式逻辑不专门讲关系逻辑，并不是说它不需要涉及任何关系。其实，任何两个或两组命题必定都发生一定的关系，包括矛盾关系、反对关系、下反对关系、差等关系、蕴涵关系、逆蕴涵关系、互蕴涵关系、独立关系，等等。即便是一个命题，不是传统形式逻辑所谓的关系命题形式，也不是不能反映任何关系。如“张三和李四振作起来了”这个省略式的联言命题反映的既然是张三与李四都振作了起来，也可以说他们之间存在“共同振作”的相似关系。

关系推理在传统形式逻辑中也可以表示为一个蕴涵式。因为，推理反映的是前提命题形式与结论命题形式之间的含义蕴含或等同关系，而在含义上有蕴含、等同关系的命题(式)之间一定有真假依存关系，所以用一个本来就储存含义关系和真假关系的蕴涵式，能够取代一个推导式。

把一个关系推理式表示为一个蕴涵式，只要把其所有的前提合取起来作为前件，把该推理的结论作为后件，就构成一个“如果……则……”形式的条件命题。例如，“A 等于 B，所以，B 等于 A”这样的关系推理，就可陈述为：如果 A 等于 B，那么 B 等于 A。这种形式的条件命题直接反映前后条件之间的蕴涵关系。传统形式逻辑的创始人亚里士多德把他主要的推理理论就表示为条件命题。他在《前分析篇》中把直言三段论推理陈述为：如果 A 述说所有 B，并且 B 述说所有 C，那么 A 述说所有 C。他把模态三段论推理陈述为：如果 A 必然属于所有 B，并且 B 属于所有 C，那么 A 必然属于所有 C。在直言三段论推理和模态三段论推理中，不用单称命题作为前提，不用“因为……所以……”表示推理前提与结论之间的推论关系，而用条件命题表示推理前提与结论之间的蕴涵关系，正是亚里士多德推理理论的重要特征。

[本文原刊于《山东师大学报》(社会科学版)1994 年第 6 期，被中国人民大学书报资料中心《复印报刊资料·逻辑》1995 年第 2 期全文转载，收入本书时有改动]

关于逻辑四律的表述

逻辑四律指的是传统形式逻辑中的同一律、矛盾律、排中律和充足理由律。关于逻辑四律的表述，大致有以下三种。

一是思维形式的结构的规律。有人认为："思维的逻辑形式也可以叫做思维形式的结构……普通逻辑研究思维的逻辑形式……就要揭示思维的逻辑形式本身所特有的规律。逻辑形式的规律有很多，其中，有些规律仅仅适用于某一部分逻辑形式，传统逻辑把这些规律称为规则；有些规律不单适用于某一种逻辑形式，而是普遍地适用于各种类型的逻辑形式，它们体现了正确思维的基本要求，是任何人进行思维活动时都必须遵守的最起码的逻辑规律，传统逻辑把这一部分规律叫做思维的基本规律。思维的基本规律有四条，即：同一律、矛盾律、排中律和充足理由律。"①

二是逻辑思维的基本规律。有人认为："逻辑思维基本规律有四条，即同一律、不矛盾律、排中律和充足理由律。遵守了这些规律，就可以使我们的思维首尾一贯、准确有力，违反了这些规律的要求，我们的思维和论断就会含混不清、自相矛盾、模棱两可和无说服力。"②

三是逻辑定律。有人认为："形式逻辑的原理表现为同一、矛盾、排中三大定律。"③

以上关于逻辑四律的表述，不仅相差很大，难以统一，而且令人困惑，难以接受。

首先，把逻辑四律表述为"思维形式的结构的规律"，是从传统形式逻辑研究的对象出发的。思维形式的结构是传统形式逻辑研究的主体对象，逻辑四律就是思维形式的结构的规律。显然，这种认识的出发点是要保持传统形式逻辑体系的统一性和协调性，但这种表述的结果却适得其反。这是因为，逻辑四律

① 吴家国主编：《普通逻辑原理》，北京：高等教育出版社，1989年，第6、9页。

② 中国人民大学哲学系逻辑教研室编：《形式逻辑》，北京：中国人民大学出版社，1984年，第113页。

③ 胡曲园：《略论形式逻辑和辩证逻辑的一致》，《光明日报》1987年8月17日。

是讲真假二值的。同一律通常被表述为“A 是 A”,即任一思想是真的就是真的,是假的就是假的。矛盾律通常被表述为“A 不是非 A”,即两个互相否定的思想至少有一假,不得同真。排中律通常被表述为“要么 A,要么非 A”,即两个互相否定的思想必有一真,不得同假。充足理由律通常被表述为:“A 真是因为 B 真,并且由 B 真能够推出 A 真。”这就是说,一个思想被确定为真,只有具备那些使人承认它为真的理由,不能是假理由,或者是真理由但与推断无逻辑联系。由此可见,逻辑四律无一不是讲真假二值的。离开了真假,也就不称其为逻辑四律。而思维形式的结构却无所谓真假,结构本身是对象系统的各要素所固有的稳定的组织方式,它在思维领域中分为思维内容的结构和思维形式的结构。前者是思维所反映的客观对象及其性质、关系和规律;后者是思维内容的反映方式,即在思维中用以反映现实的那些概念、判断和推理。不同的思维内容有不同的思维形式,也可以有共同的思维形式。由于共同的思维形式具有相对的独立性,所以人们可以撇开具体思维的内容和形式,只研究其共同的思维形式,这种共同的思维形式就是思维形式的结构。它的特征是具有有序性、形式性和稳定性。有序性是指思维形式系统中的诸要素有规律地相互作用或替换。思维形式的结构不能脱离思维形式系统而独立存在,一定的思维形式结构保持在一定系统类型的各种系统之中,也就呈现出它的有序性。形式性体现在思维形式的结构本身是一种形式关系,它可用逻辑变项(可代入不同的思维内容)和逻辑常项(在同类形式结构中都存在的部分)来表达。稳定性则体现在思维形式系统各要素之间都具有确定的、稳固的联系,这就使得整个系统具有相对不变性。思维形式的结构的这些特征表明:思维形式的结构只是对具体思维形式的一般抽象,是逻辑变项和逻辑常项的搭配方式,其本身并无真假可言。它只有通过解释,成为具体的思维形式后,才有所谓真假。

以上分析说明,把逻辑四律表述为思维形式结构的规律是相抵牾的。如果把逻辑四律看作对真假的认定,那么它就不会是思维形式结构的规律;如果把逻辑四律看作对真假的认定(如把逻辑四律看作逻辑语义的规律、客观事物的规律),那么它也不会是思维形式结构的规律;或者把逻辑四律看作是对真假的认定,或者不把它看作对真假的认定。总之,逻辑四律不是思维形式结构的规律。

其次,把逻辑四律表述为“逻辑思维的基本规律”也不正确。规律是就客观事物发展过程而言，指同一类现象的本质关系或本质之间的稳定联系。它一般被分成自然规律、社会规律和思维规律。逻辑思维的基本规律从属于思维规律。思维规律有着与自然规律、社会规律不同的特点，它不是在自然界各种不自觉、盲目的动力相互作用中表现出来的客观的物质世界的规律，也不是通过人们的自觉活动表现出来的客观的物质世界的规律，而是人的主观的思维形式对物质世界的客观规律的反映。但是，同一律、矛盾律、排中律和充足理由律都是用以体现思维确定性的，而不是用以反映客观事物发展过程中的本质联系的。同一律是从正面直接体现思维确定性的要求。黑格尔在评述传统形式逻辑的同一律时指出，它能使人们的思想具有"坚定性和确定性"，从而能"加以充分确切的把握"，"不以混沌模糊的印象为满足"，否则人们的思想不合乎同一律，其思想必然"游移不定"。①矛盾律是从反面间接体现了思维确定性的要求。亚里士多德在论述矛盾律时指出："同样属性在同一情况下不能同时属于又不属于同一主题。"②"两个互相矛盾的判断不能同时对同一对象为真，两个反对判断也如此。"③这就是说，任一对象不能同时既具有某属性又不具有某属性；对于一个命题及其否定不能持两可的态度。显然，矛盾律不过是同一律的否定说法，它从同一律的对立角度展现了思维确定性的要求。

排中律和充足理由律又进一步补充说明了思维确定性的要求。亚里士多德把排中律表述为："在相反叙述之间也不能有间体，于一个主题我们必须肯定或否定一个云谓。"④"两个相反显然不能同时都真；另一方面，也不能一切叙述都是假的。"⑤他认为，排中律是从另一角度进一步说明了思维的确定性要求，不遵守排中律是不可取的。"一个人对于该判断的事物不作判断，只是混混沌沌，含糊暧昧，与草木有什么区别。"⑥莱布尼茨最先提出充足理由律，他在《单子论》中指出："我们的推理是建立在两大原则上，即是：(1)矛盾原则……(2)充足理由原则，凭着这个原则，我们认为：任何一件事如果是真实的，或实在的，任何一

① [德]黑格尔：《小逻辑》，贺麟译，北京：商务印书馆，1980年，第185页。
② [古希腊]亚里士多德：《形而上学》，吴寿彭译，北京：商务印书馆，1959年，第62页。
③ 转引自杨百顺：《西方逻辑史》，成都：四川人民出版社，1984年，第104页。
④ [古希腊]亚里士多德：《形而上学》，吴寿彭译，北京：商务印书馆，1959年，第79页。
⑤ [古希腊]亚里士多德：《形而上学》，吴寿彭译，北京：商务印书馆，1959年，第81页。
⑥ 转引自杨百顺：《西方逻辑史》，成都：四川人民出版社，1984年，第106页。

个陈述如果是真的，就必须有一个为什么这样而不那样的充足理由，虽然这些理由常常总是不能为我们所知道的。”①可见，充足理由律是前三律的必要补充，它是在前三律的基础上，要求更进一步明确判断与判断之间的联系具有必然性，具有论证性。

逻辑四律之所以能够从不同的方面或角度体现思维的确定性，是因为它们都是对客观事物相对确定性的反映。其中，同一律、矛盾律和排中律是对客观事物本身所具有的相对固定性的反映，而充足理由律则是对事物的因果必然联系的反映。但是，反映了客观事物的相对确定性，只是抽象思维的需要，是正确认识客观现实的初步。传统形式逻辑所反映的客观事物的相对确定性，不过是客观事物类的质的规定性、相对稳定性和类的相容与不相容关系（外延关系），它不能也不可能反映客观事物整体的内外矛盾及其运动发展过程，不能也不可能反映对象与对象之间的内涵关系，而如实地反映客观事物整体的内外矛盾及其运动发展过程，反映对象与对象之间的内涵关系，是具体思维，即辩证思维的基本规律所要揭示的内容。既然逻辑四律不是就事物的发展过程来讲的，它们既不反映同一类现象的本质关系，也不反映同一类现象的本质之间的稳定联系，因而也就不称其为一般意义上的“规律”了。而“逻辑思维的基本规律”缺少一般“规律”的属性，这不能不说是一种实质谬误，或者说是一种形式谬误。

思维规律是指人的思维正确反映客观现实所遵循的规律。它既受制于一般的规律，必须是用以反映客观事物发展过程中的本质联系，又具有自身的特点，表现为主观的思维形式，即通过概念、判断和推理，反映客观事物发展过程中的必然的、稳定的、基本的联系。而同一律、矛盾律、排中律和充足理由律反映的只是客观对象之间的最简单的一种外延关系，它不反映客观对象之间的复杂的内涵关系，不揭示概念、判断、推理等思维形式的形成及其发展变化，不体现各种思维形式之间的矛盾运动，因此逻辑四律也不具有一般思维规律共性的东西。

恩格斯曾经指出：“辩证法不过是关于自然、人类社会和思维的运动和发展

---

① 转引自中国大百科全书总编辑委员会《哲学》编辑委员会编：《中国大百科全书·哲学》，北京：中国大百科全书出版社，1987年，第100页。

的普遍规律的科学。”[①]这就是说，辩证法在自然、人类社会和思维这三个领域中都是同样有效的，而且成为最一般、最基本的规律。从人类思维发展史中总结出来的辩证逻辑的基本规律与辩证法在本质上是同一的。辩证逻辑的基本规律是通过思维过程中各种思维形式的形成和发展变化的过程所体现出来的，它是辩证法在思维中的特殊表现，并受制于辩证法。因此，辩证逻辑的基本规律才是逻辑思维的基本规律。

再次，把逻辑三律（同一律、矛盾律和排中律）表述为“三大定律”，也不适当。

定律是对客观规律的一种表达形式，是通过大量具体事实归纳而成的结论。逻辑三律虽然有其客观基础，是客观规律（客观事物的一定性质和外延关系）的反映，但它仅仅是在思维领域中起作用，并不是对客观规律本身的一种表达形式。如果把逻辑三律作为对客体规律本身的一种表达形式，那就无异于旧形而上学意义下的一种理解。“旧形而上学意义下的同一律是旧世界观的基本原则：$a=a$。每一个事物和它自身同一。一切都是永久不变的，太阳系、星体、有机体都是如此。”[②]对于这个命题，恩格斯给予了有力的批判。他指出：“这个命题在每个场合下都被自然科学一点一点地驳倒了，但是在理论中它还继续存在着，而旧事物的拥护者仍旧用它来抵抗新事物：一个事物不能同时是它自身又是别的。但是最近自然科学从细节上证明了这样一件事实：真实的具体的同一性包含着差异和变化。”[③]

逻辑四律既不是思维形式的结构的规律，也不是逻辑思维的基本规律，还不是逻辑定律，它只是传统形式逻辑的四条公理，简称逻辑公理。

所谓“公理”，就是在一个理论中已为反复的实践所证实而被认为不需要证明的命题。每一门系统的科学都有公理。这是因为，各门系统的科学都有作为其理论出发点的命题，这些命题是必须依据但不必证明的原则，即必须先知道和先运用的最根本的原则，这些最先原则正是公理。

传统的形式逻辑作为一门科学，也有公理。同一律、矛盾律、排中律和充足

① 《马克思恩格斯选集》第 3 卷，北京：人民出版社，1972 年，第 181 页。
② 《马克思恩格斯选集》第 3 卷，北京：人民出版社，1972 年，第 538 页。
③ 《马克思恩格斯选集》第 3 卷，北京：人民出版社，1972 年，第 538 页。

理由律就是传统形式逻辑的公理。矛盾律是亚里士多德最早提出来的。亚里士多德在论述逻辑基础问题时首先考察了矛盾律，指出矛盾律是逻辑理论的基础之一，是一切证明都需要应用的最根本的原理，因而是不需要证明也是不能证明的。[①]亚里士多德还认为，矛盾律本身的确实无误性以及它在整个逻辑理论中的地位和作用，决定了它能够成为逻辑学说中最确知的原则、理性上最有根据的原则，也能够成为人们认识事物最普遍的原则。这就说明，矛盾律既可作为传统逻辑的公理，又是我们理解任何事物所必须遵守的公理。对于矛盾律所具有的逻辑公理的性质，莱布尼茨也有过论述。他在其哲学著作《人类理智新论》中指出，矛盾律是证明时必须应用的"原始的原则"，他说："要用三段论的第一格来证明第二格和第三格，单单用矛盾律就够了。"而通常"在教逻辑的学校里，他们喜欢用换位法把那些非主要的格从主要的第一格得出来"。"但对于寻求证明理由的人来说，这里得用尽可能最少的假定，因此，对于只需用原始的原则，即矛盾律，并且不需假定什么就能证明的，就不要用换位的假定来证明。"[②]在这里，莱布尼茨同样把矛盾律视为证明过程所不可缺少的无须再解释的原则。排中律也是亚里士多德最先提出来的。他在考察排中律时指出："它的真实性非常明显，无需由其他的命题加以证明，反倒可以作为论证其他的命题真实性的强有力的论据或理由。"[③]亚里士多德虽未曾明确提出同一律，但在他的某些言论中已有关于同一律的思想，并认为同一的原则是"公认"的，因而可以被多数人接受下来。18世纪初，莱布尼茨提出充足理由说，他是把充足理由作为一个原则，或者说作为一个初始的原则提出来的，而"莱布尼茨本人并未把充足理由律原则当作逻辑规律"[④]。只是后来德国哲学家沃尔夫才把莱布尼茨提出的充足理由说作为逻辑规律纳入传统的形式逻辑，并试图从同一律或矛盾律

---

① 参见[古希腊]亚里士多德：《形而上学》，吴寿彭译，北京：商务印书馆，1959年，第62、79页。

② [德]莱布尼茨：《人类理智新论》，陈修斋译，北京：商务印书馆，1982年，第414、415页。

③ 参见[古希腊]亚里士多德：《形而上学》，吴寿彭译，北京：商务印书馆，1959年，第81、82页。

④ 中国大百科全书总编辑委员会《哲学》编辑委员会编：《中国大百科全书·哲学》，北京：中国大百科全书出版社，1987年，第100页。

推出充足理由律。对此，逻辑界一直争议很大，至今莫衷一是。与其说充足理由律是逻辑规律，不如说它是本来作为出发点的一个公理。

逻辑四律之所以能够成为传统形式逻辑的公理，是因为逻辑四律是在人类长期的认识过程中逐步形成的，“经过千百次的重复，它在人的意识中以逻辑的格固定下来”①。同一律、矛盾律、排中律和充足理由律作为公理在传统形式逻辑中的重要性和可靠性，经过了人们长期的运用和在实践中的检验，它“才有着先入之见的巩固性和公理的性质”②，因而它才成为抽象思维、合理认识所必须遵循的。

把逻辑四律表述为传统形式逻辑的四条公理，既能体现出逻辑四律的实质内容，又能保持传统形式逻辑研究对象的统一性和协调性。传统形式逻辑不同于本体论和认识论。本体论研究存在的根本性质和根本规律，认识论研究正确认识的标准和认识发展变化的规律，而传统形式逻辑则研究思维形式的结构，它不研究存在方面的规律，也不研究认识方面的规律。此外，它还不研究思维形式结构的形成、发展和变化。把逻辑四律表述为逻辑公理，就较好地把传统形式逻辑所研究的内容与本体论和认识论所研究的内容区分开来，较好地把传统形式逻辑所研究的内容与辩证逻辑所研究的内容区分开来，同时也较好地保持了传统形式逻辑自身体系的一致性和协调性。

把逻辑四律表述为传统形式逻辑的四条公理，还有助于进行传统形式逻辑理论体系的改造，实现由传统形式逻辑到现代形式逻辑的过渡。传统的形式逻辑是一门具有2000多年历史的古老学科。由于现代数学方法的出现和应用，传统形式逻辑的缺陷日益明显，现代形式逻辑取代传统形式逻辑已成为历史的必然。在我国现阶段，要改造旧逻辑体系和内容，就要站在现代逻辑的角度重新编排和阐释传统逻辑。而同一律、矛盾律和排中律在现代逻辑中就是作为三条公理出现的。同一律被表述为一种重言式，即“$A \rightarrow A$”和“$x = x$”。其中，“$A \rightarrow A$”表示同一律在命题逻辑中的形式和意义，“$x = x$”表示同一律在带等词的谓词逻辑中的形式和意义。矛盾律也被表述为一种重言式，即“$\neg(A \wedge \neg A)$”，或者“$\neg \exists x(F(x) \wedge \neg$

① 《列宁全集》第38卷，北京：人民出版社，1959年，第233页。
② 《列宁全集》第38卷，北京：人民出版社，1959年，第233页。

F(x))”。无矛盾性即一致性、协调性,指不存在任何公式A,使得A和非A都在系统中可证。这是现代逻辑公理(形式)系统的重要性质,是逻辑演算中首先必须满足的条件。排中律则被表述为“A∨¬A”或者“∀ x(F(x)∨¬(x))”。这三条公理在现代逻辑的命题系统和谓词系统中,既不能证明,也不需要证明。只有以这些公理和其他公理为出发点,运用逻辑的演绎手段,推导出其他命题和定理,才能形成完整的理论系统。如果以这些公理和其他公理为基点,通过证明推导出与其相矛盾或相反对的命题,那么这个公理系统就是无效的。由此可见,把逻辑四律表述为逻辑公理,也能与现代逻辑的表述吻合起来。

(本文原刊于《理论学刊》1991年第1期,被中国人民大学书报资料中心《复印报刊资料·逻辑》1991年第3期全文转载,收入本书时有改动)

消解形式逻辑四律

形式逻辑四律是指形式逻辑的同一律、矛盾律、排中律和充足理由律。传统形式逻辑的创始人古希腊的亚里士多德提出同一律、矛盾律和排中律，近代德国的莱布尼茨提出充足理由律。后人只要讲形式逻辑必讲这四律。不管其中的逻辑联系是多么模糊，也不管其中有没有逻辑矛盾，逻辑学者总是超越这些，去建构一个适合于这一知识总体的理论系统。他们抱着这种追求提出了一些真知灼见，也不经意地提出了许多谬见，如把形式逻辑四律或者认定为形式逻辑的公理，或者认定为逻辑思维的基本规律，或者认定为形式逻辑的元规则。

正如科学不迁就任何人一样，形式逻辑也不迁就任何一种提法。形式逻辑当然要对其四律发生影响，但这种影响不应通过迁就逻辑四律，或者通过形式逻辑向这四律靠拢来实现；相反，恰恰要通过形式逻辑在形式系统中对其四律的消解来完成。其实，形式逻辑的形式系统中内含着可以被消解的规定性。

一

把形式逻辑四律认定为“形式逻辑的公理”，在国内外都大有人在。英国现代逻辑学家罗斯在其《亚里士多德》一书中就指出：“公理，即认识任何事物必须首先知道的命题。”[①]“在公理中，亚里士多德不加区别地包括那些对任何事物都真的命题，如矛盾律和排中律，以及那些几门科学共有的而对其范围又有所限制的命题，如等量减等量其差必等(这除了用于数量毫无意义)。对于所有的公理，亚里士多德认为，每门科学假设的公理都不具有普遍形式，而是适用于其本门科学的对象；对于矛盾律和排中律，他认为它们一般不包括在证明的前提中，我们不是从它们开始推理，而是根据它们推理。”[②]国内也有一些逻辑学者利用形式逻辑中的概念、命题、推理、论证等思维形式和思维过程受制于逻辑四律，

① [英]D.W.罗斯：《亚里士多德》，王路译，北京：商务印书馆，1997年，第49页。
② [英]D.W.罗斯：《亚里士多德》，王路译，北京：商务印书馆，1997年，第49页。

来说明这四律就是形式逻辑作为理论出发点和基本的命题,似乎如此一来就足以说明使这四律成为形式逻辑公理的内在理由。其实,这完全是一种误解。

形式逻辑四律是不是形式逻辑的公理,重要的是得看其形式逻辑四律的含义具不具有形式逻辑公理的性质。同一律、矛盾律、排中律和充足理由律各自的含义都有语形和语义之分。同一律的语形含义是:在同一思维过程中,任一思想(概念或命题)都必须保持自身的同一。它用公式可表示为“A 是 A”,或者“只要 A,就 A”。同一律的语义含义是:在同一思维过程中,每一思想是真的,就是真的;是假的,就是假的。它用公式可表示为“只要 A 真,A 就真;只要 A 假,A 就假”。矛盾律的语形含义是:在同一思维过程中,两个互相矛盾或互相反对的命题不能同时肯定。它用公式可表示为:“A 不是非 A”或者“并非(A 并且非 A)”。在这里,A 作为元变项表示概念或命题;非 A 是 A 的否定,包括与 A 有矛盾关系的概念,也包括与 A 有矛盾关系或反对关系的命题。矛盾律的语义含义是:在同一思维过程中,一个思想及其否定不能同真。它用公式可表示为“并非(A 真并且非 A 真)”。由于概念无所谓真假,只有命题有真假,因此,矛盾律的语义表述只适用于命题。排中律的语形含义是:在同一思维过程中,对于同一思想要么肯定,要么否定,不存在第三种选择。它用公式可表示为“要么 A,要么非 A”。在这是 A 作为元变项,代表概念或命题;非 A 只包括与 A 有矛盾关系,而不包括有反对关系的概念和命题。排中律的语义含义即亚里士多德所说,“矛盾的两部分中必有一个是真的”,“矛盾的两部分中必有一个是假的”,“每一个断定或者是真的,或者是假的”。它用公式可表示为:“要么 A 真,要么非 A 真,并且要么 A 假,要么非 A 假”,“要么 A 真,要么 A 假”。这种表述和公式也只适合于命题。充足理由律的语形含义,即一个思想若被确定,必须要有那些使人承认它的理由。充足理由律的语义含义则是:A 真是因为 B 真,并且由 B 真能够推出 A 真。这就是说,一个思想被确定为真,只有具备那些使人承认它为真的理由,不能是假理由,或者是真理由但与推断无逻辑联系。形式逻辑四律固然有语形和语义两种含义,但只要是在形式逻辑层面上讨论问题,只要是保持形式逻辑体系的统一性和协调性,那么,任何形式逻辑体系都不应该研究逻辑四律语形方面的含义。这是因为,逻辑分析是一种语义分析,虽说语义分析不一定都是逻辑分析,但彻底的语义分析都是严格意义上的逻辑分析,这里所说的“彻底”，即形式逻辑所涉及的语义概念能够完全说明该系统在这种语义下的性质。用真假去分析传统形式逻辑系统，就可以完全说明系统在真值意义下的全部性质。

形式逻辑所涉及的逻辑四律语形方面的含义，也无实际意义。例如，何为“在同一思维过程中，任一思想(概念或命题)都必须保持自身的同一”。在同一思维过程中，任一概念，无论是同一概念还是不同概念，都不可能“保持自身的同一”。如果是同一概念，它在同一思维过程中无论出现多少次，也无论怎样出现，其内涵和外延都不会改变，否则就不是同一概念。这条规律就等于告诉我们：“同一概念必须保持自身的同一”，显然没有意义，因而不称其为规律。如果是不同一概念，其内涵和外延完全不同，也不可能“保持自身的同一”。又如，何为“在一思维过程中，一个思想及其否定不能并存或相容”。所谓“一个思想”，即一个命题，“一个思想及其否定不能并存或相容”，就是一个命题及其他否定命题或负命题不得同时认同。而一个命题与其否定命题或负命题在逻辑方阵中是不能同时承认的。这样一来，矛盾律的语形含义实际上就成了“在同一思维过程中，不能同时承认的两个命题不得同时承认”。这无异于什么都没有说。

单从形式逻辑四律语义方面的含义来说，它们都是讲真假的。但传统形式逻辑研究的对象主要是思维形式的结构，其“凡S都是P”“凡M都是P，凡S都是M，所以，凡S都是P”“如果p，则q；p；所以，q”等形式，只是对具体思维形式的一般抽象，是逻辑变项和逻辑常项的搭配方式，其本身无真假可言。它只有通过解释成为具体的思维形式后才有所谓真假。正如列宁所说：“逻辑学是和具体科学(关于自然和精神的科学)相反的‘形式科学’……它的对象是纯粹真理。”他又说：“逻辑中形式的东西是‘纯粹真理’。”①纯形式的真理，反映客观事物间或命题间最一般方面或关系。用单纯讲真假二值的这四律作为传统形式逻辑的公理，这就不称其为传统形式逻辑了。

逻辑四律不仅不能充当传统形式逻辑的公理，而且，由于传统形式逻辑的研究内容不够系统，它的研究方法也不够科学，传统形式逻辑也不可能保证逻辑四律的完全实现，用自身难保的所谓逻辑四律取代逻辑公理，只能给传统形

① 列宁：《哲学笔记》，北京：人民出版社，1974年，第184、185页。

式逻辑理论添乱。

公理是在一个理论中已为反复的实践所证实而被认为不需要证明的命题。传统形式逻辑虽然没有现代形式逻辑严格的公理系统，但也有自己的公理并形成了自己的公理体系。在这个体系中，“并非 p”“p 并且 q”“p 或者(可兼的)q”“如果 p 则 q”“当且仅当 p 才 q”这五个基本命题形式是给定的，具有自明性、不矛盾性和独立性，从这五个基本命题形式出发，利用推理规则可推出一系列定理。因而具有公理的性质。这五个基本命题形式作为经典逻辑理论出发点的命题形式，在概念、推理、论证中起到支撑和决定的作用，用自然语言研究它的配置方式不仅是传统形式逻辑研究的各部分内容作为其理论出发点的命题，而且是必须依据不必证明的原则。

二

把形式逻辑四律认定为“逻辑思维的基本规律”，在国内高等学校逻辑教科书中最为多见。“逻辑思维基本规律有四条，即同一律、矛盾律、排中律和充足理由律。遵守了这些规律，就可以使我们的思维首尾一贯、准确有力，违反了这些规律的要求，我们的思维和论断就会含混不清、自相矛盾、模棱两可和无说服力”。①

把同一律、矛盾律、排中律和充足理由律定位于逻辑思维的基本规律，同样有它不能排解的逻辑问题。

就对象发展过程来说，规律指同一类现象的本质关系或本质之间的稳定联系。它有自然规律、社会规律和思维规律之分。逻辑思维的基本规律从属于思维规律。思维规律有着与自然规律、社会规律不同的特点，它不是在自然界各种不自觉、盲目的动力相互作用中表现出来的客观的物质世界的规律，也不是通过人们的自觉活动表现出来的客观的物质世界的规律，而是人的主观的思维形式对物质世界的客观规律的反映。但是，同一律、矛盾律、排中律和充足理由律，却不是用以反映客观事物发展过程中的本质联系的，而是用以反映体现思

① 中国人民大学哲学系逻辑教研室编:《形式逻辑》，北京:中国人民大学出版社，1984 年，第 113 页。

维确定性要求的。

黑格尔在评述传统形式逻辑的同一律时指出：它指使人们的思想具有"坚定性和确定性"，从而能"加以充分确切的把握"，"不以混沌模糊的印象为满足"，否则人们的思想不合乎同一律，其思想必然"游移不定"。[①]可见，同一律是从正确直接体现思维确定性要求的。矛盾律则是从反面间接体现了思维确定性的要求。亚里士多德在论述矛盾律时指出："同样属性在同一情况下不能同时属于又不属于同一主题。"[②]"两个互相矛盾的判断不能同时对同一对象为真，两个反对判断也如此。"[③]这就是说，任一对象不能同时既具有某属性又不具有某属性；对于一个命题及其否定不能持两可的态度。显然，矛盾律不过是同一律的否定说法，它从同一律的对立角度展现了思维确定性的要求。排中律和充足理由律又进一步补充说明了思维确定性的要求。亚里士多德把排中律表述为："在相反叙述之间也不能有间体，于一个主题我们必须肯定或否定一个云谓。"[④]"两个相反显然不能同时都真，——另一方面，也不能一切叙述都是假的。"[⑤]他认为排中律是从另一角度进一步说明了思维的确定性要求，不遵守排中律是不可取的。"一个人对于该判断的事物不作判断，只是混混沌沌，含糊暖昧，与草木有什么区别。"[⑥]莱布尼茨最先提出充足理由律，他在《单子论》中指出："我们的推理是建立在两大原则上，即是：(1)矛盾原则……(2)充足理由原则，凭着这个原则，我们认为：任何一件事如果是真实的，或实在的，任何一个陈述如果是真的，就必须有一个为什么这样而不那样的充足理由，虽然这些理由常常总是不能为我们所知道的。"[⑦]可见，充足理由律是前三律的必要补充，它是在前三律的基础上，要求更进一步明确判断与判断之间的联系具有必然性，具有论证性。

---

① [德]黑格尔：《小逻辑》，贺麟译，北京：商务印书馆，1980年，第185页。

② [古希腊]亚里士多德：《形而上学》，吴寿彭译，北京：商务印书馆，1959年，第62页。

③ 杨百顺：《西方逻辑史》，成都：四川人民出版社，1984年，第104页。

④ 杨百顺：《西方逻辑史》，成都：四川人民出版社，1984年，第121页。

⑤ 杨百顺：《西方逻辑史》，成都：四川人民出版社，1984年，第81页。

⑥ 杨百顺：《西方逻辑史》，成都：四川人民出版社，1984年，第6页。

⑦ 中国大百科全书总编辑委员会《哲学》编辑委员会编：《中国大百科全书·哲学》，北京：中国大百科全书出版社，1987年，第100页。

逻辑四律之所以能够从不同的方面或角度体现思维的确定性，是因为它们都是对客观事物相对确定性的反映。其中，同一律、矛盾律和排中律是对客观事物本身所具有的相对固定性的反映，而充足理由律则是对事物的因果必然联系的反映。但是，反映了客观事物的相对确定性，只是抽象思维的需要，是正确认识客观现实的初步。传统形式逻辑所反映的客观事物的相对确定性，不过是客观事物类的质的规定性、相对稳定性和类的相容与不相容关系（外延关系），它不能也不可能反映客观事物整体的内外矛盾及其运动发展过程，不能也不可能反映对象与对象之间的内涵关系，而如实地反映客观事物整体的内外矛盾及其运动发展过程，反映对象与对象之间的内涵关系，是具体思维，即辩证思维的基本规律所要揭示的内容。既然逻辑四律不是就事物的发展过程来讲的，它们既不反映同一类现象的本质关系，也不反映同一类现象的本质之间的稳定联系，因而也就不称其为一般意义上的“规律”了。而“逻辑思维的基本规律”缺少一般“规律”的属性，这不能不说是一种实质谬误，或者说是一种形式谬误。

思维规律是指人的思维正确反映客观现实所遵循的规律。它既受制于一般的规律，必须是用以反映客观事物发展过程中的本质联系，又具有自身的特点，表现为主观的思维形式，即通过概念、判断和推理反映客观事物发展过程中的必然的、稳定的、基本的联系。而同一律、矛盾律、排中律和充足理由律反映的只是客观对象之间的最简单的一种外延关系，它不反映客观对象之间的复杂的内涵关系，不揭示概念、判断、推理等思维形式的形成及其发展变化，不体现各种思维形式之间的矛盾运动，因此，逻辑四律也不具有一般思维规律共性的东西。

恩格斯指出：“辩证法不过是关于自然、人类社会和思维的运动和发展的普遍规律的科学。”①这就是说，辩证法在自然、人类社会和思维这三个领域中都是同样有效的，而且成为最一般、最基本的规律。从人类思维发展史中总结出来的辩证逻辑的基本规律与辩证法在本质上是同一的。辩证逻辑的基本规律是通过思维过程中各种思维形成和发展变化的过程所体现出来的，它是辩证法在思维中的特殊表现并受着辩证法的制约。从这个意义上讲，辩证逻辑的基本规律才是逻辑思维的基本规律。

---

① 陈波：《逻辑哲学导论》，北京：中国人民大学出版社，2000 年，第 225 页。

三

把形式逻辑四律认定为“形式逻辑的元规则”，在学术界也有所见。陈波在《逻辑哲学导论》中指出：逻辑四律“其作用表现在它仍是构造（二值）逻辑演算系统的出发点，是指导这些系统构造的元规则”①。规则是人们为达到某种目的制定出来的供其共同遵守的规程或准则。这种规程或准则与规律有着本质上的区别。规律反映的是事物的必然秩序，尽管它是人们约定的，但一经约定之后，客观的必然性也就悄悄地跟上来了；而规则不是这样，它是人的主观世界中自觉的、具有目的性的倾向，它不仅不是独立于人的主观意识之外，而且根本上就是人的主观意志的东西。

逻辑规则既具有一般规则的属性，又具有不同于其他规则的属性。逻辑规则的特殊属性就是在逻辑思维中具有规范作用和判据作用。逻辑规则的规范作用，是指它作为保持合理、有效思维的基本准则，对正确的思维有指导和约束作用。逻辑规则的判据作用，则是指它作为一种尺度，能够衡量、评价任一具体的思维形式或思维过程。凡是有悖其规则的思维形式或思维过程，都不是合理、有效的思维形式或思维过程。任何逻辑规则都生存于系统的“营养液”之中，把形式逻辑四律作为形式逻辑的规则或元规则，却不能生存于形式逻辑形式系统的“营养液”之中。如前所述，形式逻辑四律无一不是讲真假的，而形式逻辑的形式系统本身无所谓真假。用讲真假的逻辑四律不能也不可能在无所谓真假的形式系统中起到规范和判据作用。不承认这一点，硬是把形式逻辑四律说成是形式逻辑的规则或元规则，这就无异于厂家做广告，愿意怎么做就怎么做，只要能表达自己的“意图”就行了。

形式逻辑四律不是形式逻辑的公理，也不是逻辑思维的基本规律，更不是形式逻辑的元规则，而只是构建形式逻辑形式系统时所提出的一些作为出发点的基本原则和要求。亚里士多德一开始提出同一律、矛盾律和排中律，就是作为其“论辩术”的基本原则的。他的“论辩术”，指称我们现在所说的形式逻辑学。从爱利亚学派的芝诺的“归于不可能”的论证方法中就可以看出，这种方法

① 陈波：《逻辑哲学导论》，北京：中国人民大学出版社，2000 年，第 225 页。

是以承认矛盾原则为其基本前提的。论辩的其他原则如正确地提出和明确地表述论辩人问题的原则、论辩的问题的“可争议性”原则和“可选择性原则”，都受制于同一原则、不矛盾原则和排中(拒中)原则。

亚里士多德最先考察了不矛盾原则，他在《形而上学》中孜孜以求的是探究、寻求不矛盾原则，指出这一原则是逻辑理论的基础之一，是一切证明都需要应用的最基本的原则。他认为，这一原则本身的确实无误性以及它在整个逻辑理论中的地位和作用，决定了它能够成为逻辑说中最确知的原则、理性上最有根据的原则，也能够成为人们认识事物最普遍的原则。对此，莱布尼茨也有过论述。他在其哲学著作《人类理智新论》中指出，矛盾原则是证明时必须应用的。“要用三段论的第一格来证明第二格和第三格，单单用矛盾原则就够了。”亚里士多德在考察排中原则时指出，它的真实性非常明显，可以作为论证其他命题真实性的强有力的论据或理由。[①] 亚里士多德虽未曾明确提出同一原则，但在他的某些言论中已有关于这一原则的思想，并认为它是“公认”的，因而可以被多数人接受下来。18世纪初，莱布尼茨提出充足理由说，其基本含义是“没有什么东西是没有理由的”，或者如海德格尔所说，是“没有什么东西无理由而存在”。矛盾原则只能是关于本质的大原则，而不能成为关于存在的大原则。能够成为关于存在的大原则的，则是“充足理由原则”[②]。德国哲学家戈特舍特(Johann Christoph Gottsched)就说：“如果充足理由原则不能被当成试金石所接受的话，人们就会发现他们无法把真理同梦幻区别开来。在梦幻中所出现的一切都没有充足的理由。在梦里，人们一会儿在这里，一会儿又到那里，他们弄不清这到底是怎么回事，他是怎样到这里，又是如何离开的。清醒时或现实中，一切都有自己的起因，比如谁来了，他来这里干什么(他为何来)等，这些问题都是明明白白，所以有关理由的原则是真理的可靠特征。”[③]

---

① 参见[古希腊]亚里士多德：《形而上学》，吴寿彭译，北京：商务印书馆，1959年，第81—82页。

② 段德智：《陈修斋哲学与哲学史论文集》，武汉：武汉大学出版社，1995年，第299—306页。

③ Leonard P.Wessell, *The Philosophical Background to Friedrich Schiller's Aesthetics of Living Form*(Chapter Ⅱ), Frankfurt am Main Bem: Peter Lang, 1975.

传统形式逻辑不仅面临来自现代逻辑的挑战，同时面临来自其自身的挑战。传统形式逻辑自身陷入困境的重要原因在于它不能保持其研究对象的统一性。传统形式逻辑不同于本体和认识论。本体论研究存在的根本性质和根本规律，认识论研究正确认识的标准和认识发展变化的规律，而传统形式逻辑则研究思维形式的结构，它不研究存在方面的规律，也不研究认识方面的规律，此外，它还不研究思维形式结构的形成、发展和变化。把形式逻辑四律表述为形式逻辑的基本原则和要求，并且把它从形式逻辑的形式系统中分离出去，就较好地把传统形式逻辑所研究的内容与本体论和认识论所研究的内容区分开来，较好地把传统形式逻辑所研究的内容与辩证逻辑所研究的内容区分开来，同时也较好地保持了传统形式逻辑自身体系的一致性和协调性。

把形式逻辑四律表述为传统形式逻辑的四条原则，并且把它从形式逻辑的形式系统中分离出去，还有助于进行传统形式逻辑理论体系的改造，实现由传统形式逻辑到现代形式逻辑的过渡。传统形式逻辑是一门具有 2000 多年历史的古老学科。由于现代数学方法的出现和应用，传统形式逻辑的缺陷日益明显，现代形式逻辑取代传统形式逻辑已成为历史的必然。在我国现阶段，要改造旧逻辑体系和内容，就要站在现代逻辑的角度重新编排和阐释传统逻辑。而同一律、矛盾律和排中律在现代逻辑中就是作为三条原则出现的。

同一律被表述为一种重言式：

$$A \rightarrow A \text{ 和 } X = X$$

其中，“$A \rightarrow A$”表示同律在命题逻辑中的形式和意义，“$X = X$”表示同一律在带等词的谓词逻辑中的形式和意义。矛盾律也被表述为一种重言：

$$\neg(A \land \neg A) \text{ 或 } \neg \exists x(F(X) \land \neg F(X))$$

无矛盾性即一致性、协调性，指不存在任何公式 A 使 A 和非 A 都在系统中可证。这是现代逻辑公理(形式)系统的重要性质，是逻辑演算中首先必须满足的条件。排中律则被表述为：

$$A \lor \neg A \text{ 或 } X\forall(F(X) \lor \neg F(X))$$

这三条原则在现代逻辑的命题系统和谓词系统中是无需证明的。只有以这些原则和其他原则为出发点，运用逻辑的演绎手段，推导出其他命题和定理，才能形成完整的理论系统。如果以这些原则和其他原则为基点，通过证明推导出与其相矛盾或相悖的命题，那么这个系统就是无效的。由此可见，把逻辑四律表述为逻辑公理，并且把它从形式逻辑的形式系统中分离出去，也能与现代逻辑的表述吻合起来。

（本文原刊于《东岳论丛》2001年第5期，收入本书时有改动）

关于传统形式逻辑的研究对象

国内现行的逻辑教科书关于传统形式逻辑的研究对象的表述，主要有三种。

一是认为它是“一门以思维形式及其规律为主要研究对象，同时也涉及一些简单的逻辑方法的科学”①。

二是认为它“主要是研究推理形式和证明形式的科学”②。

三是认为它“主要是研究思维的逻辑形式，同时也研究思维的逻辑规律和简单的逻辑方法”③。

以上界说都把注意力集中在“形式”问题上，这显然是要对接“形式逻辑”，但其具体表述有不易解释和处理的问题。

首先，把传统形式逻辑说成主要是研究思维形式及其规律的，涉及“思维形式”和“思维形式的规律”两个基本概念，而这两个基本概念都不足以表征传统形式逻辑应该研究的主要对象。

传统形式逻辑研究所谓的思维形式，是指“凡S都是P”“凡M都是P，凡S都是M，凡S都是P”等形式。这些形式抛开了命题或推理的具体内容，因而被公认为传统形式逻辑不研究思维内容，只研究思维形式。其实，并非如此。这是因为，传统形式逻辑研究所谓的思维形式，不是日常用语中所说的事物外壳或事物外形。日常用语中表示事物外壳或事物外形的思维形式，可以与表示事物内核的思维内容分开存在，就像新瓶装旧酒，或旧瓶装新酒，瓶可以与酒分开存在一样。

传统形式逻辑研究的思维形式是不能与思维内容相分离的。思维形式本身是思维内容各要素具有的稳定的组织方式，它与思维内容是构成思维的两个方面，不存在没有思维内容的思维形式。“凡S都是P”“凡M都是P，凡S都是M，所以，凡S都是P”等形式，虽说是抛开了命题或推理的具体内容，但只不过

① 金岳霖主编：《形式逻辑》，北京：人民出版社，1979年，第1页。

② 诸葛殷同等：《形式逻辑原理》，北京：人民出版社，1982年，第8页。

③ 《普通逻辑》编写组编：《普通逻辑》，上海：上海人民出版社，1993年，第10页。

是撇开了“S”“M”“P”等字母符号所指称的语词内容，转而研究“凡……都是……”“……并且……”“或者……或者……”“如果……那么……”等联结词的内容。

传统形式逻辑所研究的概念、命题、推理、逻辑四律和论证五部分内容无一不牵连思维内容。

概念主要是讲概念的基本特征和明确概念基本特征的逻辑方法。概念的基本特征即概念的内涵和外延，而概念的内涵和外延就是从质和量的不同角度表述思维内容的。明确概念基本特征的逻辑方法，包括定义法、划分法、概念间关系的确定法、分类法、限制和概括法。这些不同的逻辑方法都是从内涵或外延的不同角度明确思维内容的。

命题主要是讲命题的分类和命题的真假。命题的分类依据思维内容，命题真假的判定也离不开命题内容。

推理主要是讲推理的形式和规则。推理形式的区分同样依据思维内容，如关系推理不同形式的区分就是依据关系的对称性、传递性和自返性进行的，而关系的对称性、传递性和自返性正是关系推理内容的三种不同的属性。推理规则只是推理形式的改述形式，因而也间接反映了思维内容。

逻辑规律和论证更与思维内容联系密切，有的逻辑规律如充足理由律本身就无形式而言。

总之，把本来不能也不可能绝对抛开思维内容的思维形式单独作为一门学科的主要研究对象，这恐怕是传统形式逻辑所不及的。

传统形式逻辑研究的所谓“思维形式的规律”，即同一律、矛盾律、排中律和充足理由律，把这逻辑四律概括为思维形式的规律，其出发点是要保持传统形式逻辑体系的统一性和协调性，但这种概括的结果却适得其反。这是因为，逻辑四律是讲真假二值的。同一律被表述为“A 是 A”，即任一思想是真的就是真的，是假的就是假的。矛盾律被表述为“A 不是非 A”，即两个互相否定的思维至少有一假，不得同真。排中律被表述为“要么 A，要么非 A”，即两个互相否定的思维必有一真，不得同假。充足理由律被表述为：“A 真是因其 B 真，并由 B 能推出 A 真。”这就是说，一个思想被确定为真，只有具备那些使人承认它为真的理由，不能是假理由，或者是真理由但与推断无逻辑联系。由此可见，逻辑四律无一不是讲真假的。但是，传统形式逻辑所研究的“凡S都是P”“凡M都是P，凡S都是M，所以，凡S都是P”等形式，只是对具体思维形式的一般抽象，是逻辑变项和逻辑常项的搭配方式，其本身并无真假可言。它只有通过解释成为具体的思维形式后才有所谓真假，用单纯讲真假二值的逻辑四律作为传统形式逻辑的主要内容，就不称其为传统形式逻辑了。

其次，把传统形式逻辑说成主要是研究推理形式和证明形式的科学，也不适当。

推理形式实际上是命题的逻辑特征的改述。推理的形式是由命题形式中的逻辑常项决定的，如“$((p\vee q)\wedge \bar{\bar{p}})\rightarrow q$”这一相容选言推理之所以能够从否定一个支命题到肯定一个支命题，就是由该推理中的选言命题联结词“∨”的逻辑性质决定的，“∨”的逻辑性质受制于被其连接的各个支命题的真假。当支命题有一个真或者都真时，它为真；当且仅当各支命题都假时，它才为假，因此，否定了选言命题的一个支命题，就要肯定剩余的一个支命题。由此可见，推理的形式是从命题的逻辑含义中衍生出来的，它不过是通过衔接或转换的方式转述了命题的含义关系。

推理形式是命题的逻辑特征的改述，还表现为任何推理形式都能够表示为一个蕴涵式。这就是说，只要把一个推理的所有前提合取起来作为前件，把该推理的结论作为后件，就构成一个“如果……则……”形式的条件命题。这种形式的条件命题直接反映前后条件之间的蕴涵关系。传统形式逻辑的创始人亚里士多德把他主要的推理形式理论就表示为条件命题。他在《前分析篇》中，把直言三段论推理形式表述为：如果A述说所有B，并且B述说所有C，那么A述说所有C。

推理形式作为传统形式逻辑的主要研究对象，不仅缺少特有的逻辑特征，而且还缺少克服自身缺陷的能力。例如，对于一个正确推理的判定，传统形式逻辑讲前提必须真实，推理形式必须有效，但由真实前提和有效形式组成的推理其结论却不一定都正确。从“凡生物都是发展变化的”这一真实的前提，得出“有些非生物是不发展变化的”这一错误的结论，就采用了有效的推理形式，即将前提按照直接推理的规则换质得“凡生物都不是不发展变化的”，再换位得“不发展变化的不是生物”，继续换质得“不发展变化的是非生物”，继续换位便得出"有些非生物是不发展变化的"。由此可见,传统形式逻辑所讲的推理形式,有它不能解释的问题,用能够陷入窘境的推理理论作为一门学科的核心部分,显然是不当的。

传统形式逻辑既不能以推理形式为主体对象,也不能以证明形式为主体对象,因为传统形式逻辑主要使用自然语言即日常语言表示和分析证明形式。当然,它也使用一些字母符号或者序数词做证明形式的构成成分,但它毕竟不能作为证明形式的主要的和决定性的构成成分。这样,传统形式逻辑所表述的证明形式,与自然语言中表达的证明是一致的。自然语言往往是多义或有歧义的。用多义的或有歧义的语词、语句会使得它所表示的证明形式意义不清,或表述不严谨,也难于制定有效的手段来判定较复杂的证明形式的正确性。证明形式本身也不具有特殊的逻辑意义,它只是命题形式、推理形式和逻辑四律的综合运用。

再次,把传统形式逻辑说成是研究思维的逻辑形式,同时也研究思维的逻辑规律和简单的逻辑方法,也未免失之偏颇。这是因为,这一界说既与辩证逻辑的对象划不清界限,又与现代形式逻辑,即数理逻辑划不清界线。辩证逻辑主要研究的辩证概念、辩证命题、辩证推理、辩证假说、辩证论证等,是具体思维的逻辑形式,而具体思维的逻辑形式也是思维的逻辑形式。同样。辩证逻辑所研究的对立统一思维律、质量互变思维律、否定之否定思维律等,是具体思维的逻辑形式的规律,而具体思维的逻辑形式的规律也是思维的逻辑规律,现代形式逻辑(指限于两个演算的现代逻辑)是在完全脱离抽象思维及其形式的内容意义上的联系,只从逻辑值的真假方面研究抽象思维的逻辑形式及其规律的,这种抽象思维的逻辑形式及其规律不能不是思维的逻辑形式及其规律。

为了使传统形式逻辑与辩证逻辑和数理逻辑区分开来,说传统形式逻辑主要是用自然语言研究命题形式及其衔接或转换方式的科学,似更为妥帖。

传统形式逻辑主要的、起决定作用的部分不是概念,也不是推理、逻辑四律和论证,而是命题形式。命题形式作为基本的结构形式在其他结构形式及逻辑四律和论证中也起到了主轴的作用。

概念是命题形式的浓缩和省略。概念包括概念的内涵和外延。这两个方面的构成都是命题形式,概念与概念之间外延关系的确定和表示也是命题形式。如A概念与B概念有“全同”关系,即“凡A是B”并且“凡B是A”。因此,用语词形式表示的概念,实际上是紧缩、简略的命题形式。

推理就是命题形式的转换和伸展,命题形式与命题形式之间存在着含义关系,包括等同、蕴含、交叉和全异四种。推理反映的是前提命题形式与结论命题形式之间的含义蕴含或等同关系,这种含义上的蕴含、等同关系具有真假依存性。因此,命题形式的转换和展开形式即为推理。

逻辑四律就是命题形式的原则和要求。亚里士多德最先提出矛盾律,他在《形而上学》中指出:“同样属性在同一情况下不能同时属于又不属于同一主题。”①“两个互相矛盾的判断不能同时对同一对象为真,两个反对判断也是如此。”②这就是说,任一对象不能同时既具有某属性又不具有某属性;对于一个命题形式及其否定不能持两可的态度。亚里士多德在论述排中律时指出:“两个相反显然不能同时都真,——另一方面,也不能一切叙述都是假的。”③显然,这是从另一角度提出命题形式确定性的原则要求。同一律是从正面直接体现命题形式确定性的原则要求,即如果在考察条件不变的情况下某一命题成立,则它陈述的客体是怎么一个事态,就不会又是另一种事态。黑格尔在评述这条规律时说:它能使命题形式,包括命题形式成分具有“坚定性和确定性”,从而能“加以充分确切地把握”,“不以混沌模糊的印象为满足”④。莱布尼茨最先提出充足理由律,他在《单子论》中指出:“凭着这个原则,我们认为:任何一件事如果是真实的,或实在的,任何一个陈述如果是真的,就必须有一个为什么这样而不那样的充足理由,虽然这些理由常常总是不能为我们所知道。”⑤可见,充足理由律是在前三律的基础上要求进一步明确命题形式与命题形式之间具有联系的必然性。

论证就是命题形式的认定和解释。论证即确认某一命题形式为真或假的过程。如果某一命题形式是未经检验为真或假的,其论证就是对该命题形式的

---

① [古希腊]亚里士多德:《形而上学》,吴寿彭译,北京:商务印书馆,1959年,第62页。

② 转引自杨百顺:《西方逻辑史》,成都:四川人民出版社,1984年,第104页。

③ [古希腊]亚里士多德:《形而上学》,吴寿彭译,北京:商务印书馆,1959年,第81页。

④ [德]黑格尔:《小逻辑》,贺麟译,北京:商务印书馆,1980年,第185页。

⑤ 中国大百科全书总编辑委员会《哲学》编辑委员会编:《中国大百科全书·哲学》,北京:中国大百科全书出版社,1987年,第100页。

一种认定。这种认定带有科研性。如果一个命题形式这种解释带有宣示性。不对命题形式作出某种认定或解释的论证,不称其为论证。

总之,命题形式在概念、推理、逻辑四律和论证中都起到支撑和决定作用,用自然语言研究的形式特征及其配置方式正是传统形式逻辑研究的主要对象。

[本文原刊于《山东师大学报》(社会科学版)1994 年增刊,被中国人民大学书报资料中心《复印报刊资料·逻辑》1995 年第 3 期全文转载,收入本书时有改动]

论逻辑中项

论逻辑中项,既是一个老问题,又是一个新课题。回顾逻辑历史,2000多年前古希腊人亚里士多德和他的弟子德奥弗拉斯特在其三论和“外设三段论”中就提出并探讨了逻辑中项问题。随着认识的不断发展,逻辑中项又成为现实思维中一个重要的问题。

何为逻辑中项?以往的表述多指形式逻辑中的三段论中项和辩证法中的中介范畴。其实,二者都不是真正的逻辑中项。因为形式逻辑中的三段论中项即三段论“中概念”“媒概念”“中词”“中名词”等,它是指在三段论大小前提中都出现并起联结作用,而在结论中不出现的概念。如果把逻辑中项等同于三段论中项,那么就等于否认了形式逻辑中其他推理形式的中项存在。黑格尔在其《逻辑学》中写道:“在这种归纳式的推理里,中项就是所有个体的完全的列举,甲乙丙丁等。……类推的中项是一个个体,但这个个体却被了解为它的本质的普遍性,它的类或本质的规定性。”①既然中项同样存在于形式逻辑所涉及的归纳推理和类比推理中,那么逻辑中项的含义就比三段论推理的中项广泛得多。在形式逻辑中,每一种推理形式的中项充其量只起形式上的联结作用,它不能也不可能包容和反映内容上的联系。这样,不少人便借用辩证法中的中介范畴来解释逻辑中项。本来,辩证法中的中介范畴不外乎三层意思:一是指对立统一体中作为对立双方相互联系的中间环节;二是指对立事物之间相互作用的传递者;三是指不同层次之间的过渡阶段。无论在哪一层含义下使用的中介都是客观存在的。但是,有些人却把这里所说的具有客观意义的中介与主观思维中的逻辑中项等量齐观,显然,这无异于把思维辩证法和辩证思维混为一谈。列宁在《哲学笔记》中指出:“一切都是互为中介,连成一体,通过转化而联系的。”从宏观宇宙到微观世界,从无机界到生命现象,从自然界到人类社会都相互联系,相互制约,互为中介,结为一体,这是不以人的意志为转移的。因此,中介作

① [德]黑格尔:《小逻辑》,贺麟译,北京:商务印书馆,1980年,第367页。

为思维辩证法中的一个范畴,带有客观性。而逻辑中项则不同,它是主观形态的东西,是思维发展到辩证思维阶段的反映形式。它是否能反映和符合实际,还要放到实践中检验。因此,逻辑中项不具有客观意义,只带有主观性。

逻辑中项作为辩证思维的一个概念,应该归属于辩证逻辑。列宁在谈到辩证逻辑的基本要求时,首先指出,要真正认识事物,就必须把握研究它的一切方面、一切联系和中项。我们决不会做到这一点,但是,全面的要求可以防止错误和防止僵化。列宁在这句话中提到的"中项"正是辩证逻辑要揭示的逻辑中项。按照通行的说法,在从抽象上升到具体的逻辑行程中,实现从上升的起点到上升的终点的中间环节或关节点,我们称其为中项,但严格意义下的逻辑中项,应该是一种联结方式。一方面,任何逻辑中项都不能脱离上升的起点到上升的终点而单独存在,中项总是一定起点和一定终点的中项;另一方面,上升的起点到上升的终点又取决于中项,中项是上升法的特性和功能的决定因素。

比如,我国现阶段要进行经济体制改革。这是作为从抽象上升到具体的出发点的判断,即上升的起点。建立新型的社会主义经济体制,推动社会生产力的发展。这是改革的目的和结果,正是从抽象上升到具体的思维进程中所达到的思维具体,即上升的终点。联结这一上升的起点和上升的终点的方式即逻辑中项是搞活企业。现阶段的经济体制改革,无论是调整产业结构、产品结构,还是提高经济效益、增加财政收入都要靠企业,企业是社会主义经济的细胞,是经济体制的基础,企业的问题解决了,才能谈得上建立一个充满生机和活力的经济体制。因此,增强企业活力,是建立新经济体制、推动生产力发展的决定因素。

在辩证的思维过程中,逻辑中项的职能是显而易见的。

首先,逻辑中项从抽象能演绎出具体。由抽象到具体,由此及彼往往是多层次的。从高层次的抽象到低层次的抽象,从低层次的抽象再到具体,以至到更具体。在这些不同层次的交汇处,逻辑中项不仅起到兼收并蓄的作用,而且在为左邻右舍铺路搭桥。它因其自身所具有的抽象与具体的两重性,从最一般、最基本、最本质的抽象规定出发引申出较不抽象的范畴,从高层次的抽象演绎出低层次的具体。在这里,逻辑中项的演绎性表现为从一般中发展出它的特殊表现,而不是从一般中形式地引发出个别来,它所反映的是客观事物发展过程的关系，而不是反映客观对象之间的属种关系。

其次，逻辑中项从形式能反映出内容。既然逻辑中项有其演绎性，这就决定了它本身是形式的。又因逻辑中项的推演是从抽象到具体的，所以它离不开思维内容，从思维形式能反映出思维内容。否则，就不是本来意义上的逻辑中项了。对于这一点，黑格尔说："用中项来联系的两个极端，在推理中毋宁是一种直接的联系。换言之，它们中间并没有可以作为联系的真正的中项。"①逻辑中项这一形式结构所反映出的内容并不是客观对象不同侧面的一般属性、关系的规定，也不是客观对象许多规定的综合、多样性的统一，而是从客观对象不同侧面的一般属性、关系的规定到客观对象许多规定的综合、多样性的统一的转化。转化的过程是辩证否定的过程。它既把原范畴、判断的基本思想内容保留于自身之中，以作为自身存在和发展的基础，又克服了原范畴、判断的一般抽象形式，加进丰富的内容，形成了具体的思想。

应该说，逻辑中项的职能明确了，逻辑中项在上升法中的意义就在其中了。它支撑着上升的起点和上升的终点，使两点得以贯通，它保证人们能必然地在思维中再现事物的整体。正由于此，马克思特别强调，绝不能不经过逻辑中项而把一般的抽象形式同它的任何一个特殊形式混淆起来。在从一般的抽象形式到它的任何一个特殊形式之间，确立和把握逻辑中项并不是一件容易的事情，黑格尔曾就运用逻辑中项中发生的错误作出机智的批判。② 但是，这种批判并没有使黑格尔免于在他的《法哲学》中使用逻辑中项时犯同样的错误。马克思在《黑格尔法哲学批判》中就曾指出这一点。

客观事物的结构有其固有的特点，客观事物结构的演变和发展过程有其固有的顺序。这就决定了作为反映客观事物结构特点演化发展的逻辑中项，必须要符合反映对象。在复杂的反映过程中，要按照反映对象不同的层次和顺序来确定逻辑中项，既不能混淆，也不能颠倒。否则，就会在思维中出现逻辑错误。比如，我国现行的经济体制，从"要改革"这一最抽象的认识出发，到"真正建立起新经济体制基础"这思维具体，要通过逻辑中项"搞活企业"。增强企业活力

---

① [德]黑格尔：《小逻辑》，贺麟译，北京：商务印书馆，1980年，第36页。

② 参见[德]黑格尔：《小逻辑》，贺麟译，北京：生活·读书·新知三联书店，1954年，第365—368页。

是经济体制改革的中心环节。但是,每一时期的经济体制改革既要受到经济发展状况的客观制约,又要为解决经济发展中遇到的突出问题开辟道路。当前,我们在搞活企业问题上面临一些困难,这需要做好多方面的工作。要在已有的改革成果的基础上,切实增强企业的活力,就必须从不同的侧面确立和把握好这一阶段的逻辑中项。如实行所有权与经营权的分离,放开企业的经营权。如果我们的认识不是按照改革的层次和顺序来,企业仍缺乏生产、经营和管理等方面的自主权,党政不分,政企不分,以党代政,以政代企,那么增强企业活力也就无从谈起,更不用说建立新经济体制、发展社会生产力了。

(本文原刊于《东岳论丛》1988 年第 1 期,收入本书时有改动)

毛泽东：两种逻辑观念的阐扬人

——纪念毛泽东诞辰110周年

20世纪初期，域外逻辑观念首次传入中国。域外逻辑观念包括两个向度的观念：一是形式逻辑观念，二是辩证逻辑观念。当时，国内一批杰出的思想家是这两种逻辑观念的阐扬人，毛泽东就是其中的代表。他以对两种逻辑观念的独特理解和创造性阐发，为域外逻辑学的传播、诠释、普及和国内逻辑思想研究的深入发展提供了理论支持。在20世纪前期和中期中西文化汇流中，毛泽东有着不可磨灭的贡献。

一、毛泽东早期具有自觉的逻辑问题意识

青年时代，毛泽东就在逻辑学方面求贤问业，努力吸取所能接触到的中外各种逻辑学知识。随后，便开始研究逻辑理论。当时，学界研究逻辑理论存在两种取向：一是纯思辨的思路，无论是形式逻辑还是辩证逻辑，都被认为是单纯的学理，这是两种逻辑理论研究与生俱来的传统。二是社会学的思路，这是由马克思开创的，当马克思指出“哲学家们只是用不同的方式解释世界，而问题在于改变世界”时，他实际上反对的正是纯思辨的思路。毛泽东进行逻辑理论研究，一开始就不赞成纯思辨的思路，而推崇马克思倡导的社会学的思路。他不是就逻辑研究逻辑，而是把它与现实思维即与社会和历史紧密地联系起来，并努力使自己成为一个具有自觉的逻辑问题意识的“行动”者或实践者。

毛泽东早期就具有自觉的逻辑问题意识，这既是指他早期对逻辑的认知，也包括他早年遵守逻辑的愿望和习惯。20世纪20年代，新文化运动大力倡导的科学与民主精神教育感召了一批有远见卓识的学者，毛泽东作为其中的一分子在接受马克思主义的同时也接受了理性精神的帮助。理性精神是西方文化的精髓，而逻辑学理论则是理性精神最集中的体现。无论是形式逻辑还是辩证逻辑，其主要任务都是提供分辨合理与不合理、有效与无效思维的标准，教会人们理性思维并培养人们的理性精神。两种逻辑所体现的这种理性精神恰好是

中国传统文化所缺乏的。因此，毛泽东开始专注于逻辑理论的研究。他最初对中国近代资产阶级启蒙思想家严复翻译的《穆勒名学》和《名学浅说》两本逻辑书特别感兴趣。这两本书着重介绍了弗朗西斯·培根的逻辑方法——经验归纳法。这种逻辑方法对毛泽东启发很大，因此他曾大声疾呼："学术研究，最忌演绎式的独断态度。"①基于这种认识，他早年就提倡调查研究，反对本本主义。20世纪30年代，毛泽东研读了大量的包括涉及逻辑问题的哲学著作，并作了许多批注。他在读西洛可夫、爱森堡合著，李达、雷仲坚合译的《辩证法唯物论教程》一书所作的批注中指出："形式论理学的错误在于把否定看作过程与过程间的外的否定，再则看作绝对的否定，这是完全不理解现实的看法。"②在这里，他是把批评形而上学的否定的内容加之于形式逻辑了。毛泽东在读米丁等著《辩证唯物论与历史唯物论》(上册)所作的批注中还指出："形式论理所谓错误正是正确，而所谓正确正是错误。"③1937年七八月，毛泽东完成了《矛盾论》初稿，其中有"形式论理的同一律与辩证的矛盾律"一节，这一节批评了形式论理学的同一律的客观基础，从根本上混淆了形式论理学与形而上学的界限。

毛泽东早年对形式逻辑的一些问题产生误解，主要是受当时苏联哲学教科书的影响。1930年苏联哲学界开展反德波林学派的斗争以后出版的哲学著作，都是把形式逻辑等同于形而上学，主张用辩证法取代或改造形式逻辑。这种认识导源于黑格尔哲学以及马克思主义经典著作的一些观点。黑格尔肯定形式逻辑是"有限思维的形式的知识"④，但他也认为形式逻辑与经院哲学的形而上学"合流了"⑤。受这一思想的影响，恩格斯在批判形而上学的抽象同一性时，批判了"旧形而上学意义下的同一律是旧世界观的基本原则：a＝a"⑥。这里的同

---

① 中共中央文献研究室、中共湖南省委《毛泽东早期文稿》编辑组编：《毛泽东早期文稿》，长沙：湖南人民出版社，1990年，第368页。

② 中共中央文献研究室编：《毛泽东哲学批注集》，北京：中央文献出版社，1988年，第119页。

③ 中共中央文献研究室编：《毛泽东哲学批注集》，北京：中央文献出版社，1988年，第162页。

④ [德]黑格尔：《小逻辑》，贺麟译，北京：商务印书馆，1980年，第73页。

⑤ [德]黑格尔：《小逻辑》，贺麟译，北京：商务印书馆，1980年，第78页。

⑥ 《马克思恩格斯选集》第4卷，北京：人民出版社，1995年，第321页。

一律，也经常被人们误解为形式逻辑的同一律。列宁在批评布哈林的“一方面，另一方面”的折中主义错误时，对形式逻辑的作用作了限定，认为：“形式逻辑……根据最普遍的或最常见的事物，运用形式上的定义，并以此为限。把它们完全偶然地拼凑起来(既是玻璃圆筒，又是饮具)，那么我们所得到的是一个指出事物的不同方面的折中主义的定义。”①这也往往使人们把形式逻辑误解为折中主义的诡辩。在相当长的一个时期，由于马克思主义经典作家对形式逻辑上述问题的看法一直占上风，毛泽东不能不受到这种认识的影响。

毛泽东所具有的自觉的逻辑意识，不但是指他早年关于逻辑的认知，也包括他早年遵守逻辑的愿望和习惯。1920 年 11 月 26 日，毛泽东在给新民学会会员罗学瓒的一封信中，提出实际思维和表达中常见的四种“论理的错误”：以感情论事，时间上以偏概全，空间上以偏概全，以主观概客观。他说：“我自信我于后三者的错误尚少，惟感情一项，颇不能免……我于后三者，于说话高兴时或激烈时也常时错误，不过自己却知道是错误，所谓明知故犯罢了。”②这说明了毛泽东早年对逻辑学的浓厚兴趣和学习、运用逻辑知识的认真态度。他学用逻辑，既能在独立思考问题时约束自己，又能在互相交流时宣示于人。

二、毛泽东倡导了逻辑问题法研究逻辑理论

毛泽东研究逻辑理论，不是采用逻辑史方法，也不是采用比较逻辑方法，而是采用逻辑问题法。逻辑史方法和比较逻辑方法是当时逻辑理论研究流行的两种研究方法。逻辑史方法关心的是逻辑学的“意义”，其关键问题是如何建立起逻辑学的理论框架，然后将逻辑史上某位或某些逻辑学家的思想纳入这一整体框架中加以描述与把握。比较逻辑方法则是通过比较中外不同文化传统中逻辑观念的异同，辨析不同文化传统中逻辑观念的普遍性与特殊性。毛泽东研究逻辑理论，他所感兴趣的问题既不是构建逻辑学的整体模式和逻辑学的发展历史，也不是中西逻辑学的同中之异、异中之同，而是追究逻辑的普遍问题与“义理”，努力发掘逻辑文本所表达或蕴含的普遍性的逻辑问题。这正是逻辑问

① 《列宁选集》第 4 卷，北京：人民出版社，1995 年，第 419 页。

② 中共中央文献研究室、中共湖南省委《毛泽东早期文稿》编辑组编：《毛泽东早期文稿》，长沙：湖南人民出版社，1990 年，第 566 页。

题法的研究思路。

毛泽东倡导逻辑问题法研究逻辑理论，前提是承认有形式逻辑和辩证逻辑两种逻辑的存在。20世纪30年代，我国逻辑界主要研究形式逻辑，恩格斯、列宁著作中提到的辩证逻辑开始在国内传播。当时一些人在接受和探讨辩证逻辑知识的同时，倾向否定形式逻辑，认为形式逻辑就是形而上学，即形而上者谓之道的形而上。当时，形而上学的名声很不好，尽管它是历史上出现过的一种理论体系，但这种理论体系在很多人眼中都是反科学的代名词。这种思潮不仅困扰了形式逻辑学研究的深入发展，而且在某些方面也产生了一些分歧。对此，毛泽东十分关注。为了澄清思想认识，他对形式逻辑和辩证逻辑作了大量、深入的研究，并积极倡导用逻辑问题法研究逻辑理论。

毛泽东认为，对于形式逻辑不应当采取一概否定和排斥的态度。形式逻辑与辩证逻辑或现实思维有相抵牾的一面，也有相契合的一面。凡与辩证逻辑或现实思维相抵牾的，就应当抛弃它或改造它；凡与辩证逻辑或现实思维相契合的，就应当保留它和发展它。后来他又指出："所谓否定，如列宁所说：'不是完全的否定及胡乱的否定，也不是怀疑的否定及混惑的否定，而是保存联结的因素，肯定的因素，即不伴有任何混惑、任何怀疑的因素的否定'。否定不是破坏一切，一刀两断，不是绝对的否定，而是先行的东西中间包含有后来的东西，后来的东西中间包含有先行的东西。"[①]在这里，毛泽东批判了形式逻辑对否定概念的认识，指出形式逻辑只是对否定概念作出间断的、凝固的认识，这是违背现实的。现实中的否定则是辩证的否定，即指事物自身内在的包含着肯定因素的否定。毛泽东对形式逻辑的否定，只是在与辩证逻辑的比较研究中对形式逻辑某些僵化认识的否定，而不是对整个形式逻辑的否定。

毛泽东不仅充分肯定了形式逻辑的学科地位，承认了形式逻辑的局限性，而且专门论述了形式逻辑与辩证逻辑的关系，认为不宜把它们的关系比作是低等数学和高等数学的关系。20世纪30年代，哲学界有人根据恩格斯在《反杜林论》中说"初等数学，是在形式逻辑的范围内运作的，至少总的说来是这样，而变

---

① 中共中央文献研究室编：《毛泽东哲学批注集》，北京：中央文献出版社，1988年，第121页。

数数学——其中最重要的部分是微积分——本质上不外是辩证法在数学方面的运用”这一表述，把形式逻辑比作低等数学，把辩证逻辑比作高等数学。对此，毛泽东有不同的认识。1965 年，他在一次谈话中明确指出：“说形式逻辑好比低级数学，辩证逻辑好比高等数学，我看不对。形式逻辑是讲思维形式的，讲前后不相矛盾的。它是一门专门科学，同辩证法不是什么初等数学和高等数学的关系。数学有算术、代数、几何、微分积分，它包括许多部分。形式逻辑却是一门专门科学。任何著作都要用形式逻辑，《资本论》也要用。”①

毛泽东倡导逻辑问题法，不仅对形式逻辑和辩证逻辑的关系作了大量、深入的研究，而且对唯物辩证法与逻辑学和认识论的关系作了认真、有见地的研究。他在《辩证唯物论(讲授提纲)》中指出：“唯物辩证法与任何其他科学一样，有它的研究对象，这个对象便是自然、历史和人类思维之最一般的法则。”同时，“在哲学对象中还要解决一个问题，就是辩证法、论理学及认识论的一致性问题”。“唯物辩证法是惟一科学的认识论，也是惟一科学的论理学。唯物辩证法研究吾人对外界认识的发生及发展，研究由不知到知、由不完全的知到更完全的知的转移，研究自然及社会的发展法则在人类头脑中日益深刻和日益增多的反映，这就是唯物辩证法和认识论的一致。唯物辩证法研究客观世界最一般的发展法则，研究客观世界最发展的形态在思维中的反映形态。这就是唯物辩证法研究现实事物的各过程及各现象的发生发展消灭及相互转化的法则，同时又研究反映客观世界的人类思维形态，这就是唯物辩证法与论理学的一致。”②

毛泽东阐发的唯物辩证法与逻辑学和认识论的一致性原理，既是对恩格斯、列宁提出的逻辑学与辩证法和唯物主义认识论的一致性原理的诠释，又是对马克思主义著作阐明的一般哲学形态的辩证逻辑重要原理的发展。当时，中国引进的马克思著作主要阐明一般哲学形态的辩证逻辑研究对象、学科性质和作用的原理。其中，最主要的是阐明逻辑与唯物辩证法和唯物主义认识论的一致性原理。毛泽东成为诠释、发展这一原理的主要人物。恩格斯和列宁表述三

① 龚育之等：《毛泽东的读书生活》，北京：生活·读书·新知三联书店，1986 年，第 131 页。

② 中共中央文献研究室编：《毛泽东著作专题摘编(上)》，北京：中央文献出版社，2003 年，第 28—29 页。

者的一致性原理中的“同一”是与差异相比较而言的或有条件的。恩格斯说，思维规律与客观事物规律“在本质上是同一的，但是在表现上是不同的，这是因为人的头脑可以自觉地应用这些规律，而在自然界中这些规律是不自觉地、以外部必然性的形式、在无穷无尽的表面的偶然性中实现的，而且到现在为止在人类历史上多半也是如此”①。列宁说：“在《资本论》中，唯物主义的逻辑、辩证法和认识论[不必要三个词：它们是同一个东西]都应用于一门科学。”②由此可见，恩格斯论述逻辑学与唯物辩证法和唯物主义认识论的一致性原理，阐明的是三者在本质上是一致的，但其表现形态各异。列宁则是从实际应用的角度，说明三者的一致性。毛泽东根据恩格斯和列宁三者一致性原理的基本精神，从合理、有效地界定唯物辩证法的研究对象的角度，阐发三者一致性原理，旨在强调唯物辩证法不能不研究认识论和逻辑学问题，批判形而上学的宇宙观、方法论、认识论和逻辑观。毛泽东阐发的这一观点对丰富和发展唯物辩证法理论，克服形而上学的宇宙观、方法论、认识论和逻辑观，具有重要的指导和促进作用。这一观点在中国早期的辩证逻辑理论研究中一直占有主导地位。

毛泽东不仅自己坚持用逻辑问题法研究逻辑理论，而且尽可能创造条件推行这种研究方法。他在新中国成立后重视形式逻辑和辩证逻辑文集的编辑、出版和发行工作。1957 年，他邀见复旦大学的周谷城教授、北京大学的金岳霖教授和中国人民大学的王方名教授，谈论了辩证逻辑和形式逻辑的著译等有关问题。1958 年，他收到周谷城的信，得知其新的逻辑著作出版，很高兴，回信说：“大著出版，可资快读。”③ 1959 年，他提出重新印行《逻辑指要》一书。该书是当时任全国人大常委会委员的章士钊旧时写的一部中国逻辑史的专著。

毛泽东看完后说：“吾意此足为今日参考资料，宜于印行。”④他还为章士钊修改后的这部旧著代拟了重印说明，该书很快被中共中央政治研究室收入《逻辑丛刊》，由生活·读书·新知三联书店再版。同年，毛泽东还指示汇编印发其

① 《马克思恩格斯选集》第 4 卷，北京：人民出版社，1995 年，第 243 页。

② 《列宁全集》第 55 卷，北京：人民出版社，1990 年，第 289—290 页。

③ 中共中央文献研究室编：《毛泽东书信选集》，北京：人民出版社，1983 年，第 78 页。

④ 中共中央文献研究室编：《毛泽东书信选集》，北京：人民出版社，1983 年，第 561 页。

他比较重要的逻辑学著译作。他还说:“我有兴趣的,首先是中国近几年和近数十年关于逻辑的文章、小册子和某些专著(不管内容如何),能早日汇编印出,不胜企望!”①当他收到并看完时任中共中央马克思恩格斯列宁斯大林著作编译局副局长姜椿芳等同志编辑的《逻辑学论文集》第一集到第六集后,很满意,说“姜椿芳同志的介绍甚为有益,书目搜编也是用了功的”②,并请人代他向姜椿芳转致谢意。

由于毛泽东积极倡导并身体力行用逻辑问题法搞理论研究,在中国逻辑界、理论界迅速形成了学习逻辑、研究逻辑的风气。短短几年的时间,对若干逻辑理论问题,特别是有重大现实意义的逻辑理论问题的讨论有了很大的进展,学术成果累累,出现了前所未有的繁荣景象。

毛泽东倡导逻辑问题法研究逻辑理论,这里所说的“问题”不同于我们日常所说的问题。尽管逻辑问题法中的“问题”与我们日常所说的问题都是开启人的理性思维的一种方式,但我们日常所说的问题,主要是指事实的问题、经验对象的问题,即形而下的问题,而作为逻辑问题法的“问题”则是超越具体事实,超越经验对象,即形而上的问题。因此,逻辑问题法的问题比我们日常所说的问题更为抽象和富有思辨性。

逻辑问题法作为治学的一种手段和方法,在我国并非毛泽东首创。近代,伴随着形式逻辑输入国内并得到一定传播,梁启超在《墨子之论理学》一文中阐发了中国后期墨家的“释名”“法式”“应用”“归纳法之伦理学”等多种逻辑问题,并与域外逻辑尤其是西方逻辑作了比较。他认为“墨子全书,殆无一处不用论理学之法则,至专言其法则之所以成立者,则惟经说上、经说下、大取、小取、非命诸篇为特详”,并“引而释之,与泰西治此学者相印证”。③

从此,我国学界形成了用逻辑问题法研究逻辑理论的新风尚。逻辑问题法虽然不是毛泽东的首创,但毛泽东倡导运用这种方法研究新逻辑问题,阐释新思想,这是方法论层次的思维方式的创新。

---

① 中共中央文献研究室编:《毛泽东书信选集》,北京:人民出版社,1983年,第564页。
② 中共中央文献研究室编:《毛泽东书信选集》,北京:人民出版社,1983年,第564页。
③ 梁启超:《饮冰室合集·专集(三十七)》,北京:中华书局,1989年,第56页。

三、毛泽东提出现实矛盾概念，深化了科学的逻辑范围体系

毛泽东研究逻辑理论，他是把逻辑纳入社会现实的维度中来考量，注重两个方面的问题：一是逻辑理论在中国革命理论和实践中的作用问题；二是中国革命理论和实践本身提出和包含的逻辑问题。他认为，只有把这两方面的问题联系起来加以研究，才能对逻辑理论在新的历史条件下的发展方向有一个大致正确的把握。基于这样的指导思想，他在强调逻辑理论对中国革命理论和实践的作用的同时，清楚地认识到中国革命理论和实践面临许许多多的矛盾和困惑。为了合理地、有效地解决这些矛盾和困惑，他提出了现实矛盾的概念。

毛泽东在他的一系列著述中，多次提出现实矛盾的概念。他指出：现实矛盾"即是运动，即是事物，即是过程，也即是思想"①。它是运动、事物、过程以及反映运动、事物、过程的思想自身所包含的"相互排斥又相互依赖"②的关系。毛泽东把现实矛盾概念看作反映客观事物的本质的一种思维形式，这一概念是在社会实践基础上积累了大量的感性材料，"经过思考作用，将丰富的感觉材料加以去粗取精、去伪存真、由此及彼、由表及里的改造制作工作，造成概念和理论的系统"③。在他看来，现实矛盾概念这种东西已经不是事物的现象，不是事物的各个片面，不是它们的外部联系，而是抓住了事物的本质、事物的全体、事物的内部联系。它同感觉，不但是数量上的差别，而且有了性质上的差别，因而它就能更深刻、更正确、更完全地反映事物本质。所以，毛泽东又说："只有理解了的东西才更深刻地感觉它。"④

在客观现实中，现实矛盾是认识对象所固有的，应该给予正确的反映。毛泽东认为，人们的思想要正确地反映现实矛盾，就要全面地反映客观对象中相

① 《毛泽东选集》第 1 卷，北京：人民出版社，1991 年，第 319 页。

② 中共中央文献研究室编：《毛泽东哲学批注集》，北京：中央文献出版社，1988 年，第 168 页。

③ 《毛泽东选集》第 1 卷，北京：人民出版社，1991 年，第 291 页。

④ 《毛泽东选集》第 1 卷，北京：人民出版社，1991 年，第 286 页。

互依赖的关系。“思想正带矛盾性，二者同时肯定正是对的。”①如果用判断来表述它，那就应该把矛盾双方的关系完整地展露于同一个判断里。例如，“放弃土地是为了保存军力，也正是为了保存土地”②。“我们是战争消灭论者，我们是不要战争的；但是只能经过战争去消灭战争，不要枪杆子必须拿起枪杆子。”③“我们的战略是‘以一当十’，我们的战术是‘以十当一’，这是我们制胜敌人的根本法则之一。”④“我们说，红军在一个方面（保持原有阵地的方面）说来是失败了，在另一个方面（完成长征计划的方面）说来是胜利了。敌人在一个方面（占领我军原有阵地的方面）说来是胜利了，在另一个方面（实现‘围剿’‘追剿’计划的方面）说来是失败了。”⑤“同世界上一切事物无不具有两重性（即对立统一规律）一样，帝国主义和一切反动派也有两重性，它们是真老虎又是纸老虎。”⑥

毛泽东强调正确地反映现实矛盾，不仅要把矛盾双方的关系完整地表露于同一个判断里，而且要正视每对矛盾中一方如何以另一方为其存在条件，在何种条件下向自己的对立面转化，并阐明这些矛盾之间各种复杂的关系。例如，在抗日战争期间，毛泽东提出“消灭敌人，保存自己”是军事斗争的现实矛盾。为了解决这一矛盾，他全面、深刻地分析了制定和贯彻正确的战略战术原则所涉及的一系列矛盾，如优势与劣势、进攻与防御、整体与局部、主动与被动、内线与外线、主要与次要、持久战与速决战、阵地战与运动战，论述了这些矛盾各自对立面的结合、总的量变过程中的部分质变。同时，还阐明了这些不同的矛盾之间存在纵横交错的关系，如防御中的局部进攻、整体持久战中的局部速决、内线中的外线，等等。

毛泽东关于现实矛盾的思想大量散见于他的政治和军事著作中。毛泽东

---

① 中共中央文献研究室编：《毛泽东哲学批注集》，北京：中央文献出版社，1988年，第162页。

② 《毛泽东选集》第2卷，北京：人民出版社，1991年，第508页。

③ 《毛泽东选集》第2卷，北京：人民出版社，1991年，第547页。

④ 《毛泽东选集》第1卷，北京：人民出版社，1991年，第225页。

⑤ 《毛泽东选集》第1卷，北京：人民出版社，1991年，第149页。

⑥ 毛泽东：《关于帝国主义和一切反动派是不是真老虎的问题》，《人民日报》1977年9月11日。

之所以在一系列著述中，多次提出现实矛盾的概念，并把它作为理论体系的基本范畴，有其社会和历史背景。只有把毛泽东关于现实矛盾的上述表述和思想观点放在当时和后来的社会与历史环境中考察，既指出它们产生的条件、原因和动机，又揭示它们与其他思想和社会、政治、经济、文化等因素之间的复杂关系，才能正确认识毛泽东提出和强调现实矛盾范畴的意义。每一种科学理论都是由一系列范畴构成，形成一个范畴的系统。科学的逻辑范畴理论，是马克思、恩格斯以及列宁建立起来的。马克思在《资本论》《政治经济学批判》等著作中提出并运用了一系列逻辑范畴，恩格斯在《反杜林论》《自然辩证法》《路德维希·费尔巴哈和德国古典哲学的终结》等著作中阐明了逻辑范畴的实质，列宁在《哲学笔记》和《再论工会、目前局势及托洛茨基和布哈林的错误》等著作中论述了逻辑范畴的形成、发展的规律，以及它在科学思维中的地位和作用等问题，从而构成了科学的逻辑范畴理论的主要内容。

毛泽东则是在《实践论》《矛盾论》《辩证法和唯物论(讲授提纲)》(《矛盾论》的前期本)等著作中，继承了马克思、恩格斯以及列宁的科学范畴理论的成果，提出如何运用马克思主义的科学范畴理论去认识对象，获得具体性的知识。第一，掌握科学的逻辑范畴的主要内容，并运用它为认识对象的研究提出问题、指明目的、寻找道路，而不是教条主义地、脱离实际地用范畴理论硬套认识对象。毛泽东提出“现实矛盾”范畴，他的整个辩证逻辑理论就是建基于“现实矛盾”范畴，“现实矛盾”是他辩证逻辑理论体系的逻辑起点。全部辩证逻辑理论的范畴乃至全部辩证逻辑原理都是由“现实矛盾”的范畴展开和派生出来的。第二，深入调查，掌握材料。问题提出以后，根据问题对对象作周密细致的调查，全面具体地系统地掌握有关对象的经验材料，而不是根据范畴作空洞无据的推论。第三，根据已有的经验材料，进行比较、分类、分析、综合、演绎、归纳等思维活动，进行正确的思维抽象，形成反映研究对象的新的范畴，然后再考察新范畴之间的对立统一的关系，在确定范畴关系的基础上进行排列组合，通过引申和推演的逻辑方法，从抽象上升为具体，实现具体在思维中的再现。这种范畴化的认识道路，正是寻找具体真理的道路。

总之，对逻辑范畴理论的把握，毛泽东既强调不能离开社会历史的实际、社会历史的过程，又强调不能离开历史的继承。这既是对科学的逻辑范畴体系的深化和拓展，也是对逻辑理论体系的创新与贡献，具有重大的建树意义。

四、毛泽东强化了逻辑的文化教育功能，制定了逻辑应用的操作程序

毛泽东在倡导用逻辑问题法研究逻辑理论的同时，也十分重视逻辑作用的发挥。他认为，逻辑不仅有科学方法论的功能，而且有文化教育的功能。逻辑可以培养人们适应文明生活的文化素养和思维能力。反映各民族智慧和文化的逻辑，一经融入我们日常生活的现实经验之中，就会使这种经验更富于智慧和效力。但是，在中国长期的封建社会里，逻辑非但没有作为传统文化的重要组成部分，反而经常受到传统文化的排斥，难以得到推广，人们普遍缺乏应有的逻辑素养和思维能力，迫切需要普及各种逻辑知识。新中国成立后，为了提高我们整个民族的文化素养和思维能力，毛泽东在抓思想文化建设的同时，也强化了逻辑的文化教育功能。

毛泽东在许多重要的讲话和文件中，都强调要重视逻辑的文化教育功能。1951 年 2 月，在审定《中共中央关于纠正电报、报告、指示、决定等文字缺点的指示》时指出："有些写得好的报告，虽然篇幅颇长，却能引人阅读，使人不厌其长。有些写得不好的报告，虽然篇幅不长，却使人难看。这里的区别就在于是否有条理，是否说空话和是否合文法。"其中，"是否有条理"就是指是否有逻辑层次和逻辑顺序。1955 年 10 月，他在中国共产党第七届中央委员会扩大的第六次全体会议上的讲话中指出："写文章要讲逻辑。就是要注意整篇文章、整篇说话的结构，开头、中间、尾巴要有一种关系，要有一种内部的联系，不要互相冲突。"①这是讲逻辑规律方面的知识，提出了矛盾律对文章的篇章结构的基本要求。1958 年 2 月，他在《工作方法六十条(草案)》中指出："文章和文件都应当具有这样三种性质：准确性、鲜明性、生动性。准确性属于概念、判断和推理问题，这些都是逻辑问题。鲜明性和生动性，除了逻辑问题以外，还有词章问题。现在许多文件的缺点是：第一，概念不明确；第二，判断不恰当；第三，使用概念和

---

① 中共中央文献研究室编：《毛泽东著作专题摘编(下)》，北京：中央文献出版社，2003 年，第 1547 页。

判断进行推理的时候又缺乏逻辑性；第四，不讲究词章。看这种文件是一场大灾难，耗费精力又少有所得。一定要改变这种不良的风气。”[①]可见，毛泽东非常痛恨逻辑不通的现象。他多次号召人们尤其是干部要学点逻辑，并且明确指出：“概念的形成过程，判断的形成过程，推理的过程，就是调查和研究的过程，就是思维的过程……概念、判断的形成过程，推理的过程，就是‘从群众中来’的过程；把自己的观点和思想传达给别人的过程，就是‘到群众中去’的过程。”[②]1964年2月，毛泽东在春节谈话中又提出了中学生要学点逻辑的问题。同年8月，他在接见尼泊尔教育代表团的谈话中再次说明了逻辑的知识效能问题。

毛泽东不仅多次强调逻辑的文化教育功能，而且以自己用逻辑的现身说法表征逻辑的这一功能。他审阅公文、起草文件都是用逻辑严格地进行规范。例如，他在一次审阅公文时指出：“一九五六年国家预算报告中说过‘稳妥可靠’这个话，我建议以后改为‘充分可靠’……稳妥和可靠，意思是重复的。用稳妥形容可靠，没有增加什么，没有限制什么。形容词一面是修饰词，一面是限制词。说充分可靠，这就在程度上限制了它，不是普通可靠，是充分可靠。”[③]在这里，毛泽东根据概念的限制法，指出了用“稳妥”说明“可靠”是多余限制，用“充分”说明“可靠”才限制得当。这正显露出逻辑的知识功能。

毛泽东在逻辑作用方面强调逻辑的文化教育功能的同时，还在逻辑应用方面制定了逻辑应用的操作程序。对于逻辑理论的应用，毛泽东不是采取逻辑原理加逻辑实例的简单做法，而是把逻辑理论与思维实际有机地融合在一起，其目的在于运用逻辑这个工具，去解决实际思维的规范化或程序化的问题，借以提高思维主体的工作效率。他从人们的思维实际出发，沿着工作的具体进程，抓住若干基本环节，制定了一些适应工作进程的逻辑应用的操作程序。毛泽东在《关于纠正党内的错误思想》《反对本本主义》《总政治部关于调查人口和土地

---

① 中共中央党校编：《马列著作毛泽东著作选读(哲学部分)》，北京：人民出版社，1978年，第432页。

② 中共中央文献研究室、新华通讯社编：《毛泽东新闻工作文选》，北京：新华出版社，1983年，第206—207页。

③ 中共中央党校编：《马列著作毛泽东著作选读(哲学部分)》，北京：人民出版社，1978年，第432页。

状况的通知》《〈农村调查〉的序言和跋》《关于农村调查》等文章中，专门论述了调查研究这种工作的逻辑方法。从操作程序来看，他把调查和研究作为同一思维过程中前后相继的两个不同的阶段。调查即根据任务的需要，深入实际，深入群众，通过各种方式（如普通调查、重点调查、典型调查、抽样调查等）和各种具体方法（如召开调查会、个别访问、填写调查表等），广泛地了解情况，收集材料的阶段；研究则是对各种情况、资料和信息进行分析和综合，加工和整理，实现由现象到本质、由个别到一般、由经验到理论的阶段。调查和研究作为各自独立的两个阶段，其侧重点虽有不同，但不能分隔开来进行操作。调查为手段，它是研究的前提和基础；研究则是目的，它使调查富有意义、成效和更加深入。无论调查还是研究，都要先"认识其最简单最根本的性质，由此再进到深处"①。也就是说，先要在思维中解决对最一般性的最简单的问题的认识，然后进入对比较特殊、比较复杂一些问题的认识，最后进入对更特殊、更复杂一些问题的认识。按照这样的程序操作，便能解决调查研究这种逻辑方法的实际应用问题。

毛泽东在《关于领导方法的若干问题》《关于健全党委制》《党委会的工作方法》等文章中，根据多年的领导工作经验，还提出领导和群众相结合、一般号召和个别指导相结合、抓紧中心工作和同时开展其他工作相结合等许多工作中的逻辑方法，并对这些逻辑方法的操作程序讲述得很明确，很具体。例如，他在讲述领导和群众相结合的方法时就指出："在我党的一切实际工作中，凡属正确的领导，必须是从群众中来，到群众中去。这就是说，将群众的意见（分散的无系统的意见）集中起来（经过研究，化为集中的系统的意见），又到群众中去作宣传解释，化为群众的意见，使群众坚持下去，见之于行动，并在群众行动中考验这些意见是否正确。然后再从群众中集中起来，再到群众中坚持下去。如此无限循环，一次比一次地更正确、更生动、更丰富。"②毛泽东制定的这种行之有效的领导方法的操作程序，为中国共产党人尤其是党的干部的领导工作的开展，解决了实际思维的规范化的问题。

① 吴宜、温宪祝编：《毛泽东读书与写文》，北京：中共中央党校出版社，1993 年，第 42 页。

② 《毛泽东选集》第 3 卷，北京：人民出版社，1991 年，第 899 页。

总之,毛泽东研究逻辑理论,无论是在逻辑作用方面强化逻辑的文化教育功能,还是在逻辑应用方面制定逻辑应用的操作程序,都是一种理论创新,这种理论创新具有重要的传承意义。

[本文原刊于《山东师范大学学报》(人文社会科学版)2003 年第 6 期,被中国人民大学书报资料中心《复印报刊资料·逻辑》2003 年第 1 期全文转载,被《新华文摘》2003 年第 3 期辑目,收入本书时有改动]

毛泽东逻辑思想的主要贡献

毛泽东具有丰富的、深刻的逻辑思想。他汲取中国古往今来的有用的逻辑思想，并约之于马克思列宁主义，对中国长期革命和建设实践中的一系列独创性经验作了逻辑理论概括，从而形成了一整套独具特色的、指导价值很高的逻辑思想。这些逻辑思想在中国逻辑史上和马克思主义逻辑史上都占有重要的地位。毛泽东逻辑思想的贡献主要有以下几个方面。

一、在逻辑体系方面，建立了一个分析现实矛盾的逻辑体系

毛泽东研究逻辑体系，一开始就不是把它当成单纯的学理，而是把它与现实思维紧密地联系起来，注重两个方面的问题：一是逻辑体系在中国革命理论和实践中的作用问题；二是中国革命理论和实践本身提出和包含的逻辑体系上的问题。他认为，只有把这两方面的问题联系起来加以研究，才能对逻辑体系在新的历史条件下的发展方向有一个大致正确的把握。基于这样的指导思想，他在强调逻辑体系对中国革命理论和实践的作用的同时，清楚地认识到中国革命理论和实践面临许许多多的矛盾和困惑。为了合理、有效地解决这些矛盾和困惑，他着力建立一个分析现实矛盾的逻辑体系。

毛泽东提出现实矛盾的概念和表达现实矛盾的判断。他指出，现实"矛盾即是运动，即是事物，即是过程，也即是思想"①。它是运动、事物、过程以及反映运动、事物、过程的思想自身所包含的"相互排斥又相互依赖"②的关系。在客观现实中，这种矛盾是认识对象所固有的，应该给予正确的反映。他认为，人们的思想要正确地反映现实矛盾，就要全面地反映客观对象中矛盾双方既相互排斥

---

① 《毛泽东选集》第1卷，北京：人民出版社，1991年，第319页。

② 中共中央文献研究室编：《毛泽东哲学批注集》，北京：中央文献出版社，1988年，第168页。

又相互依赖的关系。“思想正带矛盾性，二者同时肯定正是对的。”①如果用判断来表述它，那就应该把矛盾双方的关系完整地展露于同一个判断里。例如，“放弃土地是为了保存军力，也正是为了保存土地”②。“我们是战争消灭论者，我们是不要战争的；但是只能经过战争去消灭战争，不要枪杆子必须拿起枪杆子。”③“我们的战略是‘以一当十’，我们的战术是‘以十当一’，这是我们制胜敌人的根本法则之一。”④“我们说，红军在一个方面（保持原有阵地的方面）说来是失败了，在另一个方面（完成长征计划的方面）说来是胜利了。敌人在一个方面（占领我军原有阵地的方面）说来是胜利了，在另一个方面（实现‘围剿’‘追剿’计划的方面）说来是失败了。”⑤“同世界上一切事物无不具有两重性（即对立统一规律）一样，帝国主义和一切反动派也有两重性，它们是真老虎又是纸老虎。”⑥

毛泽东提出了现实矛盾的概念和表述现实矛盾的判断，但没有沿用构造逻辑体系的传统框架，即不再以概念、判断、推理为序安排体系，而是以逻辑分析的不同平面即以对现实矛盾的普遍性、现实矛盾的特殊性的分析为序，突出对各种现实矛盾的特殊性的分析，构成一个具有内在逻辑联系的新体系。他全面论述了矛盾的普遍性，指出矛盾的普遍性包括两个方面的含义：一是指矛盾存在于一切事物的发展过程中；二是指每一事物的发展过程存在着自始至终的矛盾运动。他把承认矛盾的普遍存在，看作人们深刻把握事物的性质、预见事物发展趋势的必要条件。他强调不仅要研究矛盾的普遍性，而且要研究矛盾的特殊性。这是因为，矛盾的普遍性存在于矛盾的特殊性之中，共性存在于个性之中。正确地考察矛盾的特殊性，是人们认识事物的基础，是区别事物的内在根据。他对现实矛盾的特殊性作了详尽的阐发，说明了各种物质运动形式所包含的矛盾特殊性、一切物质运动形式在其发展不同过程和阶段上矛盾的特殊性、

---

① 中共中央文献研究室编：《毛泽东哲学批注集》，北京：中央文献出版社，1988年，第168页。

② 《毛泽东选集》第2卷，北京：人民出版社，1991年，第508页。

③ 《毛泽东选集》第2卷，北京：人民出版社，1991年，第547页。

④ 《毛泽东选集》第1卷，北京：人民出版社，1991年，第225页。

⑤ 《毛泽东选集》第1卷，北京：人民出版社，1991年，第319页。

⑥ 毛泽东：《关于帝国主义和一切反动派是不是真老虎的问题》，《人民日报》1977年9月11日。

矛盾斗争形式之对抗与非对抗的特殊性以及矛盾和矛盾双方地位的特殊性，为人们提供了正确认识现实矛盾的根本方法。他第一次提出“矛盾的普遍性和特殊性的关系问题是矛盾问题的精髓”这一认识，活化了列宁关于具体地分析具体情况是马克思主义活的灵魂的思想。

二、在逻辑内容方面，深化了科学的逻辑范畴理论

科学的逻辑范畴理论，是马克思、恩格斯以及列宁建立起来的。马克思在《资本论》等著作中提出并运用了一系列逻辑范畴，恩格斯在《自然辩证法》等著作中阐明了逻辑范畴的实质，列宁在《哲学笔记》等著作中论述了逻辑范畴的形成、发展的规律，以及它在科学思维中的地位和作用等问题，从而构成了科学的逻辑范畴理论和主要内容。毛泽东继承了马克思、恩格斯以及列宁的科学的逻辑范畴理论的成果，提出如何运用马克思主义的科学的逻辑范畴理论去认识对象，获得具体性的知识。它主要包括以下几个方面。

第一，掌握科学的逻辑范畴的主要内容，并运用它为认识对象的研究提出问题、指明目的、寻找道路，而不是教条主义地、脱离实际地用范畴理论硬套认识对象。

第二，深入调查，掌握材料。问题提出以后，根据问题对对象作周密细致的调查，全面地具体地系统地掌握有关对象的经验材料，而不是根据范畴作空洞无据的推论。

第三，根据已有的经验材料，进行比较、分类、分析、综合、演绎、归纳等思维活动，进行正确的思维抽象，形成反映研究对象的新的范畴，然后考察新范畴之间的对立统一的关系，在确定范畴关系的基础上进行排列组合，通过引申和推演的逻辑方法，从抽象上升为具体，实现具体在思维中的再现。这种范畴化的认识道路，正是寻找具体真理的道路。它体现了辩证思维的逻辑进程，深化了马克思主义的科学的逻辑范畴理论。

三、在逻辑方法方面，倡导了比较研究逻辑的方法

20 世纪 30 年代，我国逻辑界主要研究传统形式逻辑，恩格斯、列宁著作中提到的辩证逻辑开始在国内传播。一些人在接受和探讨辩证逻辑知识的同时，

倾向否定传统形式逻辑，认为传统形式逻辑就是形而上学。这种思潮不仅困扰了传统形式逻辑学研究的深入发展，而且在意识形态方面也产生了一些分歧。对此，毛泽东十分关注。为了澄清思想认识，他对传统形式逻辑和辩证逻辑作了大量、深入的比较研究，并积极倡导了这种比较研究逻辑的方法。

毛泽东认为，对于传统形式逻辑不应当采取一概否定和排斥的态度。传统形式逻辑与辩证逻辑或现实思维有相抵牾的一面，也有相契合的一面。凡与辩证逻辑或现实思维相抵牾的，就应当抛弃它或改造它；凡与辩证逻辑或现实思维相契合的，就应当保留它和发展它。例如，他在读米丁等著、沈志远译《辩证唯物论与历史唯物论》（上册）一书的批注中就指出："形式论理所谓错误正是正确，而所谓正确正是错误。思想正带矛盾性，二者同时肯定正是对的。"这是"辩证论理与形式论理的区别"①。在这里，毛泽东批判了传统形式逻辑把思想矛盾性的矛盾双方看作是绝对的相互排斥，承认一方就否认另一方的观点，肯定了思想的矛盾性是由两个对立面组成的矛盾统一体，同时断定矛盾统一体中对立面之间相互否定的关系是对的。

又如，他在读西洛可夫、爱森堡等合著，李达、雷仲坚译的《辩证法唯物论教程（中译本第三版）》一书的批注中指出："形式论理学的错误在于把否定看作过程与过程间的外的否定，再则看作绝对的否定，这是完全不理解现实的看法。"②"所谓否定，如列宁所说：'不是完全的否定及胡乱的否定，也不是怀疑的否定及混惑的否定，而是保存联结的因素，肯定的因素，即不伴有任何混惑、任何怀疑的因素的否定'。否定不是破坏一切，一刀两断，不是绝对的否定，而是先行的东西中间包含有后来的东西，后来的东西中间包含有先行的东西。"③在这里，毛泽东批判了传统形式逻辑对否定概念的认识，指出传统形式逻辑只是对否定概念作出间断的、凝固的认识，这是违背现实的。现实中的否定则是辩证的否定，即指事物自身内在的包含着肯定因素的否定。毛泽东对传统形式逻辑的否定，

① 中共中央文献研究室编：《毛泽东哲学批注集》，北京：中央文献出版社，1988 年，第 162 页。

② 中共中央文献研究室编：《毛泽东哲学批注集》，北京：中央文献出版社，1988 年，第 119 页。

③ 中共中央文献研究室编：《毛泽东哲学批注集》，北京：中央文献出版社，1988 年，第 121 页。

只是在与辩证逻辑的比较研究中对传统形式逻辑某些僵化认识的否定,而不是对整个传统形式逻辑的否定。他充分肯定了作为一门学科的传统形式逻辑,专门论述了传统形式逻辑与辩证逻辑的关系,认为不宜把它们的关系就比作初等数学和高等数学的关系。这是因为,传统形式逻辑是一门专门研究思维形式的科学,它与反映认识对象发展规律的辩证逻辑不同。他在 1965 年谈道:形式逻辑和辩证逻辑的关系,好比是初等数学和高等数学的关系,这种说法还可以研究。形式逻辑是讲思维形式的,讲前后不相矛盾的。它是一门专门科学,任何著作都要用形式逻辑。①

毛泽东不仅自己坚持用比较研究逻辑的方法研究逻辑问题,而且尽可能创造条件推行这种研究方法。他在新中国成立后,抓了传统形式逻辑和辩证逻辑的文集的编辑、出版和发行工作。1957 年,他邀见复旦大学的周谷城教授、北京大学的金岳霖教授和中国人民大学的王方名教授,谈论了辩证逻辑和形式逻辑的著译等有关问题。1958 年,他收到周谷城的信,得知其新的逻辑学著作出版,很高兴,回信说:“大著出版,可资快读。”② 1959 年,他提议重新印行《逻辑指要》一书。该书是时任全国人大常委会委员章士钊旧时写的一部中国逻辑史的专著。毛泽东看完后说:“吾意此足为今日参考资料,宜于印行。”③

他还为章士钊修改后的这部旧著代拟了重印说明。该书很快被中共中央政治研究室收入《逻辑丛刊》,由生活·读书·新知三联书店再版。同年,毛泽东还指示汇编印发其他比较重要的逻辑学著译。他还说:“我有兴趣的,首先是中国近几年和近数十年关于逻辑的文章、小册子和某些专著(不管内容如何),能早日汇编印出,不胜企望!”④当他收到并看完时任中共中央马克思恩格斯列宁斯大林著作编译局副局长的姜椿芳等同志编辑的《逻辑学论文集》第一集至第六集时,很满意,说“姜椿芳同志的介绍甚为有益,书目搜编也是用了功的”⑤,并请人代他向姜椿芳转致谢意。

---

① 参见胡曲园:《略论形式逻辑与辩证逻辑的一致》,《光明日报》1987 年 8 月 17 日。

② 中共中央文献研究室编:《毛泽东书信选集》,北京:人民出版社,1983 年,第 544 页。

③ 中共中央文献研究室编:《毛泽东书信选集》,北京:人民出版社,1983 年,第 561 页。

④ 中共中央文献研究室编:《毛泽东书信选集》,北京:人民出版社,1983 年,第 564 页。

⑤ 中共中央文献研究室编:《毛泽东书信选集》,北京:人民出版社,1983 年,第 564 页。

由于毛泽东抓出两种逻辑书，在中国逻辑界、理论界迅速形成了比较学习逻辑、研究逻辑的风气。短短几年的时间，对若干逻辑理论问题特别是有重大现实意义的逻辑理论问题的讨论有了很大的进展，学术成果累累，出现了前所未有的繁荣景象。

四、在逻辑作用方面，强化了逻辑的文化教育功能

毛泽东倡导比较研究逻辑的方法的同时，十分重视逻辑作用的发挥。他认为，逻辑不仅有科学方法论的功能，而且有文化教育的功能。逻辑可以培养人们适应文明生活的文化素养和思维能力。反映各民族智慧和文化的逻辑，一经融入我们日常生活的现实经验之中，就会使这种经验更富于智慧和效力。但是，在中国长期的封建社会里，逻辑不但没有作为传统文化的重要的组成部分，而且经常受到传统文化的排斥，使它难以得到推广，人们普遍缺乏应有的逻辑素养和思维能力，迫切需要普及各种逻辑知识。中华人民共和国建立后，为了提高我们整个民族的文化素养和思维能力，毛泽东在抓思想文化建设的同时，注重强化了逻辑的文化教育功能。

毛泽东在许多重要的讲话和文件中，都强调要重视逻辑的文化教育功能。1951年2月，他在审定《中共中央关于纠正电报、报告、指示、决定等文字缺点的指示》时指出："有些写得好的报告，虽然篇幅颇长，却能引人阅读，使人不厌其长。有些写得不好的报告，虽然篇幅不长，却使人难看。这里的区别就在是否有条理，是否说空话和是否合文法。"①其中，"是否有条理"就是指是否有逻辑层次和逻辑顺序。1955年10月，他在中国共产党第七届中央委员会扩大的第六次全体会议上的讲话中指出："写文章要讲逻辑。就是要注意整篇文章、整篇说话的结构，开头、中间、尾巴要有一种关系，要有一种内部的联系，不要互相冲突。"②这是讲逻辑规律方面的知识，提出矛盾律对文章的篇章结构的基本要求。1958年2月，他在《工作方法六十条(草案)》中指出："文章和文件都应当具有这

① 中共中央文献研究室、新华通讯社编：《毛泽东新闻工作文选》，北京：新华出版社，1983年，第167页。

② 中共中央文献研究室编：《毛泽东著作专题摘编(下)》，北京：中央文献出版社，2003年，第1547页。

样三种性质:准确性、鲜明性、生动性。准确性属于概念、判断和推理问题,这些都是逻辑问题。鲜明性和生动性,除了逻辑问题以外,还有词章问题。现在许多文件的缺点是:第一,概念不明确;第二判断不恰当;第三,使用概念和判断进行推理的时候又缺乏逻辑性;第四,不讲究词章。看这种文件是一场大灾难,耗费精力又少有所得。一定要改变这种不良的风气。"①可见,毛泽东非常痛恨逻辑不通的现象。他多次号召人们尤其是干部要学点逻辑,并且明确指出:"概念的形成过程,判断的形成过程,推理的过程,就是调查和研究的过程,就是思维的过程……概念、判断的形成过程,推理的过程,就是'从群众中来'的过程;把自己的观点和思想传达给别人的过程,就是'到群众中去'的过程。"② 1964 年 2 月毛泽东在春节谈话中又提出中学生要学点逻辑,同年 8 月,他在接见尼泊尔教育代表团的谈话时再次说明了逻辑的知识效能问题。

毛泽东不仅多次强调逻辑的文化教育功能,而且以自己用逻辑的现身说法表征出逻辑的这一功能。他审阅公文、起草文件都是用逻辑严格地进行规范。例如,他在一次审阅公文时指出:"一九五六年国家预算报告中说过'稳妥可靠'这个话。我建议以后改为'充分可靠'……稳妥和可靠,意思是重复的。用稳妥形容可靠,没有增加什么,也没有限制什么。形容词一面是修饰词,一面是限制词。说充分可靠,这就在程度上限制了它,不是普通可靠,是充分可靠。"③在这里毛泽东根据概念的限制法,指出了用"稳妥"说明"可靠"是多余限制,用"充分"说明"可靠"才限制得当,这正显露出逻辑的知识功能。

五、在逻辑应用方面,制定了逻辑应用的操作程序

对于逻辑理论的应用,毛泽东不是采取逻辑原理加逻辑实例的简单的做法,而是把逻辑理论与思维实际有机地融合在一起,其目的在于运用逻辑这个工具去解决实际思维的规范化或程序化的问题,借以提高思维主体的工作效

① 中共中央文献研究室、新华通讯社编:《毛泽东新闻工作文选》,北京:新华出版社,1983 年,第 207 页。

② 中共中央文献研究室、新华通讯社编:《毛泽东新闻工作文选》,北京:新华出版社,1983 年,第 206—207 页。

③ 中共中央党校编:《马列著作毛泽东著作选读(哲学部分)》,北京:人民出版社,1978 年,第 432 页。

率。他从人们的思维实际出发，沿着工作的具体进程，抓住若干基本环节，制定了一些适应工作进程的逻辑应用的操作程序。

毛泽东在他撰写的《关于纠正党内的错误思想》《反对本本主义》《总政治部关于调查人口和土地状况的通知》《〈农村调查〉的序言和跋》《关于农村调查》等文章中，专门论述了调查研究这种工作的逻辑方法，从操作程序来看，他把调查和研究作为同一思维过程中前后相继的两个不同的阶段。调查即根据任务的需要，深入实际、深入群众，通过各种方式（如普通调查、重点调查、典型调查、抽样调查等）和各种具体方法（如召开调查会、个别访问、填写调查表等）广泛地了解情况、收集材料的阶段；研究则是对各种情况资料和信息进行分析和综合加工和整理，实现由现象到本质、由个别到一般、由经验到理论的阶段。调查和研究作为各自独立的两个阶段，其侧重点虽有不同，但不能把它们分隔开来进行操作。调查为手段，它是研究的前提和基础；研究则是目的，它使调查富有意义、成效和更加深入。无论调查还是研究，都要先“认识其最简单最根本的性质，由此再进到深处”①。也就是说，先要在思维中解决对最一般性的最简单的问题的认识，然后再进入到比较特殊、比较复杂一些的问题的认识，最后再进入到更特殊、更复杂一些问题的认识。按照这样的程序操作，便能解决调查研究这种逻辑方法的实际应用问题。

毛泽东在《关于领导方法的若干问题》《关于健全党委制》《党委会的工作方法》等文章中，根据多年的领导工作经验，还提出领导和群众相结合、一般号召和个别指导相结合、抓紧中心工作和同时开展其他工作相结合等许多工作中的逻辑方法，并对这些逻辑方法的操作程序讲述得很明确，很具体。例如，他在讲述领导和群众相结合的方法时就指出：“在我党的一切实际工作中，凡属正确的领导，必须是从群众中来，到群众中去。这就是说，将群众的意见（分散的无系统的意见）集中起来（经过研究，化为集中的系统的意见），又到群众中去作宣传解释，化为群众的意见，使群众坚持下去，见之于行动，并在群众行动中考验这些意见是否正确。然后再从群众中集中起来，再到群众中坚持下去。如此无限

① 中共中央文献研究室编：《毛泽东哲学批注集》，北京：中央文献出版社，1988年，第42页。

循环，一次比一次地更正确、更生动、更丰富。”①毛泽东制定的这种行之有效的领导方法的操作程序，为中国共产党人尤其是党的干部的领导工作的开展，解决了实际思维的规范化问题。

总之，毛泽东逻辑思想的贡献是多方面多内容的。它不仅丰富了中国逻辑思想的宝库，也丰富了马克思主义逻辑思想的宝库，研究毛泽东逻辑思想的主要贡献，对研究人类的逻辑历史和指导现实的思维与工作都具有重大的意义。

[本文原刊于《山东师大学报》(社会科学版)1993 年第 3 期，被中国人民大学书报资料中心《复印报刊资料·逻辑》1993 年第 10 期全文转载，收入本书时有改动]

① 《毛泽东选集》第 3 卷，北京：人民出版社，1991 年，第 899 页。

毛泽东逻辑思想的主要特点

毛泽东逻辑思想，是指毛泽东研究、应用传统形式逻辑和辩证逻辑的思想。毛泽东虽然长期担负着党和国家艰巨而繁重的领导工作，主要精力用于从事革命斗争实践和社会主义实践，但他很重视传统形式逻辑和辩证逻辑的研究和应用。他的一些哲学著作和重要讲话，包含着丰富、深刻的逻辑思想。这些逻辑思想，在中国逻辑史上表现出一些特点，主要有以下几个方面。

一、毛泽东逻辑思想具有综合性

毛泽东逻辑思想，不是单纯地研究和运用传统形式逻辑的思想，也不是单纯地研究和运用辩证逻辑的思想，而是把本来就是相互联系着的这两种逻辑综合起来共同作用于同一思维过程的思想。

毛泽东对概念、判断、推理等思维形式的论述，是从传统形式逻辑和辩证逻辑的综合的角度进行的。他指出："文章和文件都应当具有这样三种性质：准确性、鲜明性、生动性。准确性属于概念、判断和推理问题，这些都是逻辑问题。鲜明性和生动性，除了逻辑问题以外，还有词章问题。现在许多文件的缺点是：第一，概念不明确；第二，判断不恰当；第三，使用概念和判断进行推理的时候又缺乏逻辑性；第四，不讲究词章。看这种文件是一场大灾难，耗费精力又少有所得。"[①]"概念这种东西已经不是事物的现象，不是事物的各个片面，不是它们的外部联系，而是抓着了事物的本质，事物的全体，事物的内部联系了。"[②]他还指出，概念明确后"循此继进，使用判断和推理的方法，就可产生出合乎论理的结论来"[③]。不过，"类推须是真正的同类。若是形同类而实不同类，而妄用类推法，没有不错误的。如拿俄国革命与中国革命比，拿北伐战争与苏维埃战争比，

① 中共中央文献研究室、新华通讯社编：《毛泽东新闻工作文选》，北京：新华出版社，1983 年，第 207 页。

② 《毛泽东选集》第 1 卷，北京：人民出版社，1991 年，第 285 页。

③ 《毛泽东选集》第 1 卷，北京：人民出版社，1991 年，第 285 页。

拿第一大〈次〉大战与现在的大战比”[①]。在这些论述中，毛泽东涉及传统形式逻辑关于概念明确、判断恰当、推理有逻辑性等方面的问题，但他并不囿于传统形式逻辑固定的理论表述，而是从实际思维出发，结合辩证逻辑的认识方法，对这些问题作出新的阐述。如在讲概念明确时，他不仅用定义法揭示“概念”这一概念的内涵，使人们明确了概念的实质，而且用“人民”这个具体概念说明概念的内涵和外延是随着客观事物的变化和发展不断地变化和发展的，这就跳出传统形式逻辑明确概念就是明确概念内涵与外延的说法，阐明了明确概念的内涵，要做多层次的辩证的分析；明确概念的外延，要注意概念的隶属关系和转化关系的逻辑思想。又如，在讲推理有逻辑性时，他强调指出类比推理的逻辑要求：类推须是实同类。这就是说，类比推理必须是根据两类（或两个）对象之间实质的某些相同情况推出另外某一情况也相同，而不能根据两对象之间表面的某些相同情况得出结论。他还举出革命、战争的实例说明违反这一逻辑要求就会出现“机械类比”的错误。这种认识表征了它既不限于传统形式逻辑对类比推理的形式要求，又活化了辩证逻辑对类比法形式与内容统一的原则。

毛泽东对逻辑规律和逻辑论证的论述，也是从传统形式逻辑和辩证逻辑的综合的角度进行的。他指出：“写文章要讲逻辑，就是要注意整篇文章、整篇说话的结构，开头、中间、尾巴要有一种关系，要有一种内部的联系，不要互相冲突。”[②]“一篇文章或一篇演说，如果是重要的带指导性质的，总得要提出一个什么问题，接着加以分析，然后综合起来，指明问题的性质，给以解决的办法，这样，就不是形式主义的方法所能济事。”[③]在前一段论述中，毛泽东涉及传统形式逻辑矛盾律的问题，提出矛盾律对文章的篇章结构的基本要求。但是，他并不是单纯地强调文章篇章结构形式上的要求，同时也明确提出文章篇章结构内容上的要求，即在结构形式上“不要互相冲突”，在结构内容上“要有一种内部的联系”，这就从形式内容的统一上说明了写文章要合乎逻辑规律的基本要求。在

① 中共中央文献研究室编：《毛泽东哲学批注集》，北京：中央文献出版社，1988年，第317页。

② 中共中央文献研究室编：《毛泽东著作专题摘编（下）》，北京：中央文献出版社，2003年，第1547页。

③ 《毛泽东选集》第3卷，北京：人民出版社，1991年，第839页。

后一段论述中,毛泽东讲传统形式逻辑的论证问题,“总得要提出一个什么问题”,即论证总得要有清楚的论题;“接着加以分析,然后综合起来,指明问题的性质,给以解决的办法”,即要用论据通过一定的论证方式说明论题。在这里,毛泽东所讲的论证,要解决传统形式逻辑的论证所涉及的事物“是什么”和“不是什么”的问题,也要解决“怎样做”和“不怎样做”的问题。这个过程,即提出问题到分析问题,再到解决问题的过程,又是辩证逻辑论证的过程。这是因为,只有根据问题的内部联系,应用辩证的矛盾分析方法,才能“指明问题的性质,给以解决的办法”。

毛泽东对思维形式、逻辑规律和逻辑论证的论述,都是从传统形式逻辑和辩证逻辑的综合的角度进行的。这种综合不是对原有的两种逻辑的简单重复或拼接,而是批判、舍弃其无效的、不合理的东西,吸收、保留其有效的、合理的东西,并以改造过的形式作为综合的条件。例如,毛泽东在论述概念明确的问题时就指出:“形式论理学①的错误在于把否定看作过程与过程间的外的否定,再则看作绝对的否定,这是完全不理解现实的看法。”②“所谓否定,如列宁所说:‘不是完全的否定及胡乱的否定,也不是怀疑的否定及混惑的否定,而是保存联结的因素,肯定的因素,即不伴有任何混惑、任何怀疑的因素的否定。’否定不是破坏一切,一刀两断,不是绝对的否定,而是先行的东西中间包含有后来的东西,后来的东西中间包含有先行的东西。”③在这里,毛泽东批判了传统形式逻辑对否定概念的认识,指出传统形式逻辑只是对否定概念作出间断的、凝固的认识,这是违背现实的。现实中的否定则是辩证的否定,即指事物自身内在地包含肯定因素的否定。这种认识采用了传统形式逻辑的定义形式和辩证逻辑的认识方法,正是以改造过的形式实现两种逻辑的综合的。又如,毛泽东在论述逻辑规律时指出:“形式论理所谓错误正是正确,而所谓正确正是错误。思想正

① 旧的译法,即形式逻辑学。

② 中共中央文献研究室编:《毛泽东哲学批注集》,北京:中央文献出版社,1988年,第119页。

③ 中共中央文献研究室编:《毛泽东哲学批注集》,北京:中央文献出版社,1988年,第121页。

带矛盾性，二者同时肯定正是对的。”[①]这就是“辩证论理[②]与形式论理的区别”。[③] 在这里，毛泽东批判了传统形式逻辑把思想矛盾性的矛盾双方看作绝对的相互排斥，承认一方就得否认另一方的观点，肯定了思想的矛盾性是由两个对立面组成的矛盾统一体，同时断定矛盾统一体中对立面之间相互否定的关系是对的，指出这是两种逻辑的一个区别点。毛泽东对思想的辩证矛盾性的认定，并没有违背传统形式逻辑的规则，出现逻辑矛盾，也是以新形式来实现两种逻辑的统一的。

毛泽东不仅对逻辑理论的论述，是从传统形式逻辑和辩证逻辑综合的角度进行的，而且对逻辑知识的运用，也是从这两种逻辑综合的角度进行的。

毛泽东在运用逻辑知识阐述他的认识论观点时，最集中地体现出他是从两种逻辑综合的角度进行的。1937 年，他在延安中国人民抗日军事政治大学讲授理论课时指出：“就人类认识运动的秩序说来，总是由认识个别的和特殊的事物，逐步地扩大到认识一般的事物。人们总是首先认识了许多不同事物的特殊的本质，然后才有可能更进一步地进行概括工作，认识诸种事物的共同的本质。当着人们已经认识了这种共同的本质以后，就以这种共同的认识为指导，继续地向着尚未研究过的或者尚未深入地研究过的各种具体的事物进行研究，找出其特殊的本质，这样才可以补充、丰富和发展这种共同的本质的认识，而使这种共同的本质的认识不致变成枯槁的和僵死的东西。这是两个认识的过程：一个是由特殊到一般，一个是由一般到特殊。人类的认识总是这样循环往复地进行的，而每一次的循环（只要是严格地按照科学的方法）都可能使人类的认识提高一步，使人类的认识不断地深化。”[④]毛泽东的这段话，是运用辩证逻辑的归纳与演绎的统一、分析与综合的统一等方法，又融合了传统形式逻辑的比较、分类、抽象、概括等方法，讲述人类认识的思维进程的。他从人的完整的认识过程出

---

① 中共中央文献研究室编：《毛泽东哲学批注集》，北京：中央文献出版社，1988 年，第 162 页。

② 旧的译法，现译辩证逻辑。

③ 参见中共中央文献研究室编：《毛泽东哲学批注集》，北京：中央文献出版社，1988 年，第 162 页。

④ 《毛泽东选集》第 1 卷，北京：人民出版社，1991 年，第 309—310 页。

发,把认识看作在实践的基础上归纳与演绎的统一的过程。在这一过程中,归纳是对经验事实的比较、分类、抽象和概括,演绎是对一般性认识的应用。归纳与演绎在认识过程中既是前后相继的,又是相互渗透和转化的。运用归纳与演绎的统一的方法,同时要求人们从特殊和一般的相互联结上把握认识的内部矛盾,分析认识的矛盾运动,既分析认识过程的两个阶段,又综合地把握认识过程的整体,即人类的认识往往由特殊到一般再到特殊的多次反复。毛泽东的这一认识,为人们如何综合运用逻辑方法提供了范例。

毛泽东在《实践论》《矛盾论》等著作中运用逻辑知识阐述认识论和辩证法的一般原理,都不是单独地使用某一种逻辑方法,而是把不同逻辑或同一逻辑的不同方法综合起来使用的。尽管在具体说明某一问题时,有时侧重于这一方法或那一方法的一个侧面,但是,他总是使各种逻辑方法在同一思维过程中相互联系地发挥作用。他在《中国革命战争的战略问题》《论持久战》等著作中,运用逻辑知识提出的关于中国革命发展、关于人民战争的许多原理,以及关于制定新民主主义革命的有关政策的原则等,深刻地揭示出中国革命和战争发展的客观规律性,同时也使传统形式逻辑方法和辩证逻辑方法的运用进一步具体化、生动化。

毛泽东逻辑思想之所以具有综合性,这是科学思维发展的需要和它发展的必然结果。当代科学思维的发展,日益强化了综合化、整体化的趋势。其主要表现在科学思维的内容不再仅仅是某个单一的客体或某类孤立的现象,而是要解决整体化性的大课题。与此相适应,各门科学知识日益相互渗透,融会贯通,它们之间泾渭分明的界限也逐渐淡化。这样,科学思维的发展就呈现一种统一的趋势,使得毛泽东逻辑思想有可能成为当代逻辑思想发展的综合产物。

二、毛泽东逻辑思想具有实践性

毛泽东的认识论思想,特别注重实践的作用。他把认识论思想中关于实践的科学概念引进了逻辑范畴,从而使他的逻辑思想区别于中国逻辑史上以往任何一种逻辑思想。

所谓"实践",即人们为生存和发展而进行的改造客观世界的活动。这种活动主要是指人的生产活动,也包括人在社会关系方面的活动。毛泽东指出:"社会实践的继续，使人们在实践中引起感觉和印象的东西反复了多次，于是在人们的脑子里生起了一个认识过程中的突变(即飞跃)，产生了概念。”[①]“概念、判断的形成过程，推理的过程，就是‘从群众中来’的过程……”[②]“认识受实践状态及社会历史所规定。”[③]“人的概念的每一差异，都应把它看作是客观矛盾的反映。客观矛盾反映人主观的思想，组成了概念的矛盾运动，推动了思想的发展，不断地解决了人们的思想问题。”[④]毛泽东的这些论述，表明他是把包括传统形式逻辑和辩证逻辑在内的逻辑概念、判断和推理，都看成是人们在长期的实践经验和思维经验中提炼纯化而来的思维形式，一切认识包括逻辑范畴都是一定社会历史条件下的产物，是认识发展到一定阶段的标志，逻辑思维本身是随着实践的发展而发展的。这是毛泽东逻辑思想中的一个极其深刻的思想。

以往的纯逻辑研究概念的内涵和外延、概念之间的内涵关系和外延关系、概念的形成、发展和转化等问题，没有从人类的社会实践入手，不能把实践的观点贯穿其中，而是凭主观的想象臆构出来或者通过纯形式的推演得出，这就不能不是一种脱离实际思维的学理。

实践是检验逻辑思维的标准的认识，在毛泽东逻辑思想中占有突出地位。毛泽东认为，实践是逻辑思维的基础，又是检验逻辑思维正确与否的标准。逻辑思维中的概念的真理性需要返回实践中接受检验。作为逻辑推论的前提的判断，其真理性也要靠实践来确证。逻辑思维过程的每一步都要用实践来检验。毛泽东正是从这种认识出发，坚持把他的逻辑思想同中国革命的实践结合起来，用中国革命实践的经验丰富和发展他的逻辑理论。他在全面、深入地考察了中国革命的历史和现状，获得大量材料的基础上，通过科学抽象，形成各种科学概念、范畴，并在把概念从抽象上升到具体的逻辑进程中得出中国革命不同阶段的规律性认识，从而使复杂的社会现象简明、清晰地表现为概念、范畴的理论体系。同时，他又以逻辑理论为指导，促进了中国革命实践的发展。正是

① 《毛泽东选集》第1卷，北京：人民出版社，1991年，第285页。

② 中共中央文献研究室、新华通讯社编：《毛泽东新闻工作文选》，北京：新华出版社，1983年，第206页。

③ 中共中央文献研究室编：《毛泽东哲学批注集》，北京：中央文献出版社，1988年，第71页。

④ 《毛泽东选集》第1卷，北京：人民出版社，1991年，第306页。

由于把逻辑理论和实践结合并不断概括、吸收新的科学成果、方法和手段，他才能够把逻辑理论的研究引向深入，并使逻辑自身的价值得到充分的体现而更富有生命力。

三、毛泽东逻辑思想具有可操作性

毛泽东重视研究和宣传逻辑，很重要的一个思想，就是要使逻辑成为人们改善思维、做好工作的一个有效工具。他从人们的思维实际出发，沿着工作的具体进程，抓住若干基本环节，总结出一些适应工作进程的逻辑应用的操作程序。

毛泽东在《关于纠正党内的错误思想》《反对本本主义》《总政治部关于调查人口和土地状况的通知》《〈农村调查〉的序言和跋》《关于农村调查》等文章中，专门论述了调查研究这种工作中的逻辑方法。从操作程序来看，他把调查和研究作为同一思维过程中前后相继的两个不同的阶段。调查即根据任务的需要，深入实际，深入群众，通过各种方式（如普通调查、重点调查、典型调查、抽样调查等）和各种具体方法（如召开调查会、个别访问、填写调查表等）广泛地了解情况，收集材料的阶段；研究则是对各种情况、资料和信息进行分析和综合，加工和整理，实现由现象到本质、由个别到一般、由经验到理论的阶段。调查和研究作为各自独立的两个阶段，其侧重点虽有不同，但要把它们联系起来进行操作。调查为手段，它是研究的前提和基础；研究则是目的，它使调查富有意义、成效和更加深入。无论是调查还是研究，都要先"认识其最简单最根本的性质，由此再进到深处"①。也就是说，先要在思维中解决对最一般性的最简单的问题的认识，然后再进入到对比较特殊、比较复杂一些的问题的认识，最后再进入到对更特殊、更复杂一些问题的认识。按照这样的程序操作，便能解决调查研究这种逻辑方法的实际应用问题。

毛泽东在《关于领导方法的若干问题》《关于健全党委制》《党委会的工作方法》等文章中，根据多年的领导工作经验，还提出领导和群众相结合、一船号召

① 中共中央文献研究室编：《毛泽东哲学批注集》，北京：中央文献出版社，1988 年，第 42 页。

和个别指导相结合、抓紧中心工作和同时开展其他工作相结合等许多工作中的逻辑方法,并把这些逻辑方法的操作程序讲述得很明确、很具体。例如,他在讲述领导和群众相结合的方法时就指出:“在我党的一切实际工作中,凡属正确的领导,必须是从群众中来,到群众中去。这就是说,将群众的意见(分散的无系统的意见)集中起来(经过研究,化为集中的系统的意见),又到群众中去作宣传解释,化为群众的意见,使群众坚持下去,见之于行动,并在群众行动中考验这些意见是否正确。然后再从群众中集中起来,再到群众中坚持下去,如此无限循环,一次比一次地更正确、更生动、更丰富。”[①]毛泽东制定的这种领导方法的操作程序,为中国共产党人尤其是党的领导干部工作的开展,解决了实际思维的规范化问题。

(本文原刊于《理论学刊》1993年第2期,收入本书时有改动)

① 《毛泽东选集》第3卷,北京:人民出版社,1991年,第899页。

毛泽东的辩证逻辑思想

——在马克思主义辩证逻辑史上

一段时间以来，理论界关于毛泽东辩证逻辑思想的讨论，引起理论工作者的广泛关注和积极参与。这一讨论促进了中国一般哲学形态的辩证逻辑学术研究的发展，但也暴露出在发展中存在的与马克思、恩格斯和列宁辩证逻辑思想比较研究不足的问题。因此，从马克思主义辩证逻辑史的角度研究毛泽东的辩证逻辑思想，仍是今天我们需要认真研究的问题。它对于丰富马克思主义辩证逻辑的思想宝库和指导人们现实的思维与工作，具有重大的意义。

一、毛泽东提出现实矛盾范畴，深化发展了科学的逻辑范畴理论

毛泽东在他的一系列著述中，多次提出现实矛盾的范畴。他指出，现实"矛盾即是运动，即是事物，即是过程，也即是思想"①，它是运动、事物、过程以及反映运动、事物、过程的思想自身所包含的"相互排斥又相互依赖"②的关系。

在客观现实中，现实矛盾是认识对象所固有的，应该给予正确的反映。毛泽东认为，人们的思想要正确地反映现实矛盾，就要全面地反映客观对象中矛盾双方既相互排斥又相互依赖的关系。"思想正带矛盾性，二者同时肯定正是对的。"③如果用判断来表述它，那就应该把矛盾双方的关系完整地展露于同一个判断里。如"放弃土地是为了保存军力，也正是为了保存土地"④；"我们是战争消灭论者，我们是不要战争的；但是只能经过战争去消灭战争，不要枪杆子必须拿起枪杆子"⑤；"同世界上一切事物无不具有两重性（即对立统一规律）一样，

① 《毛泽东选集》第1卷，北京：人民出版社，1991年，第319页。

② 中共中央文献研究室编：《毛泽东哲学批注集》，北京：中央文献出版社，1988年，第168页。

③ 中共中央文献研究室编：《毛泽东哲学批注集》，北京：中央文献出版社，1988年，第162页。

④ 《毛泽东选集》第2卷，北京：人民出版社，1991年，第508页。

⑤ 《毛泽东选集》第2卷，北京：人民出版社，1991年，第547页。

帝国主义和一切反动派也有两重性，它们是真老虎又是纸老虎”①。

毛泽东强调正确地反映现实矛盾，不仅要把矛盾双方的关系完整地表露于同一个判断里，而且要正视每对矛盾中一方如何以另一方为其存在条件，在何种条件下向自己的对立面转化，并阐明这些矛盾之间各种复杂的关系。如在抗日战争期间，毛泽东提出“消灭敌人，保存自己”是军事斗争的现实矛盾。为了解决这一矛盾，他全面、深刻地分析了制定和贯彻正确的战略战术原则所涉及的一系列矛盾，如优势与劣势、进攻与防御、整体与局部、主动与被动、内线与外线、主要与次要、持久战与速决战、阵地战与运动战，论述了这些矛盾各自对立面的结合、总的量变过程中的部分质变。同时，还阐明了这些不同的矛盾之间存在着纵横交错的关系，如防御中的局部进攻、整体持久战中的局部速决、内线中的外线，等等。

毛泽东多次提出现实矛盾的范畴并把它作为理论体系的基本范畴，有其社会和历史背景。只有把毛泽东关于现实矛盾的上述表述和思想观点放在当时和后来的社会与历史环境中考察，既指出它们产生的条件、原因和动机，又揭示它们与其他思想和社会、政治、经济、文化等的复杂关系，才能正确认识毛泽东提出和强调现实矛盾范畴的意义。

每一种科学理论都是由一系列范畴构成，形成一个范畴的系统。这些范畴各自在其系统中的地位和作用不同。其中，具有中心地位和主要作用的范畴是最基本的范畴。毛泽东研究和确立最基本的范畴，一开始就不是把它当成单纯的学理，而是把它与现实思维即与社会和历史紧密地联系起来，注重两个方面的问题：一是逻辑范畴在中国革命理论和实践中的作用问题；二是中国革命理论和实践本身提出和包含的逻辑范畴的问题。他认为，只有把这两方面的问题联系起来加以研究，才能对最基本的逻辑范畴在新的社会历史条件下的确立有一个大致正确的把握。基于这样的指导思想，他在强调逻辑范畴对中国革命理论和实践的作用的同时，也清楚地认识到中国革命理论和实践面临着许许多多的矛盾和困惑。为了合理地、有效地解决这些矛盾和困惑，他着力建立一个分

① 毛泽东：《关于帝国主义和一切反动派是不是真老虎的问题》，《人民日报》1977 年 9 月 11 日。

析现实矛盾的逻辑范畴体系。

对逻辑范畴理论的把握，毛泽东既强调不能离开社会历史的实际、社会历史的过程，又强调不能离开历史的继承。对马克思主义逻辑范畴理论的无视，就不是真正的社会历史主义的态度，因为科学的逻辑范畴理论是马克思、恩格斯以及列宁建立起来的。毛泽东在《实践论》《矛盾论》等著作中，继承了马克思、恩格斯以及列宁的科学范畴理论的成果，提出如何运用马克思主义的科学范畴理论去认识对象，获得具体性的知识。它包括：(1)掌握科学的逻辑范畴的主要内容，并运用它为认识对象的研究提出问题、指明目的、寻找道路。毛泽东提出现实矛盾范畴，并以此作为其理论基石，他的整个辩证逻辑理论就是建立在“现实矛盾”范畴基础之上的，“现实矛盾”是他辩证逻辑理论体系的逻辑起点。全部辩证逻辑理论的范畴乃至全部辩证逻辑原理都是由“现实矛盾”的范畴展开和派生出来的。(2)深入调查，掌握材料。问题提出以后，根据问题对对象作周密细致的调查，全面、具体、系统地掌握有关对象的经验材料，而不是根据范畴作空洞无据的推论。(3)根据已有的经验材料，进行比较、分类、分析、综合、演绎、归纳等思维活动，作出正确的思维抽象，形成反映研究对象的新的范畴，然后再考察新范畴之间的对立统一的关系，在确定范畴关系的基础上进行排列组合，通过引申和推演的逻辑方法，从抽象上升为具体，实现具体在思维中的再现。这种范畴化的认识道路，正是寻找具体真理的道路。它体现了辩证思维的逻辑进程，深化了马克思主义的科学的逻辑范畴理论。

二、毛泽东倡导比较研究逻辑的方法，为辩证逻辑的发展提供了支持

20 世纪 30 年代，伴随我国逻辑界对形式逻辑的研究，恩格斯、列宁著作中的辩证逻辑开始在国内传播。当时一些人在接受和探讨辩证逻辑知识的同时，倾向于否定传统形式逻辑，认为传统形式逻辑就是形而上学。这种思潮不仅困扰了传统形式逻辑学研究的深入发展，而且在意识形态方面也产生了一些分歧。对此，毛泽东十分关注。为了澄清思想认识，他对传统形式逻辑和辩证逻辑作了大量、深入的比较研究，并积极倡导这种比较研究逻辑的方法。

毛泽东认为，对于传统形式逻辑不应当采取一概否定和排斥的态度。传统形式逻辑与辩证逻辑或现实思维既有相抵牾的一面，也有相契合的一面。凡与

辩证逻辑或现实思维相抵牾的，就应当抛弃它或改造它；凡与辩证逻辑或现实思维相契合的，就应当保留它和发展它。他指出："形式论理（旧的译法，即形式逻辑——引者注）所谓错误正是正确，而所谓正确正是错误。思想正带矛盾性，二者同时肯定是对的。"这是"辩证论理（旧的译法，即辩证逻辑——引者注）与形式论理的区别"[①]。在这里，毛泽东批判了传统形式逻辑把思想矛盾性的双方看作是绝对的相互排斥，承认一方就否认另一方的观点，肯定了思想的矛盾性是两个对立面组成的矛盾统一体，同时断定矛盾统一体中对立面之间相互否定的关系是对的。他还指出，"形式论理学的错误在于把否定看作过程与过程间的外的否定，再则看作绝对的否定，这是完全不理解现实的看法"[②]，"所谓否定，如列宁所说：'不是完全的否定及胡乱的否定，也不是怀疑的否定及混惑的否定，而是保存联结的因素，肯定的因素，即不伴有任何混惑、任何怀疑的因素的否定'。否定不是破坏一切，一刀两断，不是绝对的否定，而是先行的东西中间包含有后来的东西，后来的东西中间包含有先行的东西"。[③] 在这里，毛泽东批判了传统形式逻辑对否定概念的认识，指出传统形式逻辑只是对否定概念作出间断的、凝固的认识，这是违背现实的。现实中的否定则是辩证的否定，即指事物自身内在的包含着肯定因素的否定。毛泽东对传统形式逻辑的否定，只是在与辩证逻辑的比较研究中对传统形式逻辑某些僵化认识的否定，而不是对整个传统形式逻辑的否定。他充分肯定过作为一门学科的传统形式逻辑，专门论述了传统形式逻辑与辩证逻辑的关系，认为不宜把它们的关系就比作低等数学和高等数学的关系。1965 年，他明确指出："说形式逻辑好比低级数学，辩证逻辑好比高等数学，我看不对。形式逻辑是讲思维形式的，讲前后不相矛盾的。它是一门专门科学，同辩证法不是什么初等数学和高等数学的关系。数学有算术、代数、几何、微分积分，它包括许多部分。形式逻辑却是一门专门科学。任

---

① 胡曲园：《略论形式逻辑和辩证逻辑的一致》，《光明日报》1987 年 8 月 17 日。

② 中共中央文献研究室编：《毛泽东哲学批注集》，北京：中央文献出版社，1988 年，第 119 页。

③ 中共中央文献研究室编：《毛泽东哲学批注集》，北京：中央文献出版社，1988 年，第 121 页。

何著作都要用形式逻辑,《资本论》也要用。”①

毛泽东倡导比较研究逻辑方法,不只是限于对传统形式逻辑和辩证逻辑作大量、深入的比较研究,而且把唯物辩证法与逻辑学和认识论作了认真、有见的比较研究。他在《辩证唯物论(讲授提纲)》中指出:“唯物辩证法与任何其他科学一样,有它的研究对象,这个对象便是自然、历史和人类思维之最一般的法则。”“在哲学对象中还要解决一个问题,就是辩证法、论理学及认识论的一致性问题。”“唯物辩证法是惟一科学的认识论,也是惟一科学的论理学。唯物辩证法研究吾人对外界认识的发生及发展,研究由不知到知、由不完全的知到更完全的知的转移,研究自然及社会的发展法则在人类头脑中日益深刻和日益增多的反映,这就是唯物辩证法和认识论的一致。唯物辩证法研究客观世界最一般的发展法则,研究客观世界最发展的形态在思维中的反映形态,这就是唯物辩证法研究现实事物的各过程及各现象的发生发展消灭及相互转化的法则,同时又研究反映客观世界的人类思维的形态,这就是唯物辩证法与论理学的一致。”②毛泽东阐发的唯物辩证法与逻辑学和认识论的一致性原理,既是对恩格斯、列宁提出的逻辑学与辩证法和唯物主义认识论的一致性原理的诠释,又是对马克思主义著作阐明的一般哲学形态的辩证逻辑重要原理的发展。

当时中国引进的马克思著作主要阐明一般哲学形态的辩证逻辑研究对象、学科性质和作用的原理。其中,最主要的是阐明逻辑与唯物辩证法和唯物主义认识论的一致性原理。毛泽东成为诠释、发展这一原理的主要人物。恩格斯和列宁表述三者的一致性原理中的“同一”是与差异相比较而言的或有条件的。恩格斯说,思维规律与客观事物规律“在本质上是同一的,但是在表现上是不同的,这是因为人的头脑可以自觉地应用这些规律,而在自然界中这些规律是不自觉地、以外部必然性的形式、在无穷无尽的表面的偶然性中实现的,而且到现在为止,在人类历史上多半也是如此”③。列宁说:“在《资本论》中,唯物主义的

① 龚育之等:《毛泽东的读书生活》,北京:生活·读书·新知三联书店,1986年,第131页。

② 中共中央文献研究编:《毛泽东著作专题摘编(上)》,北京:中央文献出版社,2003年,第28—29页。

③ 《马克思恩格斯选集》第4卷,北京:人民出版社,1995年,第243页。

逻辑、辩证法和认识论[不必要三个词：它们是同一个东西]都应用于一门科学。”①由此可见，恩格斯论述逻辑学与唯物辩证法和唯物主义认识论的一致性原理，阐明的是三者在本质上是一致的，但其表现形态各异。

列宁则是从实际应用的角度，说明三者的一致性。毛泽东根据恩格斯和列宁三者一致性原理的基本精神，从合理、有效地界定唯物辩证法的研究对象的角度，提出三者一致性原理，旨在强调唯物辩证法不能不研究认识论和逻辑学问题，批判形而上学的宇宙观、方法论、认识论和逻辑观。毛泽东阐发的这一观点对丰富和发展唯物辩证法理论，克服形而上学的宇宙观、方法论、认识论和逻辑观，具有重要的指导和促进作用，在中国早期的辩证逻辑理论研究中一直占有主导地位。

毛泽东不仅自己坚持用比较研究逻辑的方法研究逻辑问题，而且尽可能创造条件推行这种研究方法。他在中华人民共和国建立后，抓了传统形式逻辑和辩证逻辑文集的编辑、出版和发行工作。1957 年，他邀见复旦大学的周谷城教授、北京大学的金岳霖教授和中国人民大学的王方名教授，谈论了辩证逻辑和形式逻辑的著译等有关问题。1959 年，他提出重新印行《逻辑指要》一书。该书是时任全国人大常委会委员章士钊旧时写的一部中国逻辑史的专著。毛泽东看完后说：“吾意此足为今日参考资料，宜于印行。”②他还为章士钊修改后的这部旧著代拟了重印说明，该书很快被中共中央政治研究室收入《逻辑丛刊》，由生活·读书·新知三联书店再版。同年，毛泽东还指示汇编印发其他比较重要的逻辑学著译。他说：“我有兴趣的，首先是中国近几年和近数十年关于逻辑的文章、小册子和某些专著（不管内容如何），能早日汇编印出，不胜企望！”③当他收到并看完时任中共中央马克思恩格斯列宁斯大林著作编译局副局长的姜椿芳等同志编辑的《逻辑学论文集》第一集到第六集时，很满意，说：“姜椿芳同志的介绍甚为有益，书目搜编也是用了功的。”④由于毛泽东抓出两种逻辑书，在中国逻辑界、理论界迅速形成了比较学习逻辑、研究逻辑的风气。短短几年的时

① 《列宁全集》第 55 卷，北京：人民出版社，1990 年，第 290 页。
② 中共中央文献研究室编：《毛泽东书信选集》，北京：人民出版社，1983 年，第 561 页。
③ 中共中央文献研究室编：《毛泽东书信选集》，北京：人民出版社，1983 年，第 564 页。
④ 中共中央文献研究室编：《毛泽东书信选集》，北京：人民出版社，1983 年，第 564 页。

间，对若干逻辑理论问题特别是有重大现实意义的逻辑理论问题的讨论有了很大的进展，学术成果累累，出现了前所未有的繁荣景象。

三、毛泽东制定逻辑应用的操作程序，推动了辩证逻辑的普及

对于逻辑理论的应用，毛泽东不是采取逻辑原理加逻辑实例的简单做法，而是把辩证逻辑理论与思维实际有机地融合在一起，其目的在于运用逻辑这个工具，去解决实际思维的规范化和程序化的问题，借以提高思维主体的工作效率。他从人们的思维实际出发，沿着工作的具体进程，抓住若干基本环节，制定了一些适应工作进程的逻辑应用操作程序。

毛泽东在他撰写的《关于纠正党内的错误思想》《反对本本主义》《总政治部关于调查人口和土地状况的通知》《〈农村调查〉的序言和跋》《关于农村调查》等文章中，专门论述了调查研究这种工作中的逻辑方法。从操作程序来看，他把调查和研究作为同一思维过程中前后相继的两个不同的阶段。调查即根据任务的需要，深入实际，深入群众，通过各种方式（如普通调查、重点调查、典型调查、抽样调查等）和各种具体方法（如召开调查会、个别访问、填写调查表等）广泛地了解情况，收集材料的阶段；研究则是对各种情况、资料和信息进行分析和综合、加工和整理，实现由现象到本质、由个别到一般、由经验到理论的阶段。调查和研究作为各自独立的两个阶段，其侧重点虽有不同，但不能把它们分隔开来进行操作。调查为手段，它是研究的前提和基础；研究则是目的，它使调查富有意义、成效和更加深入。无论调查还是研究，都要先“认识其最简单最根本的性质，由此再进到深处”①。也就是说，先要在思维中解决对最一般性的最简单的问题的认识，然后进入比较特殊、比较复杂的一些问题的认识，最后进入更特殊、更复杂一些问题的认识。按照这样的程序操作，便能解决调查研究这种逻辑方法的实际应用问题。

毛泽东在《关于领导方法的若干问题》《关于健全党委制》《党委会的工作方法》等文章中，根据多年的领导工作经验，还提出领导和群众相结合、一般号召

---

① 吴宜、温宪祝编：《毛泽东读书与写文》，北京：中共中央党校出版社，1993 年，第 42 页。

和个别指导相结合、抓紧中心工作和同时开展其他工作相结合等许多工作中的逻辑方法，并把这些逻辑方法的操作程序讲述得很明确、很具体。他在讲述领导和群众相结合的方法时就指出："在我党的一切实际工作中，凡属正确的领导，必须是从群众中来，到群众中去。这就是说，将群众的意见（分散的无系统的意见）集中起来（经过研究，化为集中的系统的意见），又到群众中去作宣传解释，化为群众的意见，使群众坚持下去，见之于行动，并在群众行动中考验这些意见是否正确。然后再从群众中集中起来，再到群众中坚持下去。如此无限循环，一次比一次地更正确、更生动、更丰富。"[①]毛泽东制定的这种行之有效的领导方法的操作程序，为中国共产党人尤其是党的干部的领导工作的开展，解决了实际思维的规范化问题。

（本文原刊于《齐鲁学刊》2003 年第 5 期，收入本书时有改动）

① 《毛泽东选集》第 3 卷，北京：人民出版社，1991 年，第 899 页。

毛泽东逻辑观念的嬗变及其意义

一、毛泽东早期的逻辑观念

毛泽东早期的逻辑观念，首先是指他青年时代关于逻辑的知识。1912 年秋，年仅 19 岁的毛泽东在湖南省立图书馆自学期间，对中国近代资产阶级启蒙思想家严复翻译的《穆勒名学》和《名家浅说》两本逻辑书特别感兴趣。这两本书着重介绍了弗朗西斯科·培根的逻辑方法——经验归纳法。这种逻辑方法对毛泽东启发很大。演绎法从原则出发进行推论，往往造成独断专行；而归纳法从经验入手，往往能使人解放思想，得到新启示。因此，毛泽东 1919 年就大声疾呼："学术的研究，最忌演绎式的独断态度。"① 20 世纪 30 年代，毛泽东研读了大量的包括涉及逻辑问题的哲学著作，并作了许多批注。他在读西洛可夫、爱森堡合著，李达、雷仲坚合译的《辩证法唯物论教程》一书所作的批注中指出："形式论理学的错误在于把否定看作过程与过程间的外的否定，再则看作绝对的否定，这是完全不理解现实的看法。"②在这里，他是把批评形而上学的否定观的内容加之于形式逻辑了。毛泽东在读米丁等著《辩证唯物论与历史唯物论》(上册)所作的批注中还指出："形式论理学所谓错误正是正确，而所谓正确正是错误。"③1937 年七八月，他完成了《矛盾论》初稿，其中有"形式论理的同一律与辩证的矛盾律"一节，这一节批评了形式论理学的同一律的客观基础，从根本上混淆了形式论理学与形而上学的界限。

毛泽东早年对形式逻辑的一些问题产生误解，主要是受当时苏联哲学教科书的影响。1930 年苏联哲学界开展反德波林学派的斗争以后出版的哲学著作，

---

① 中共中央文献研究室、中共湖南省委《毛泽东早期文稿》编辑组编：《毛泽东早期文稿》，长沙：湖南人民出版社，1990 年，第 368 页。

② 中共中央文献研究室编：《毛泽东哲学批注集》，北京：中央文献出版社，1988 年，第 119 页。

③ 中共中央文献研究室编：《毛泽东哲学批注集》，北京：中央文献出版社，1988 年，第 162 页。

都是把形式逻辑等同于形而上学，主张用辩证法取代或改造形式逻辑。这种认识导源于黑格尔哲学以及马克思主义经典著作的一些观点。黑格尔肯定形式逻辑是“有限思维的形式的知识”[①]，但他也认为形式逻辑与经院哲学的形而上学“合流了”[②]。受这一思想的影响，恩格斯在批判形而上学抽象同一性时，批判了“旧形而上学意义上的同一律是旧的观点的基本原理：a=a，每一事物都与自身同一”[③]。

这里的同一律，也经常被人们误解为形式逻辑的同一律。列宁在批评布哈林的“一方面，另一方面”的折中主义错误时，对形式逻辑的作用作了限定，认为：“形式逻辑——在中小学里只讲形式逻辑，在这些学校低年级里也应当只讲形式逻辑（但要作一些修改）——根据最普通的或最常见的事物，运用形式上的定义，并以此为限。如果同时运用两个或更多的不同的定义，把它们完全偶然地拼凑起来（既是玻璃圆筒，又是饮具），那么我们所得到的是一个仅仅指出事物的不同方面的折中主义的定义。”[④]这也往往使人们把形式逻辑误解为折中主义的诡辩。在相当长的一个时期，由于马克思主义经典作家对形式逻辑上述问题的看法一直占上风，作为马克思主义经典著作读者的毛泽东不能不受到这种认识的影响。

毛泽东早期的逻辑意识，不但是指他早年关于逻辑的知识，也包括他早年遵守逻辑的愿望和习惯。1920 年 11 月 26 日，毛泽东在给新民学会会员罗学瓒的一封信中，提出实际思维和表达中常见的四种“论理的错误”：以感情论事，时间上以偏概全，空间上以偏概全，以主观概客观。他说：“我自信我于后三者的错误尚少，惟感情一项，颇不能免……我于后三者，于说话高兴时或激烈时也常时错误，不过自己却知道是错误，所谓明知故犯罢了。”[⑤]这说明毛泽东早年不仅对逻辑知识勤学善思，掌握其要领，而且能在实际运用中活化逻辑知识。他既能在独立思考问题时用逻辑约束自己，又能在互相交流时用逻辑宣示于人。

---

① [德]黑格尔：《小逻辑》，贺麟译，北京：商务印书馆，1980 年，第 73 页。

② [德]黑格尔：《小逻辑》，贺麟译，北京：商务印书馆，1980 年，第 78 页。

③ 《马克思恩格斯选集》第 4 卷，北京：人民出版社，1995 年，第 321 页。

④ 《列宁选集》第 4 卷，北京：人民出版社，1995 年，第 419 页。

⑤ 中共中央文献研究室、中共湖南省委《毛泽东早期文稿》编辑组编：《毛泽东早期文稿》，长沙：湖南人民出版社，1990 年，第 566 页。

二、毛泽东逻辑观念的转变

毛泽东在长期学习、研究形式逻辑和对形式逻辑的实际运用中，逐渐转变、发展了自己的逻辑观念。其中，最为主要的有以下几点。

（一）提出扬弃性的逻辑研究原则

1938年3月25日，毛泽东在《读书日记》中写道："潘梓年同志寄来了他所作一册《逻辑与逻辑学》，本日看至93页，颇为新鲜。"①三天后他读完了这本书。该书是1937年10月出版的。它把逻辑分成方法论（逻辑学）与技术论（逻辑术）两部分，着重论述了形式逻辑与辩证法的关系，提出形式逻辑中的一些内容反映出哲学上的形而上学的世界观，应当用辩证法予以纠正。毛泽东重视并接受了这一新见解，认为潘梓年用辩证法扬弃形式逻辑，把形式逻辑推论法中的概念、命题、演绎三段论和穆勒归纳五法以及统计与概率法等，以改造过的形式存留下来，是可取的。把形式逻辑混同于形而上学或辩证法，必然导致抛弃形式逻辑。而潘梓年试图在"方法论"和"技术论"名义下把形式逻辑与形而上学、辩证法区分开来，并把形式逻辑与辩证法结合起来，各司其职，共同作用于思维实际。这与当时苏联盛行的全盘否定形式逻辑的看法和做法截然不同。因此，毛泽东提出辩证法包括辩证逻辑应"包摄，吸收，扬弃形式逻辑"②。这种逻辑研究原则的确定，标志着毛泽东逻辑观念出现一个转机。他不仅把形式逻辑同辩证法包括辩证逻辑区分开来，而且承认了形式逻辑有合理之处，是辩证法包括辩证逻辑的一个要素。

（二）倡导批判性的逻辑研究方法

毛泽东把哲学思想方法贯穿到逻辑研究方法，主张逻辑理论不断建立又不断批判，建立是为了认识现实，批判是为了消除认识的谬误和僵化。毛泽东就敢于承认自己逻辑理论中的失误。例如，他在1937年写的《矛盾论》中"形式论理的同一律与辩证的矛盾律"一节专门表述了形式逻辑就是形而上学的观点，

---

① 中共中央文献研究室、中共湖南省委《毛泽东早期文稿》编辑组编：《毛泽东早期文稿》，长沙：湖南人民出版社，1990年，第282页。

② 中共中央文献研究室编：《毛泽东哲学批注集》，北京：中央文献出版社，1988年，第197页。

对形式逻辑作了类似于苏联教科书那样的批评。后来,党中央着手编辑整理出版《毛泽东选集》时,毛泽东于1951年3月8日给田家英等人写信,指出《矛盾论》中"论形式逻辑的后面几段,词意不达,还须修改"[①]。在《矛盾论》正式发表时,按照毛泽东本人的建议,把"形式论理的同一律与辩证的矛盾律"一节全部删去。由于毛泽东倡导了批判性的逻辑研究方法,在当时学术界带了一个好头,许多逻辑工作者和理论工作者开始反思自己的学术思想,推动了逻辑理论研究的深入发展。

(三)论述根本性的逻辑理论问题

毛泽东对形式逻辑的一系列带根本性的问题作了精辟的论述。这些问题主要有以下几个方面。

1. 关于形式逻辑的对象和性质

针对20世纪50年代逻辑论争的焦点,毛泽东在同周谷城的一次谈话中说,形式逻辑"是一门独立学问,大家都要学一点"[②]。1961年1月4日,毛泽东在同何其芳谈论中国科学院文学研究所选编的《不怕鬼的故事》的序文时说:"逻辑学是管写文章前后不矛盾,至于大前提正确与否,那是各种学科的问题,天文、地理、自然科学、社会科学等等,逻辑学哪能管那样多。"[③]同年夏天,毛泽东在庐山同李达的一次谈话中又说:"形式逻辑只管形式,从错误的前提推出错误的结论,在形式上可以是正确的。"[④]1965年12月,毛泽东在一次谈话中还说:"形式逻辑是讲思维形式的,讲前后不相矛盾的。""形式逻辑对大前提是不管的,要管也管不了。那得由各门科学来管。"[⑤]他还举例说"国民党"的和"共产党"的两个内容上互相对立的三段论,但在形式上"两者都是合乎形式逻辑的"[⑥]。

---

① 龚育之等:《毛泽东的读书生活》,北京:生活·读书·新知三联书店,1986年,第120页。

② 《毛泽东同志八十五诞辰纪念文选》,北京:人民出版社,1979年,第190页。

③ 何其芳:《毛泽东之歌》,《人民文学》1977年第9期。

④ 陈立新、李梅彬:《毛泽东同志和李达同志的友谊》,《光明日报》1978年12月23日。

⑤ 龚育之等:《毛泽东的读书生活》,北京:生活·读书·新知三联书店,1986年,第131页。

⑥ 沙青:《毛泽东与逻辑方法论——纪念毛泽东诞辰100周年》,《河北学刊》1993年第6期。

1959年,章士钊在其旧著《逻辑指要》再版的说明中讲到毛泽东把逻辑研究看作学问之事,是一门没有阶级性的工具性的学科。他说:“北京解放后,一日,主席毛公忽见问曰:‘闻子于逻辑有著述,得一阅乎?’予蹴躇答曰:‘此书印于重庆,与叛党有关,吾以此上呈一览,是侮公也,乌乎可?’公答曰:‘此学问之事,庸何伤!’”①毛泽东的这些谈话,突破了教条主义极“左”思潮对学术界的束缚,深刻地揭示了形式逻辑的对象和性质,而在此以前的马克思主义经典作家还未涉及这个问题。

2. 关于形式逻辑与辩证逻辑的关系

恩格斯曾把形式逻辑与辩证逻辑的关系比作初等数学和高等数学的关系。他在《自然辩证法》中把使用“固定不变的范畴”比喻为“逻辑的初等数学”。在《反杜林论》中又说:“初等数学,即常数数学,是在形式逻辑的范围内运作的,至少总的说来是这样;而变数的数学——其中最重要的部分是微积分——本质上不外是辩证法在数学方面的运用。”②毛泽东却认为形式逻辑与辩证法(包括辩证逻辑)的关系,不是同一门科学的“低级阶段”与“高级阶段”的关系,而是专门科学与哲学世界观、方法论的关系。1965年12月,毛泽东在杭州的一次谈话中说:“说形式逻辑好比低级数学,辩证逻辑好比高等数学,我看不对。形式逻辑是讲思维形式的,讲前后不相矛盾的。它是一门专门科学,同辩证法不是什么初等数学和高等数学的关系。数学有算术、代数、几何、微分积分,它包括许多部分。形式逻辑却是一门专门科学。任何著作都要用形式逻辑,《资本论》也要用。”③

毛泽东不仅认为形式逻辑与辩证法(包括辩证逻辑)有区别,也认为它们有联系。这主要表现在:形式逻辑是辩证法的一要素,就像中庸思想也是辩证法的一个要素一样。他说:中庸思想“只是辩证法的一要素,如同形式论理之同一

① 龚育之等:《毛泽东的读书生活》,北京:生活·读书·新知三联书店,1986年,第143页。

② 《马克思恩格斯选集》第4卷,北京:人民出版社,1995年,第477页。

③ 龚育之等:《毛泽东的读书生活》,北京:生活·读书·新知三联书店,1986年,第131页。

律只是辩证法一要素一样，而不是辩证法”①。

毛泽东的上述见解，突破了马克思主义经典著作关于形式逻辑与辩证逻辑关系问题的一个误区，全面而深刻地阐明了形式逻辑与辩证逻辑的关系。毛泽东不把形式逻辑与辩证逻辑的关系看成是“低等数学”与“高等数学”的关系，是经过认真思考的。因为初等和高等之分，只能是就同一门科学两个不同发展阶段来讲的，而形式逻辑与辩证逻辑是性质不同的两门科学，即具体科学与哲学科学的关系。毛泽东在论述中直接用“辩证法”置换“辩证逻辑”，旨在强调辩证逻辑实质上就是辩证法。即使把辩证逻辑作为逻辑科学而言，虽然它和形式逻辑在一定意义上属于同一系列的科学，但因它们的研究对象、研究方法均不相同，也就无所谓高等和初等了。毛泽东关于形式逻辑与辩证法关系的见解，澄清了学术界许多人对形式逻辑这门学科地位的认识，解决了当时逻辑学界争论的一个最根本的问题。

3. 关于形式逻辑的作用

形式逻辑具有论证作用，这在学术界无疑可问。但是，对于形式逻辑是否具有认识作用，则在学术界一直未能达成共识。恩格斯认为，“甚至形式逻辑也首先是探寻新结果的方法，由已知进到未知的方法”，而不是“单纯证明的工具”②。毛泽东对此则另有见解，认为用形式逻辑是得不出多少新知识的，当然可以推论，但是结论实际上包含在大前提里面。1961 年初，毛泽东在一次谈话中讲到形式逻辑的作用时说：“逻辑就是管写文章前后不矛盾。”当时有人插话说：“欧几里德的几何学虽然也是演绎法，却不是对于实际用处很大，可以从已知推未知，从地球圆周推到地球直径。”毛泽东对此解释说：“这个未知还是包括在已知之内。”③毛泽东对形式逻辑作用问题所阐述的理论观点，在我国逻辑界产生了深远的影响。

---

① 中共中央文献研究室编：《毛泽东哲学批注集》，北京：中央文献出版社，1988 年，第 380 页。

② 《马克思恩格斯选集》第 3 卷，北京：人民出版社，1995 年，第 477 页。

③ 《毛泽东接见何其芳时的谈话(1961 年 1 月 4 日)》，《人民文学》1977 年第 7 期。

三、毛泽东逻辑观念转变和发展的意义

(一)肯定了形式逻辑的学科地位

20世纪30年代,我国逻辑界主要研究传统形式逻辑,恩格斯、列宁著作中提到的辩证逻辑开始在国内传播。当时一些人在接受和探讨辩证逻辑知识的同时,倾向否定传统形式逻辑,认为传统形式逻辑就是形而上学。这种思潮不仅困扰了形式逻辑学研究的深入发展,而且在意识形态方面也产生了一些分歧。对此,毛泽东十分关注。为了澄清思想认识,他对形式逻辑和辩证逻辑作了大量、深入的比较研究,并发表了个人的学术观点。

毛泽东认为,对于形式逻辑不应当采取一概否定和排斥的态度。传统形式逻辑与辩证逻辑或现实思维有相抵牾的一面,也有相契合的一面。凡与辩证逻辑或现实思维相抵牾的,就应当抛弃它或改造它;凡与辩证逻辑或现实思维相契合的,就应当保留它和发展它。毛泽东批判了传统形式逻辑把思想矛盾性的矛盾双方看作是绝对的相互排斥,承认一方就否认另一方的观点,肯定了思想的矛盾性是由两个对立面组成的矛盾统一体,同时断定矛盾统一体中对立面之间相互否定的关系是对的。他认为:“所谓否定,如列宁所说:‘不是完全的否定及胡乱的否定,也不是怀疑的否定及混惑的否定,而是保存联结的因素,肯定的因素,即不伴有任何混惑、任何怀疑的因素的否定’。否定不是破坏一切,一刀两断,不是绝对的否定,而是先行的东西中间包含有后来的东西,后来的东西中间包含有先行的东西。”[①]在这里,毛泽东批判了传统形式逻辑对否定概念的认识,指出传统形式逻辑只是对否定概念作出间断的、凝固的认识,这是违背现实的。现实中的否定则是辩证的否定,即指事物自身内在的包含着肯定因素的否定。毛泽东对传统形式逻辑的否定,只是在与辩证逻辑的比较研究中对传统形式逻辑某些僵化认识的否定,而不是对整个传统形式逻辑的否定。他充分肯定了作为一门学科的传统形式逻辑,专门论述了传统形式逻辑与辩证逻辑的关系,认为不宜把它们的关系就比作是初等数学和高等数学的关系。这是因为,

---

① 中共中央文献研究室编:《毛泽东哲学批注集》,北京:中央文献出版社,1988年,第121页。

传统形式逻辑是一门专门研究思维形式的科学，它与反映认识对象发展规律的辩证逻辑不同。

毛泽东关于形式逻辑同辩证法关系的一系列讲话，充分肯定了形式逻辑的学科地位，澄清了把形式逻辑误作初等逻辑的观点，清除了20世纪30年代前后把形式逻辑当成形而上学加以否定的极“左”思想的流毒，为形式逻辑的发展铺平了道路。

(二)明确了形式逻辑的研究对象

20世纪50—60年代，我国理论界对于形式逻辑的研究对象问题争论很大。一种观点主张形式逻辑应该结合思维内容研究思维形式。只管推理形式的对错，不管构成推理的命题的真假，就是形式主义的观点。另一种观点主张形式逻辑应该撇开思维内容研究思维形式。毛泽东多次明确表态，不赞成前一种观点。60年代初，他分别对何其芳、李达阐明形式逻辑不管推理的内容真假，而只管推理形式的有效与否。他还对周谷城说：“formal logic(指形式逻辑——引者注)本来就是formal(形式的——引者)。”①毛泽东把前提的真假与推理形式的对错明确地区分开来，实际上批评了那些认为形式逻辑不管内容真假就是一种形式脱离内容、理论脱离实际的观点。

对于形式逻辑的研究对象，毛泽东还认为不应包括充足理由律。1965年12月，他说：“什么充足理由律？我看没有什么充足理由律。不同的阶级有不同的理由。哪一个阶级有充足理由？”②这就是说，形式逻辑作为研究思维形式及其规律的科学，不应吸纳充足理由律，因为不同阶级在阐述同一论点时，会由于阶级立场的不同而提出不同的理由。由于毛泽东明确提出形式逻辑不管大前提的内容，只研究推理形式的正当性，逻辑规律不包容充足理由律，这种关于传统形式逻辑研究对象的正确界定，为人们正确认识传统形式逻辑正本清源，保证了这门学科研究对象的确定性。

---

① 龚育之等：《毛泽东的读书生活》，北京：生活·读书·新知三联书店，1986年，第131页。

② 龚育之等：《毛泽东的读书生活》，北京：生活·读书·新知三联书店，1986年，第137页。

(三)推动了形式逻辑的传播和普及

17世纪30年代,传统形式逻辑由明代的李之藻译介入中国。但限于当时中国的社会条件,传统形式逻辑没有也不可能传播开来。随着新文化运动的发展,传统形式逻辑再次引入我国,第一次形成大规模的传播高潮。1950年后,随着苏联传统逻辑教材的引进,我国出现第二次大规模逻辑的传播和普及高潮。

毛泽东逻辑观念的转变,直接有力地推动了这一次大规模的逻辑传播和普及高潮。

毛泽东在许多重要的讲话和文件中,都强调逻辑在说话、写文章中的作用,号召广大干部和群众学逻辑、用逻辑。1952年2月,他在审定《中共中央关于纠正电报、报告、指示、决定等文字缺点的指示》时指出:"有些写得好的报告,虽然篇幅颇长,却能引人阅读,使人不厌其长。有些写得不好的报告,虽然篇幅不长,却使人难看。这里的区别就在是否有条理,是否说空话和是否合文法。"①其中的"是否有条理"就是指是否有逻辑层次和逻辑顺序。1955年10月,毛泽东在中国共产党第七届中央委员会扩大的第六次全体会议上的讲话中指出:"写文章要讲逻辑。就是要注意整篇文章、整篇说话的结构,开头、中间、尾巴要有一种关系,要有一种内部的联系,不要互相冲突"。②这是讲逻辑规律方面的知识,提出矛盾律对文章的篇章结构的基本要求。1958年2月,毛泽东在《工作方法六十条(草案)》中指出:"文章和文件都应当具有三种性质:准确性、鲜明性、生动性。准确性属于概念、判断和推理问题,这些都是逻辑问题。鲜明性和生动性,除了逻辑问题以外,还有词章问题。现在许多文件的缺点是:第一,概念不明确;第二,判断不恰当;第三,使用概念和判断进行推理的时候又缺乏逻辑性;第四,不讲究词章。看这种文件是一场大灾难,耗费精力又少有所得。一定要改变这种不良的风气。"③可见,毛泽东非常痛恨逻辑不通的现象。他多次号召人们尤其是干部学点逻辑,并且明确指出:"概念的形成过程,判断的形成过

① 中共中央文献研究室、新华通讯社编:《毛泽东新闻工作文选》,北京:新华出版社,1983年,第167页。

② 中共中央文献研究室编:《毛泽东著作专题摘编(下)》,北京:中央文献出版社,2003年,第1547页。

③ 中共中央文献研究室、新华通讯社编:《毛泽东新闻工作文选》,北京:新华出版社,1983年,第207页。

程，推理的过程，就是调查和研究的过程，就是思维的过程……概念、判断的形成过程，推理的过程，就是‘从群众中来’的过程；把自己的观点和思想传达给别人的过程，就是‘到群众中去’的过程。”[①] 1964 年 2 月，毛泽东在春节谈话中又提出中学生学点逻辑。同年 8 月，他在接见尼泊尔教育代表团的谈话时再次提到学用逻辑的重要性。

毛泽东号召人们学用逻辑，他自己不仅在阐明真理、驳斥谬误中以不可辩驳的说服力、以思维和语言不可战胜的逻辑力量为广大干部和群众树立了榜样，而且尽可能创造条件推动逻辑学习和应用。他在中华人民共和国建立后，抓了形式逻辑和辩证逻辑的文集的编辑、出版和发行工作。1957 年，他邀见复旦大学的周谷城教授、北京大学的金岳霖教授和中国人民大学的王方名教授，谈论了辩证逻辑和形式逻辑的著译等有关问题。1958 年，他收到周谷城的信，得知其新的逻辑著作出版，很高兴，回信说：“大著出版，可资快读。”[②]1959 年，他提议重新印行《逻辑指要》一书。该书是时任全国人大常委会委员章士钊旧时写的一部中国逻辑史的专著。毛泽东看完后说：“吾意此足为今日参考资料，宜于印行。”[③]他还为章士钊修改后的这部旧著代拟了重印说明。该书很快被中共中央政治研究室收入《逻辑丛刊》，由生活·读书·新知三联书店再版。同年，毛泽东还指示汇编印发其他比较重要的逻辑译著。他还说：“我有兴趣的，首先是中国近几年近数十年关于逻辑的文章、小册子和某些专著（不管内容如何），能早日汇编印出，不胜企望！”[④]当他收到并看完时任中共中央马克思恩格斯列宁斯大林著作编译局副局长的姜椿芳等同志编辑的《逻辑学论文集》第一集至第六集时，很满意，说“姜椿芳同志的介绍甚为有益，书目搜编也是用了功的”[⑤]，并请人代他向姜椿芳转致谢意。

由于毛泽东抓出两种逻辑书，在中国逻辑界、理论界迅速形成了学习逻辑、研究逻辑的风气。短短几年的时间，对若干逻辑理论问题，特别是有重大现实

① 中共中央文献研究室编：《毛泽东新闻工作文选》，北京：新华出版社，1983 年，第 206—207 页。

② 中共中央文献研究室编：《毛泽东书信选集》，北京：人民出版社，1983 年，第 544 页。

③ 中共中央文献研究室编：《毛泽东书信选集》，北京：人民出版社，1983 年，第 561 页。

④ 中共中央文献研究室编：《毛泽东书信选集》，北京：人民出版社，1983 年，第 564 页。

⑤ 中共中央文献研究室编：《毛泽东书信选集》，北京：人民出版社，1983 年，第 564 页。

意义的逻辑理论问题的讨论有了很大的进展，学术成果累累，出现了前所未有的繁荣景象。广大干部和群众响应毛泽东学习逻辑的号召，学逻辑、用逻辑、研究逻辑形成浓厚风气。人们由于自觉学习和运用逻辑，科学思维的能力和水平有了很大提高。

（本文原刊于《理论学刊》2002 年第 6 期，被中国人民大学书报资料中心《复印报刊资料·逻辑》2003 年第 1 期全文转载，被《新华文摘》2003 年第 3 期辑目，收入本书时有改动）

潘梓年对逻辑研究的贡献

潘梓年是中国共产党老一辈的马克思主义理论家，今年是潘梓年同志100周年诞辰。他一生崇信辩证唯物主义和历史唯物主义，不仅对哲学研究作出贡献，而且对逻辑研究作出贡献。

一、提出扬弃性的逻辑研究原则

潘梓年在1937年出版的《逻辑与逻辑学》一书中，把逻辑分成方法论（逻辑学）与技术论（逻辑术）两部分，着重论述了辩证法与传统形式逻辑的关系，提出传统形式逻辑中的一些内容反映出哲学上的形而上学的世界观，应当用辩证法予以扬弃。

他从这一研究原则出发，把传统形式逻辑推论法中的概念、命题、演绎三段论和密尔归纳五法以及统计与概率法等，以改造过的形式存留下来。虽然他未彻底克服将传统形式逻辑与形而上学混为一谈的缺点，但他毕竟利用、改造了原有的传统形式逻辑。这与当时苏联盛行的全盘否定传统形式逻辑的看法和做法有很大不同。对此，毛泽东曾有好评。

二、倡导批判性的逻辑研究方法

1961年，《逻辑与逻辑学》重新印行时，他在前言中写道，原“书出不久，就发现里面幼稚可笑之处甚多”，“敬请批判”。由于坚持了批判性的研究方法，他后来放弃和改正了把传统形式逻辑误作形而上学的错误观点。

三、扶植群众性的逻辑研究队伍

从1954年起，潘梓年任中国科学院哲学社会科学学部副主任兼哲学研究所所长。他在组织领导哲学研究工作的同时，很重视扶植群众性的逻辑研究队伍。这包括：积极撰写通俗逻辑文章，并组织专门班子收集、编发逻辑资料，向群众广泛宣传逻辑知识；认真贯彻“百花齐放、百家争鸣”方针，积极组织开展学术交流活动,鼓励群众中学逻辑的积极分子参与逻辑讨论;在全国成立了逻辑研究小组。这些都有力地推动了逻辑研究工作的开展。

[本文原刊于《山东师大学报》(社会科学版)1993 年第 3 期,以笔名“里记”署名,收入本书时有改动]

“种瓜得瓜、种豆得豆”不具有必然性

我国高等学校现行的马克思主义哲学课教材介绍唯物辩证法基本范畴时，通常用“种瓜得瓜、种豆得豆”作为说明必然性概念含义的典型实例。李秀林等人主编的全国高等学校文科教材《辩证唯物主义和历史唯物主义原理》就认定：“种瓜得瓜、种豆得豆，摩擦生热，春夏秋冬四季更替，社会主义社会取代资本主义社会，社会主义社会过渡到共产主义社会等等，都是事物的联系和发展必定如此、不可移易的确定趋势，即都具有必然性。”①肖明主编的全国高等教育自学考试教材《哲学原理》也认定：“种瓜得瓜、种豆得豆、日夜交替、四季更替、新陈代谢、生老病死、社会主义代替资本主义等，都是事物发展的确定不移的趋势，都具有必然性。”②其实，“种瓜得瓜、种豆得豆”既不同于“摩擦生热，春夏秋冬四季更替，社会主义社会取代资本主义社会，社会主义社会过渡到共产主义社会”，也不同于“日夜交替”“新陈代谢、生老病死”等，它不具有必然性。

必然性是指客观对象联系和发展的合乎规律的、确定不移的唯一趋势，是在一定条件下的不可避免性和确定性。客观世界的一切事物、现象、过程都是受因果联系制约的，必然性就是对客观事物、现象、过程固有的因果联系、因果规律的反映。这种反映是有条件的，它必须是对一种蕴涵关系的反映，而不能是对非蕴涵关系特别是反蕴涵关系的反映。

蕴涵关系是一种因果关系，但因果关系并不都是蕴涵关系。在因果关系中，表示原因的命题称为“前件”，表示结果的命题称为“后件”，如果“前件”与“后件”之间具有蕴涵关系，则必须满足以下条件：(1)肯定前件真则后件真的必然性；(2)承认前件假则后件真，或者前件假则后件假两种可能性；(3)排除前件真则后件假的可能性。比如，“只要燃烧，就生热”中的前件“燃烧”与后件“生热”就具有蕴涵关系。燃烧肯定生热；不燃烧而生热(如不燃烧但有摩擦也生

① 李秀林主编：《辩证唯物主义和历史唯物主义原理》，北京：中国人民大学出版社，1995年，第206页。

② 肖明主编：《哲学原理》，北京：经济科学出版社，1994年，第87页。

热),或者不燃烧不生热都是可能的;燃烧而不生热是不可能的。但是,“种瓜得瓜、种豆得豆”却不具有这种蕴涵关系。

“种瓜得瓜、种豆得豆”是对“种瓜得瓜”和“种豆得豆”两种客观事物因果关系的断定。其中,“种瓜”和“种豆”都是原因,“得瓜”和“得豆”都是结果。“种瓜”和“得瓜”、“种豆”和“得豆”之间的关系是:

(1)不能肯定前件真则后件真的必然性(因为种瓜不能确保得瓜,种豆不能确保得豆)。

(2)不能承认前件假则后件真,或者前件假则后件假两种可能性(因为不种瓜而得瓜是不可能的,同样不种豆而得豆也是不可能的)。

(3)不排除前件真则后件假的可能性(因为种瓜而不得瓜,种豆而不得豆是可能的)。

“种瓜得瓜、种豆得豆”这一复合命题中的两个分命题前后件之间所具有的关系显然不是蕴涵关系,它所具有的恰恰是一种反蕴涵关系。

反蕴涵关系前件与后件的依存关系是:

(1)肯定前件假则后件假的必然性。

(2)承认前件真则后件真或假的可能性。

(3)排除前件假而后件真的可能性。

不种瓜、不种豆必然不得瓜、不得豆;种瓜、种豆有得瓜、得豆的可能,也有不得瓜、不得豆的可能;不种瓜不种豆而得瓜、得豆是不可能的。

蕴涵关系既是一种因果关系,又是一种推论关系。推论关系是蕴涵关系的一种改述形式,因为任何一种蕴涵关系都能够表示为一个推理形式。这就是说,只要把蕴涵关系中的前件作为推理的前提,把该蕴涵关系中的后件作为结论,就构成一个演绎推论。演绎推论就是前提蕴涵结论。在以一个真的蕴涵命题作为前提进行推论时,得出必然性结论只有两种情况。

(1)肯定前件必然肯定后件。比如,“只要燃烧,就生热;某物现已燃烧,所以,某物现已生热”。

(2)否定后件必然否定前件。如“只要燃烧,就生热;某物现在没有生热,所以,某物现在没有燃烧”。但是,由种瓜、种豆不必然推出得瓜、得豆,由不得瓜、不得豆不必然推出不种瓜、不种豆。

一个具体的命题前后件之间是否具有蕴涵关系，既要从逻辑形式上考察，还要从思维内容上看其关联性。得瓜、得豆固然需要种瓜、种豆，但种瓜、种豆只是得瓜、得豆的一个条件。要得瓜、得豆，除了要种瓜、种豆之外，还要有其他条件。瓜种、豆种是由淀粉、蛋白质、脂肪、无机盐、水分等成分构成。播到土壤中的瓜种、豆种不一定都能萌发。瓜种、豆种的萌发除了要满足自身的条件(种子的胚必须是完整的而且是活的)，还要满足外界的条件，即要有适宜的水分、空气、土壤、光合作用、温度等。瓜种、豆种中的淀粉、蛋白质、脂肪等成分是不溶于水的，它只有在转变成能溶于水的糖以后，才能被胚(种子的主要部分：胚芽、胚轴、胚根、子叶构成的整体)吸收和利用。而这三种有机物的转变只有在水分和空气充足，土壤、光合作用、温度适宜的条件下才能进行。只有在自身条件和外界条件同时具备的时候，瓜种、豆种才能萌发，长出根、茎、叶。根通过吸收作用吸收土壤中的水分和无机盐，茎通过输导作用将根吸收的水分和无机盐运输到叶，叶利用根吸收的水分和空气中的二氧化碳，通过光合作用制造有机物，茎又将叶制造的有机物运输到根，瓜、豆生长到一定时候才会开花、结果，茎不将根和叶提供的营养物质运输到花和果实，仍然不能收获成瓜、成豆。总之，要得瓜、得豆，就要有种瓜、种豆和与之相联系的一系列条件做保证。

“种瓜得瓜、种豆得豆”不具有必然性，但这并不是说“种瓜”“种豆”与“得瓜”“得豆”之间无必然性可言。既然“种瓜”与“得瓜”之间、“种豆”与“得豆”之间不是蕴涵关系，而是反蕴涵关系，那么，“得瓜”与“种瓜”之间、“得豆”与“种豆”之间就不是反蕴涵关系，而是蕴涵关系。这是因为，蕴涵关系是充分条件关系，而反蕴涵关系则是必要条件关系。充分条件是有此原因必有此结果，无此原因未必有此结果；有此结果未必有此原因，无此结果必无此原因。这种条件关系除了陈述此原因是此结果的充分条件之外，还隐含地陈述了此结果是此条件的必要条件。必要条件是有此原因未必有此结果，无此原因必无此结果；有此结果必有此原因，无此结果未必无此原因。这种条件关系除了陈述此原因是此结果的必要条件之外，还隐含地陈述了此结果是此原因的充分条件。根据充分条件和必要条件这种等值转换关系，“种瓜”“种豆”与“得瓜”“得豆”之间所具有的必然性，可作如下表述：

(1)如果要得瓜，那就得种瓜；如果要得豆，那就得种豆。

(2)不种瓜,不得瓜;不种豆,不得豆。

这两种表述之所以具有必然性,除了符合实际思维之外,还符合逻辑上的蕴涵式。

这可以用真值表来判定。如果用“p”“q”“r”“s”分别表示“种瓜”“得瓜”“种豆”“得豆”,则可构成如下真值表。

p	q	蕴涵 q→p	r	s	蕴涵 s→r
真	真	真	真	真	真
真	假	真	真	假	真
假	真	假	假	真	假
假	假	真	假	假	真

p	q	$\bar{p}$	$\bar{q}$	蕴涵 p→q	r	s	$\bar{r}$	$\bar{s}$	蕴涵 $\bar{r}$→$\bar{s}$
真	真	假	假	真	真	真	假	假	真
真	假	假	真	真	真	假	假	真	真
假	真	真	假	假	假	真	真	假	假
假	假	真	真	真	假	假	真	真	真

前一个真值表判明:在 p 和 q(r 和 s)的四种可能的真值组合中,只有事态 p∧非 q (r∧非 s)为假,其他三种事态 p∧q、非 p∧非 q、非 p∧q(r∧s、非 r∧非 s、非 r∧s)都使其为真,这正符合蕴涵关系的定义。后一个真值表判明在非 p 和非 q(非 r 和非 s)的四种可能的真值组合中,只有事态非 p∧q(非 r∧s)使非 p→非 q(非 r→非 s)为假,其他三种事态 p∧q 、p∧非 q、非 p∧非 q(r∧s、r∧非 s、非 r∧非 s)都使其为真,这也符合蕴涵关系的定义。

在逻辑史上,古希腊逻辑学家泰奥弗拉斯多和麦加拉学派(主要是麦加拉学者费罗)从一开始研究蕴涵关系就把蕴涵式“p→q ”定义为“ 并非(p∧非 q)”。“如果要得瓜,那就得种瓜;如果要得豆,那就得种豆”和“不种瓜,不得瓜;不种豆,不得豆”,正是两个最典型的蕴涵式。

可见,把“‘种瓜得瓜、种豆得豆’具有必然性”改为“‘如果要得瓜,那就得种瓜；如果要得豆，那就得种豆'具有必然性"或者"'不种瓜，不得瓜；不种豆，不得豆'具有必然性"，能有效地刻画蕴涵关系的一般形式，合理地说明必然性范畴的一般意义，从一个侧面揭示了必然性概念指谓的对象在形式与内容上的统一性。

（本文原刊于《理论学刊》1999 年第 6 期，收入本书时有改动）

谈领导决策的逻辑方法

逻辑方法指的是合理的、有数的理论思维方法。它是领导决策不可缺少的思维手段或工具。领导者在制定决策的过程中，只有运用逻辑方法才能保证决策的科学性。否则，就难以使决策顺利进行，更不用说自觉地避免决策失误了。那么，领导决策常用的逻辑方法有哪些呢？主要有为形成初始决策设想提供根据的收集和分析材料的方法，为提出初始决策设想而作出假设的方法，为验证初始决策设想所采用的论证方法和预见方法等。这些逻辑方法既不能相互代替，又不能相互颠倒，它们共同作用于领导决策的全过程。

收集和分析材料的方法的运用，是领导制定决策的基础。决策是针对某一特定问题，从可供选择的一些未来事件的解决方案中所作的一种抉择。领导制定决策的过程就是发现问题、提出解决问题的决策设想、对决策设想进行论证、形成最终决策的过程。收集和分析材料，正是为发现问题、提出并论证决策设想，作出最后决策提供事实和理论根据。收集和分析材料要求通过自然观察、实验观察、社会调查等具体的方法，尽可能多地得到一些事实、数据和情况，在此基础上再把得到的事实、数据和情况分解为各个部分，把复杂的问题分解成简单的要素，从中离析出主要的部分和基本的要素。采用这种方法既能获得大量、具体的材料，又能分离出一个注意区域，即能引导注意力回到收集材料时匆匆掠过的一些有本质意义的部分或要素上来。这就为科学决策的顺利进行提供了必要条件。譬如，对一个新的生产企业作出决策，就要通过认真的调查，收集方方面面的情况，然后从中分离出总投资额（包括主体工程、辅助工程及设施、流动资金等项）、产品成本核算（包括原料、材料、动力、运输、公用设施等项，又包括数量、质量、来源和价格情况）、投产后利润率、工程寿命及折旧、投资回收年限等决定性的因素，抓住这些要素，才便于进行经济可行性分析，为形成初始决策设想提供重要的依据。再如，有不少企业经常出现产销脱节、商品积压、设备浪费、人员闲置的情况，这些问题往往与领导决策缺乏科学的收集和分析材料的方法有关，对大量的信息不能及时地收集、分析和处理，对来自专家的各项建议不能很好地综合、研究和选择，单凭经验盲自拍板，轻率决策，难免出现失误。

假设方法的应用，是领导提出决策设想的基本形式。所谓“假设方法”，就是根据已知事实材料和科学原理，对未知事物的规律性、因果性作出的假定性解释方法。领导提出最初的决策、设想是为了解决问题，实现预期目标而设想、拟定的一种解决方案。提出初始决策设想与建立假说的方法都是从问题出发的，都具有假定性、可验性，因此提出决策设想的过程就是建立假设的过程，建立假设的方法就成为提出决策设想的基本形式。

建立假设的方法很多，主要有比较、分类法，抽象、概括法，归纳、类比法。比较、分类法指的是确定对象之间的共同点和差异点，并以此来分组、结群的逻辑方法。这种方法能够揭示和说明事物的特征，并使对象条理化、系统化，因而成为领导提出初始决策设想最基本的方法。例如，一个经理对市场开拓、新产品试制、生产、试销、新技术应用和推广、职工培训等问题要提出决策设想，运用比较、分类法就可以直接利用同一行业、相同类型和规模的企业经验，也可以经过综合、加工利用不同行业、不同类型和规模的企业经验，广泛地吸取来自各方面的经验，这有助于提高决策的可靠程度。抽象、概括法指的是抽取对象的本质属性，并扩展到同类的其他对象，形成普遍性认识的方法。它要求在比较与分类法的基础上，透过现象，深入里层，不仅把决定事物性质的因素抽出来，而且把对个别对象的认识推广到一般。这一方法在提出决策设想的过程中被广泛采用。

例如，日本三菱公司在历史上有一次成功的经营活动。1973年，远在非洲的扎伊尔发生叛乱，很快叛军就向邻国的赞比亚移动。三菱公司的负责人透过这一现象，做了深入分析：赞比亚是世界重要的铜矿生产基地，扎伊尔叛军是不会放过赞比亚铜矿的。此事态的发展将切断赞比亚的交通线，封闭铜的运输出口，这必将影响到世界市场铜的价格。三菱公司的决策人员当机立断，购进了一大批铜。果然，不久之后，世界铜价飞涨，三菱公司因此大赚一笔。

归纳、类比法指的是两种各自独立的推理方法。归纳以经验事实的陈述为前提，而以理论的概括为结论。它是从个别性的前提推出个别性结论的推理方法。类比则是根据两个具有若干属性相同或类似的现象，并且已知一个对象还具有此外的某属性，进而断定另一对象也具有某属性。它是从个别性的前提推出个别性结论的推理方法。虽说这两种方法推得的结论都带有或然性，归纳结论的可靠程度取决于已知事例的多少，而类比结论的可靠性在于已知事例的相同或类似方面的多少，但它们都能够提供科学的假设，开拓思维的通路。有很多新决策设想的产生，都益利于这种方法的运用。

例如，上海钢铁十厂的领导从当前企业改革的一些问题中归纳出一点：企业的富余人员问题不解决，已成为影响企业提高劳动生产率的一个突出问题。既然国外不少企业有“候选职工”的做法，那么进行类比，我们也可以选用这种方法，解决企业的富余人员问题。厂领导很快提出了决策方案，拟成立劳动服务介绍所。全厂将根据生产需要，通过择优和自愿组合的办法，形成新的劳动组织。对未被组合的富余职工，安排进入企业劳动工资科隶属的劳动服务介绍所，成为“候选职工”，待遇减低。这些人可以自找出路，也可以通过自己努力，创造条件，再被厂内组合。这一方案为安置本企业的多余人员开辟了一条新路。

逻辑论证和预见是验证决策设想的基本手段。领导提出初始决策设想之后，其可靠性如何还不能得到确定。这是因为，最初提出的决策往往不止一个，而且每一个决策都是运用假设的方法提出的，带有猜测、试探的性质。这就需要对初始决策设想进行验证。验证决策设想的标准是不断发展的社会实践，但实践本身并不能直接确定决策设想是否真实，是否可靠，一般是要把通过实践获得的客观事实材料同决策设想反复加以对照，才能使决策设想得到证实。在这一过程中，是离不开逻辑论证和预见这两种方法的。决策设想既然是被验证的对象，也就可以看作论题，把实践得来的有关事实材料或被实践证明的理论知识作为验证的根据，这就是论据。用论据说明作为论题的决策，设想的真实性、可靠性到底怎样，正是逻辑上的论证。逻辑论证的方法，主要有归纳证明的方法、演绎证明的方法和反驳的方法。运用这些方法对决策设想进行论证时，我们往往以某种假定为真的一般性论断为前提，通过逻辑推理的过程获得关于未来个别事件的结论，这就是所说的预见。预见的方法既可以对决策设想证实和证伪，又可以对决策设想进行修改或补充。因此，论证和预见的方法，成为检验决策设想的主要手段。真实可靠性和所具有的价值一经验证，决策设想便可形成最终决策了。

综上所谈的收集和分析材料的方法、提出假设的方法、逻辑论证和预见的方法，是在制定科学决策的各项程序中运用的基本逻辑方法。其中，收集和分析材料的方法是最基本的逻辑方法，它决定、制约着其他的逻辑方法。提出假设的方法受制于收集和分析材料的方法，并与逻辑论证和预见的方法相联结，起着中介的作用。逻辑论证和预见的方法是提出假设方法的接续。这些不同的逻辑方法是在相互联系的过程中发挥作用的。尽管它们的作用有时侧重于这一方法，有时侧重于那一方法，但是这些逻辑方法的特点就在于它们之间以及各种方法自身不同侧面之间存在密切的、不可分离的关系。

制定科学决策的过程，是领导进行创造性思维活动的过程。要自觉地按照决策的科学理论所揭示的决策方法去从事决策活动，就不能不研究制定决策过程中主体的思维活动，探索运用什么样的逻辑方法去构思出自己的决策。但要说明的是，逻辑方法只是为人们进行合理、有效的决策提供了理论上的指导，它并不能取代进行科学决策必须具备的其他条件。这是领导在制定决策的整个过程中都不应忽视的。

（1988 年 7 月 7 日完稿，收入本书时有改动）

对事故因由的逻辑思考

在矿山企业和地质勘查工作区，安全生产是每个职工必须遵循的一项原则。这一原则，要求最大限度地减少职工的工伤事故，保障他们在生产过程中的生命安全。1980 年 6 月召开的中国工会第三次群众劳动保护工作会议就明确规定："在发展生产的过程中，必须把安全放在第一位，以安全为前提；当安全与生产发生矛盾时，生产必须服从安全，首先解决安全问题，然后再处理生产问题。"①要解决安全问题，就要采取相应的技术措施，而要采取相应的技术措施，少不了分析造成各种事故的因由，而要分析造成各种事故的因由，离不开对各种事故因由所作的逻辑思考。

所谓"逻辑思考"，指的是按照逻辑的程序和方法进行合理有效的思维活动。我们知道，人们的思维活动，都是作为一个过程展开的。既然思维活动是一个过程，那么它的各个组成部分就有一个组合排列的顺序问题。也就是说，有一个时间上的先后安排。这种时间上的先后安排，即思维活动的顺序。思维活动的顺序有合理与不合理之分。前者能够使思维活动有效地进行，后者则不能使思维活动有效地进行。思维活动的顺序合理与否，主要在于思维活动能否按照从一般到特殊、从简单到复杂的顺序进行。各种合理的思维活动的顺序，都是先在思维中解决对最一般性的最简单的事情的认识，然后进入对比较特殊、复杂的一些事物的认识，最后进入对更特殊、更复杂的一些事物的认识。按照这样的顺序所排列的思维活动，就是逻辑学中所讲的逻辑的程序。

按照逻辑程序分析事故的因由，人们的思维过程就应该是"明确事故发生的范围"（包括时间、地点、影响面和影响程度）→"弄清事故的性质特点"→"寻找事故发生的原因"。这是因为，事故发生的原因是一个很复杂的问题，它是处于更深层次的情况，并且是有赖于对事故发生的范围和事故的性质特点的认定，对事故发生的范围和事故的性质特点的认定比起"寻找事故的因由"显然简

① 中国大百科全书总编辑委员会《经济学》编辑委员会：《中国大百科全书·经济》，北京：中国大百科全书出版社，1988 年，第 1 页。

单得多。假如人们连事故发生的范围和事故的性质特点都弄不清，又如何找准事故发生的原因呢？在“明确事故发生的范围”和“弄清事故的性质特点”问题上，何者为前呢？“明确事故发生的范围”又比“弄清事故的性质特点”简单，对事故性质特点的认定，是要在明确事故发生的范围的基础上进行的。因此，“明确事故发生的范围”要先行于“弄清事故的性质特点”。

例如，某矿区发生一起严重的冒落事故，该矿区矿管办公室的同志查找事故发生的原因，报告事故的情况，先要从最一般、最简单的情况出发，即要到事故现场，了解事故发生的范围。原来，这起事故发生在1991年5月7日，某县某国营铁矿的矿区内出现采空区大面积沉降，造成12人死亡，30人重伤，这起事故造成的直接经济损失达1120万元。在摸清上述情况的基础上，还应弄清事故的性质特点。通过了解，他们得知这起事故是由某乡矿长期在该矿区内乱采滥挖造成的。这一小乡矿既缺乏技术力量，又不讲采矿程序，属于违章开采。在弄清这起冒落事故的特点以后，事故发生的原因也就容易确认了。由于该国营铁矿违法出卖转让采矿权，矿区管理失控，程序混乱，这就不可避免地出现了一场严重的责任事故。

分析事故的原因，既需要按照逻辑的程序进行，又要掌握必要的逻辑方法。逻辑方法指的是运用概念、判断、推理等思维方式体现事物本质规律的一类方法。它是分析事故因由不可缺少的思维手段或工具。人们在寻找事故原因的过程中，只有运用逻辑方法才能保证思维的合理性和有效性，否则思维就会出现混乱，难以找到事故发生的真正原因。那么，人们在分析事故因由时常用的逻辑方法有哪些呢？主要有为寻找原因提供根据的收集和分离材料的方法，为提出原因作出假设的方法，为证实原因所采用的论证方法，等等。

收集和分离材料方法的运用，是判定事故因由的基础。我们知道，寻找事故因由就是针对某一特定问题，从可供选择的一些事件中，找出与其有因果性的一种认定。分析事故因由的过程，就是发现问题、提出对问题因果性认定的意见并证实其因由的过程。收集和分离材料的方法正是为发现问题、提出并证实因由，提供事实上和理论上的根据。

收集和分离材料的方法，要求通过社会调查、自然观察、实验观察等具体的方法，尽可能多地得到一些事实、数据和情况。在此基础上，再把得到的事实、数据和情况分解为各个部分，把复杂的问题分解成简单的要素，从中分离出主要的部分和基本的要素。采用这种方法既能获得大量、具体的材料，又能分离出一个注意区域，能引导注意力回到收集材料时匆匆掠过的一些有本质意义的部分或要素上来。这就可以为各种复杂事故原因的认定，提供必要的条件。

例如，某矿区劳动部门提供的一份事故报表中，有一个季度出现了两次大的压力容器事故，对这两次事故原因作出分析，就得通过认真的调查，收集方方面面的情况，然后从中分离出具有决定性的事故因素，如压力容器未装减压阀并超压使用；当班操作工人发现锅炉缺水时违反操作规程，向炉内急加冷水，致使水冷壁管、对流管损坏等。抓住这些因素才便于进行事故原因的分析，为确定事故的原因提供重要的依据。

假设方法的应用，是人们提出事故因由的一种形式。所谓“假设方法”，就是根据已知事实材料和科学原理，对未知事情的规律性、因果性作出的假定性解释的方法。人们分析事故的原因，是为了解决问题、明确责任，并采取相应的措施，避免类似事故的发生。寻找事故因由与建立假设的方法都是从问题出发的，都具有假定性、可验性，因此提出事故因由的过程就是建立假设的过程，建立假设的方法就成为确定事故因由的一种形式。

建立假设的方法很多，主要有比较、分类法，抽象、概括法，归纳、类比法。

比较、分类法指的是确定情况之间的共同点和差异点，并以此来分组、结群的逻辑方法。这种方法能够揭示和说明事故的特征，并使情况条理化、系统化，因而成为人们分析事故原因、提出事故因由最基本的方法。如上例中所讲的分析压力容器事故的原因，运用比较、分类法就可以利用相同类型的事故因由说明这两起事故是由工艺纪律不严或当班工人责任心不强、违章作业或管理松懈等原因引起的。

抽象、概括法指的是抽取分析事物的本质属性，并扩展到同类的其他事物上，形成普遍认识的方法。它要求在比较、分类法的基础上，透过现象深入里层，不仅把决定事物性质的因素抽出来，而且把对个别事物的认识推广到一般。

归纳、类比法指的是两种各自独立的推理方法。归纳以经验事实的陈述为前提，以理论的概括为结论。它是从个别性的前提推出一般性结论的推理方法。类比则是根据两个具有若干属性相同或相似的事物，并且已知一个事物还具有其他的属性，进而断定另一事物也具有该属性。它是从个别性的前提推出个别性的结论的推理方法。虽说这两种方法推得的结论都带有或然性，归纳结论的可靠程度取决于已知事例的多少，而类比结论的可靠性在于已知事例的相同或类似方面的多少，但它们都能够提供科学的假设，开拓思维的通路。有很多事故原因的确认，都得力于这两种方法的运用。例如，某地矿局矿管处的同志，从当前治理整顿矿业秩序的一些问题中归纳出一点：采矿权属问题不解决，争矿、抢矿，甚至大动干戈，发生人员伤亡事故就难以避免。既然外地矿局重新审核采矿许可证，对无证开采、越界开采等违法行为进行行政处罚，那么进行类比，我们也可以采用这种方法，解决矿区秩序混乱的问题。该地矿局很快对局辖区的乡镇矿进行治理整顿，吊销了不具备条件的乡镇矿的采矿许可证，调解处理了多起采矿纠纷。

逻辑论证是证实事物因由的基本手段。人们初步找出事物的原因之后，其真实性如何还不能得到确认。这是因为，最初提出的原因往往不止一个，而且不排除有运用假设的方法提出来的，带有猜测、试探的性质。这就需要对初因进行证实。初因既然是被证明的对象，也就可以看作论题，把调查所得来的有关事实材料或被实践证明的理论知识作为验证的根据，这就是论据。用论据说明作为论题的原因的真实性到底怎样，正是逻辑上的论证。

逻辑论证的方法，主要有归纳证明的方法、演绎证明的方法和反驳的方法。我们运用这些方法对事故的原因证实后便可确立了。

综上所讲的收集和分析材料的方法、提出假设的方法、逻辑论证的方法，是在分析事故因由的过程中所运用的基本逻辑方法。其中，收集和分离材料的方法是最基本的逻辑方法，它决定、制约着其他的逻辑方法。提出假设的方法受制于收集和分离材料的方法，并与逻辑论证的方法相联结，起着中介作用。逻辑论证的方法是提出假设方法的接续。这些不同的逻辑方法是在相互联系的过程中发挥作用的。尽管它们的作用有时侧重于这一方法，有时侧重于那一方法，但是这些方法的特点就在于它们之间以及各种方法自身不同侧面之间存在着密切的、不可分离的关系。

需要说明的是，逻辑方法只是为人们寻找事故原因提供理论上的指导，它并不能取代具体分析事故因由时必须具备的其他条件。这是人们在判定事故原因的整个过程中都不应忽视的。

（1992 年 2 月 11 日完稿，收入本书时有改动）

从抽象上升到具体的方法在管理工作中的运用

管理工作是人们为有效地利用人、财、物达到共同目标而进行的决策、计划、组织、指挥和控制工作。它分为经济管理工作和政治管理工作。前者是就生产方面来讲的；后者是就人的各种共同体（阶级、社会集团、生产集体等）之间的关系，以及这些共同体内部的关系方面来讲的。管理者从事经济管理工作，或者从事政治管理工作，都需要掌握和运用一些方法。列宁说："方法也就是工具，是主观方面的某种手段，主观方面通过这个手段和客体发生关系……"①从抽象上升到具体的方法，就是管理工作中的一种认识方法和工作方法。

一

从抽象上升到具体的方法，含有"抽象"和"具体"两个对应的概念。

所谓"抽象"，是指在思维中分离和提取对象某一方面的本质属性和必然联系的过程。抽象的形成具有两个基本特征：一是它把对象从总体的多方面的联系中离析出来；二是它抛开对象的非本质属性和偶然联系，在"纯粹"的形式中单独考察对象。

抽象是科学认识的必要过程。在管理工作中，要正确地认识管理客体，合理有效地提出和解决管理工作中的任何问题，都必须借助于抽象。"当遇到一个困难的解决问题的任务时，我们总是寻找简化环境的方法。简化的方法之一就是舍掉现实世界复杂性的某些方面，以便获得一个比较有条理的、界限比较清楚的问题……而不是考虑所有涉及的因素。"②

所谓"具体"，是指在思维中复归对象各方面的本质属性和必然联系的过程。"具体之所以具体，因为它是许多规定的综合，因而是多样性的统一。"③具

① 《列宁全集》第 38 卷，北京：人民出版社，1959 年，第 236 页。

② ［美］弗里蒙特·E.卡斯特、詹姆斯·E.罗森茨韦克：《组织与管理》，李柱流、刘有锦、苏沃涛译，北京：中国社会科学出版社，1985 年，第 424 页。

③ 《马克思恩格斯选集》第 2 卷，北京：人民出版社，1972 年，第 103 页。

体有两种形态：一是感性的具体，即完整的表象，它是对对象表面的、感官能够感觉到的具体现象的反映；二是理性的具体，即思维的具体，它是对对象内在的各种本质属性和必然联系的统一的反映。理性的具体既有多样性认识的特征，又有整体性认识的特征。前者指含有各种矛盾对立面的认识；后者指多样性的统一的认识。不含有各种矛盾对立面的认识，或者不含有多样性的统一的认识，就无所谓理性的具体。

理性的具体的形成是以感性的具体为条件的。人的认识总是由感性的具体阶段，经过概括，形成各种抽象的规定，然后创造包含着各种本质属性和必然联系的理性的具体。任何科学的认识过程都是以获得理性的具体为目标的，管理工作的认识过程也不例外。

从抽象上升到具体的方法，是人们通过把握对象各个方面的本质属性及其相互间的必然联系，从理论上完整地再现对象多样性的方法。它是以理论的形式，从反映对象最简单、最抽象的概念、范畴出发，逐步过渡到它的越来越复杂、具体的概念和范畴，直到把对象的错综复杂性、变动不居性和互相联系性从总体上再现出来。这种再现的过程呈现为一种前进的运动态势。对此，黑格尔指出："这个前进运动的特征就是：它从一些简单的规定性开始，而在这些规定性之后的规定性就愈来愈丰富，愈来愈具体。因为结果包含着自己的开端，而开端的运动用某种新的规定性丰富了它。普遍的东西构成基础；因此，不应当把前进的运动看做从某一他物到另一他物的流动。绝对方法中的概念保存在自己的异在中，普遍的东西保存在自己的单独的东西中，保存在判断和实在中；在继续规定的每一阶段上，普遍的东西不断提高它以前的全部内容，它不仅没有因其辩证的前进运动而丧失了什么，丢下了什么，而且还带着一切收获物，使自己的内部不断丰富和充实起来。"①列宁高度称赞了黑格尔的这一论述，指出："这一段话对于什么是辩证法这个问题，非常不坏地做了某种总结。"②

从抽象上升到具体的方法既是一种认识方法，又是一种工作方法。说它是一种认识方法，是因为从抽象上升到具体一方面是对客观对象的实际过程的反

① 《列宁全集》第38卷，北京：人民出版社，1959年，第249—250页。

② 列宁：《哲学笔记》，北京：人民出版社，1960年，第250页。

映，另一方面是因其内部有着严密的逻辑结构。人们掌握并运用这种方法，力图合理、有效地反映对象，同时从抽象上升到具体还具有人类认识所固有的目的性、选择性、创造性等特点。说它是工作方法，是因为工作方法就是一定世界观和哲学方法的一种转化形态。运用从抽象上升到具体的方法来处理实际工作中的问题，也就形成了一般的工作方法。

管理工作是一项具体性的社会工作。这主要体现在它的职能是具体的。管理工作的职能大体上包括决策、计划、组织、指导和控制。其中，决策是管理工作首要的职能。决策是为解决某一问题或完成某一任务而制定与选择工作方案的过程。任何决策都是具体意义下的决策。计划则是决策的具体化，它规定了以实现最终决策为内容的新目标的途径和方法。计划部署安排的要做什么、谁去做和怎样做的问题，无一不是具体的。组织、指导和控制又是计划的具体化。组织是计划得以实现的基本条件。组织职能通过合理配置资源，妥善处置关系，来建立有效的分工协作的系统结构。显然，它也是具体的，组织既为计划的实现提供保证，又是控制的基础和前提。控制是通过接收组织的信息、对活动进行监督、检查和调整。这一职能的每一个环节同样也是具体的。

既然管理工作的职能都是具体的，管理者就必须把各种不同的管理客体作为思维中的具体再现出来。只有这样，管理者才能如实地反映管理对象，有效地做好管理工作，否则就不能正确地认识管理客体，难免出现工作失误。

由于思维中的具体并不等同于实际管理工作的具体，管理者最初在思维中形成的对管理工作职能的认识是抽象的，要使这种抽象的认识过渡为具体的认识，管理者就不能不学会掌握并运用从抽象上升到具体的认识方法和工作方法。

二

在管理工作中，运用从抽象上升到具体的方法，必须把握好管理工作的逻辑起点、逻辑中项、逻辑顺序和逻辑终点四个基本环节。

把握好管理工作的逻辑起点，就是确定好管理工作理论的出发点。例如，把握工业企业生产管理工作的逻辑起点，就是确定工业企业生产管理工作理论的出发点。工业企业生产管理工作理论内容有：产品生产过程的组织，生产计划和生产作业计划的制定，生产进度的控制；为产品制造创作条件的各项生产准备和生产服务工作；其他生产控制工作，如工厂和车间的布置、劳动定员、劳动过程的组织和工时测定、设备维护和修理、工艺设备的管理、物资的保管和发放、劳动保护和文明生产，以及质量控制、库存控制和成本控制等。这些理论内容的起点是各构成要素具体过程中所产生的相应的问题，也就是理论内容与实际状况的差距。由于理论内容与实际状况的差距决定了工业企业生产管理工作的基本性质和它所涉及的范围，同时，理论内容与实际状况的差距又制约着工业企业生产管理工作过程中的其他环节。所以，问题就成为工业企业生产管理工作的逻辑起点。

管理工作中的逻辑起点，具有两个主要的特征：一是管理工作客体最简单、最一般的本质规定，是构成管理工作对象的基本单位；二是以“胚芽”的形式蕴含着管理工作过程中的一切矛盾。

问题作为工业企业生产管理工作的逻辑起点，反映的就是工业企业生产管理工作最大限度的抽象规定，没有比它更简单、更一般的本质规定了。同时，问题本身就是一个矛盾的统一体，它有其特殊的矛盾性，包含着工业企业生产管理工作一切矛盾的“萌芽”。

在管理工作中，作为逻辑起点的抽象规定，必须符合其主要的特征。否则，就不能开始由对管理工作的认识抽象进入认识具体的行程。

把握好管理工作的逻辑中项，是指把握好管理工作的逻辑起点到逻辑终点的中间环节或关节点。一方面，管理工作中的任何逻辑中项都不能脱离逻辑的起点到逻辑的终点而单独存在，中项总是一定起点和一定终点的中项；另一方面，管理工作的逻辑起点到逻辑终点又取决于中项，中项是上升法的特性和功能的决定因素。

例如，我国现阶段各个单位要进行财务管理工作改革。抽象上升到具体的出发点的判断，即财务管理工作的逻辑起点。建立科学的财务管理工作制度，有效地组织资金运动，合理地处理财务关系。这是改革的目的和结果，正是从抽象上升到具体的思维进程中所要达到的具体，即逻辑的终点。联结这一上升的起点和上升的终点的方式，即逻辑中项，就是调整各种财务关系。它包括企业和各经济组织与国家之间的财务关系，企业和各经济组织相互之间的财务关系，企业和各经济组织内部各单位之间的财务关系，企业和各经济组织与所属职工之间的财务关系。调整这些财务关系之所以成为现阶段各单位财务管理工作改革的逻辑中项，就是因为财务管理工作实质上是按照国家统一的政策法令和规章制度进行的一种组织资金运动和处理财务关系的管理工作，企业和经济组织中的资金运动，包括资金的筹措和使用、资金的耗费和增值、资金的收回和分配，这些活动或工作无一不发生财务关系。只有调整好各种财务关系，才能有效地组织资金运动，才能建立合理的财务工作制度。所以，理顺和调整好各种财务关系，是实现当前各单位财务管理工作改革目标的决定因素。

逻辑中项作为从上升的起点到终点的联结方式，在管理工作中必须满足以下逻辑要求。

第一，逻辑中项能够从抽象演绎出具体。管理工作由抽象到具体，由此及彼，往往是多层次的。从高层次的抽象到低层次的抽象，从低层次的抽象再到具体乃至更具体。在这些不同层次的交汇处，逻辑中项不仅起到兼收并蓄的作用，而且在为左邻右舍铺路搭桥。其自身所具有的抽象与具体的双重性，决定了它能够从最一般、最基本、最本质的抽象规定出发，引申出较不抽象的范畴，从高层次的抽象演绎出低层次的具体。在这里，逻辑中项的演绎性表现为从一般中发展出特殊，而不是从一般中形式地引发出个别。它所反映的是整个管理工作过程的关系，而不是客体之间的属种关系。

第二，逻辑中项从形式能反映出内容。既然逻辑中项有其演绎性，这就决定了它本身是形式的。又因逻辑中项的推演是从抽象到具体的，所以，它离不开思维内容，从思维形式能够反映出思维内容。对于这一点，黑格尔指出："用中项来联系的两个极端，在推理中毋宁是一种直接的联系。换言之，它们中间并没有可以作为联系的真正的中项。"①

逻辑中项这一形式结构所反映出的内容并不是管理客体不同侧面的一般属性、关系的规定，也不是管理客体许多规定的综合、多样性的统一，而是从管理客体不同侧面的一般属性、关系的规定到管理客体许多规定的综合、多样性的统一的转化。转化的过程是辩证否定的过程。它把原范畴、判断的基本思想

---

① ［德］黑格尔：《小逻辑》，贺麟译，北京：商务印书馆，1980 年，第 36 页。

内容保留于自身之中，以作为自身存在和发展的基础，又克服了原范畴、判断的一般抽象形式，加进丰富的内容，形成了具体的思想。

把握好管理工作的逻辑顺序，就是确定好管理工作的概念、范畴之间前后相继或相互隶属的关系。

例如，市场管理工作中有“取缔投机倒把，保护合法贸易不利”的问题。管理者要解决这一方面的问题，就要明确有关这方面的问题的主要因素，即“这一问题本身的特点”“这一问题的基本性质”“这一问题形成的因由”“这一问题解决的方式、方法”。这些要素作为逻辑概念或范畴，它们之间有着一种前后相继的关系。“这一问题本身的特点”在前，接着是“这一问题的基本性质”，再就是“这一问题形成的因由”，最后是“这一问题解决的方式、方法”。按照这种逻辑顺序反映出的“这一问题本身的特点”是最简单、最一般的要求，它决定并派生出其他要素。“这一问题的基本性质”既受制于“这一问题本身的特点”，又制约着“这一问题形成的因由”和“这一问题解决的方式、方法”。同样，“这一问题形成的因由”不能脱离“这一问题本身的特点”和“这一问题的基本性质”，又规定着“这一问题解决的方式、方法”。市场管理工作的工作规律决定了要解决“取缔投机倒把，保护合法贸易不利”的问题，就必须按照这种逻辑顺序进行，既不能颠倒，也不能跳跃，否则就会出现逻辑错误。

把握好管理工作的逻辑终点，就是把握好通过上升运动最后获得的对管理工作的具体的认识。这是一个具有许多规定的丰富的具体，是对管理工作某一具体任务的认识过程的完成。

管理者对管理工作问题的正确解决，都是在对“问题”有了具体认识的基础上进行的，而要对“问题”形成具体认识，就是管理工作从抽象上升到具体的逻辑终点。

比如，前例所说的管理者要解决市场管理中“取缔投机倒把，保护合法贸易不利”的问题，要明确有关这一方面的问题的主要因素（“这一问题本身的特点”“这一问题的基本性质”“这一问题形成的因由”“这一问题解决的方式、方法”），还要进一步展示每一因素各自的多样性统一。如“这问题本身的特点”这一因素，它包括时间方面的特点（这一问题发生在什么时间）、空间方面的特点（这一问题发生在什么地方，什么环节）、程度方面的特点（这一问题的发生是不严重的、严重的，还是比较严重的)，影响面方面的特点(这一问题对其他问题有无连锁反应，波及的范围有多大)。我们只有从时间、空间、程度和影响面这四个侧面如实地了解和反映问题，才能基本上明确在市场管理工作中“取缔投机倒把，保护合法贸易不利”的问题是什么样的问题，才能对“这一问题本身的特点”形成一个具体的认识，并在此基础上过渡到对“问题”其他因素的具体的认识。

逻辑终点在管理工作中意味着一个特定认识范围内的上升周期的结束和另一个新的上升周期的开始。在由抽象到具体的上升过程中，从逻辑起点出发，通过逻辑中项，按照逻辑顺序，到达逻辑终点，这就是上升的一个周期。管理者对某一管理客体的认识，从抽象上升到具体，并在实践的基础上经过多次循环，相对达到了逻辑终点。但是，这对于更大范围和更深层次的认识对象来说，又成了逻辑起点或逻辑中项。因此，逻辑终点在管理工作的认识进程中是有其相对性的。

最后需要说明的是，从抽象上升到具体的方法体现在管理工作中是与其他的辩证逻辑的方法相联系的。其他的辩证逻辑的方法有归纳与演绎的统一的方法、分析与综合的统一的方法、逻辑的与历史的统一的方法等。尽管这些方法是各自独立的认识方法，但它们在管理工作中互相联系地发挥作用，只不过它们的作用在管理工作中有时侧重于这一方法的一个侧面，有时侧重于另一方法的一个侧面。因此，要做好管理工作，除了要掌握并运用从抽象上升到具体的方法，还要掌握并运用其他的辩证逻辑的方法。

(1989年9月10日完稿，收入本书时有改动)

逻辑与历史的统一的方法在调查研究中的运用

调查研究是干部工作的一项重要内容。只有调查研究，才能有效地了解情况，取得正确的认识。毛泽东在《关于纠正党内的错误思想》一文中就明确提出：要使干部尤其是党员干部注意社会调查研究，由此来决定斗争的策略和工作的方法。他在《反对本本主义》《总政治部关于调查人口和土地状况的通知》《〈农村调查〉的序言和跋》《关于农村调查》等文章中，对调查研究问题作了系统、深刻的论述，强调人们在调查研究时必须坚持辩证唯物主义和历史唯物主义的立场、观点和方法，采取科学的态度。而要做到这一点，就不能不注重逻辑与历史的统一方法在调查研究中的运用。

一

逻辑与历史的统一的方法是辩证思维的基本方法之一。

所谓"历史的"，有两重含义：一是客观事物（包括自然界和人类社会）现实的历史（如生物史、民族史等）发展过程；二是人类认识的历史（如思想史、物理学史等）发展过程。

所谓"逻辑的"，是指人的思维对客观事物现实的历史发展过程和对人类认识的历史发展过程的概括反映。它是历史发展过程在理论思维中的凝缩和再现。

思维的逻辑进程与历史发展的过程并行不悖，即为逻辑与历史的统一的方法。它的基本内容包括以下几个方面。

(1)理论的逻辑进程与客观现实的历史发展相一致。

恩格斯指出："历史从哪里开始，思想进程也应当从哪里开始，而思想进程的进一步发展不过是历史过程在抽象的、理论上前后一贯的形式上的反映；这种反映是经过修正的……这时，每一个要素可以在它完全成熟而具有典范形式的发展点上加以考察。”①这就是说，历史的起点即为逻辑的起点，理论的逻辑进程是对客观现实的历史发展过程的反映。

(2)理论的逻辑进程与关于对象认识发展的历史进程相一致，各门科学的概念、范畴的发展与其理论的历史发展进程相一致。

马克思说：“简单范畴是这样一些关系的表现，在这些关系中，不发展的具体可以已经实现，而那些通过较具体的范畴在精神上表现出来的较多方面的联系和关系还没有产生；而比较发展的具体则把这个范畴当做一种从属关系保存下来。”“可以说，比较简单的范畴可以表现一个比较不发展的整体的处于支配地位的关系，或者可以表现一个比较发展的整体的从属关系，后面这些关系，在整体向着以一个比较具体的范畴表现出来的方面发展之前，在历史上已经存在，在这个限度内，从最简单上升到复杂这个抽象思维的进程符合现实的历史过程。”②这就表明，范畴的逻辑发展即由“简单范畴”向“比较具体的范畴”的过渡符合其理论的历史发展过程。

(3)思维科学的理论与认识史、思想史相一致，个人的思维规律与整个人类的思维发展规律相一致，儿童的智力发展规律与整个人类思维规律相一致。

思维科学的理论是由一系列概念和范畴构成的，每一个概念和范畴都反映出人类对客观事物的认识水平。由于人类对客观事物的认识是由简单到复杂、由浅入深的发展过程，而且人类对客观事物的认识每深入一步，其概念和范畴不但在量上得到增加，而且在质上得到丰富。所以，思维科学的理论与人类认识史、思想史必须重合也能够重合。

个人的思维规律表现为主观逻辑的形式，它是在社会实践的基础上，获得感性的具体认识，通过分析掌握事物的各个方面和联系，从中抽象出事物的本质和必然性，然后加以综合，达到理性的具体的认识。而这一规律正是人类正确反映客观事物所遵循的规律，再现了人们在长期的、亿万次的实践中总结出来的使客观规律反映到意识中并内化为思维的规律。

儿童智力向成人智力的发展，是从反复接触的事物中开始的。儿童随着逐

① 《马克思恩格斯选集》第2卷，北京：人民出版社，1972年，第122页。

② 《马克思恩格斯选集》第2卷，北京：人民出版社，1972年，第104、105页。

步熟悉和分辨周围的事物，才慢慢有了抽象思维的能力，进而形成抽象的概念。儿童的这种智力发展规律，同样不悖于人类思维的规律。

逻辑与历史的统一，是对人类认识规律性的总结。这种总结，不排除逻辑与历史的统一是含有差别的统一的认识。这是因为，历史的发展是一个极其复杂和曲折的过程，它总是带有偶然因素和无数的细节，甚至还常常通过迂回曲折的道路表现其规律；思维的逻辑是对历史的总结和概括，它撇开了历史的自然形态中的偶然因素和一切细枝末节，以“纯粹”的理论形态把握历史发展的规律，是“经过修正的”历史。所以，逻辑与历史的统一不是绝对的统一，而是包含有差别的统一，是在总的发展趋势上的统一。

逻辑与历史的统一作为辩证思维的一种认识方法，是干部工作中不可缺少的，运用逻辑与历史的统一的方法来处理实际中的问题，就形成了调查研究这一科学的工作方法。

调查和研究是同一工作过程中的两个不同的阶段，调查是根据任务的需要，深入实际，深入群众，通过各种方式（如普遍调查、重点调查、典型调查、抽样调查等）和各种具体方法（如召开调查会、个别访问、填写调查表等），广泛地了解情况，收集材料的阶段；研究则是对各种情况、资料和信息进行分析和综合、加工和整理，实现由现象到本质、由个别到一般、由经验到理论的过渡阶段。

调查和研究作为各自独立的两个阶段，其侧重点和任务虽有不同，但它们是互相联系地发挥作用的。调查为手段，是研究的前提和基础；研究则为目的，使调查富有意义、成效和更加深入。没有调查，自然不会有合理、有效的研究。同样，没有初步的对问题的大概的研究，也不会有周密、深入的调查。

在实际的调查研究中，调查不能脱离历史和现实；研究不能脱离理论和逻辑。要对具体问题作出历史的、现实的调查，进行理论的、逻辑的研究，就要运用逻辑与历史的统一的方法，把对问题的历史与现实的考察和理论与逻辑的分析结合起来，把主观与客观、理论与实际结合起来。只有这样，才能避免那种只强调片面经验或只限于描述简单事实，而不揭示问题的本质和规律的经验主义的倾向，也只有这样才能避免那种脱离历史事实、脱离客观实际，只进行纯粹逻辑推演的唯理主义倾向。

二

调查研究本身既是逻辑与历史的统一的方法的具体运用，又受制于逻辑与历史的统一的方法。

运用逻辑与历史的统一的方法，要求在实际的调查研究中，揭示对象发展过程与认识过程的历史规律性。这就要按照被考察对象的时间顺序收集材料，从中展露出其本质和必然性、规律性的东西。

本质是被考察对象的根本性质，是同类现象中一般的或共同的东西。调查研究的过程就是由认识现象到认识本质的深化过程。一方面，被研究对象的本质存在于被调查现象之中，离开被调查现象，就无法认识被研究对象的本质；另一方面，现象又不等于本质，把握了被调查对象的现象，并不等于认识了被研究对象的本质，因此，要注意研究比现象单纯、深刻的本质。

被考察对象的出现、发展和结束有一个过程，它的本质的暴露也有一个过程，因此，我们对被考察对象本质的认识必须经历由片面到全面逐步深入的过程。

例如，人事考核是人事管理中的一项经常性的工作，但各单位人事管理干部进行人事考核所采用的标准和内容却不相同，有的主要了解被考核者过去有无奖惩功过，现在有无主动开展工作的实例，群众的具体反应如何等；有的主要了解被考核者的工作资历和学历，工作特长和能力等。按照这样的标准和内容进行人事考核，也就难免出现“看人不准，用人不当”的问题。随着对人事考核工作认识的提高，人事管理干部逐步总结和制定出以德才为基本标准，以考绩为重点，全面考德、考能、考勤、考绩的考核标准。考德，主要是考核能否认真贯彻执行国家的宪法、法律、法令，是否具备工作人员应有的道德品质。考能，主要是考核是否具有做好本职工作的业务技能，以及必备的工作态度。考勤，主要考核出勤情况、学习成绩和工作态度。考绩，主要考核完成任务的数量、质量和效率。按照这样的标准和内容进行人事考核，就能够较好地反映被考核者的政治素质、业务素质和工作实绩，达到人事考核的目的。对于人事考核标准和内容的本质的认识，就是经历了由片面到全面逐步深入的过程。

在调查研究中，被考察对象不仅具有本质的性质，而且具有必然的属性。必然性是被考察对象由其本质因素决定的确定不移的联系和唯一可能的趋势。

要研究被考察对象的必然性、规律性的东西，尤其要研究它的必然性，因为必然性是规律性的主要特征，只有认识必然性，才能把握规律性。在调查研究中，我们不能抛开偶然性去追究必然性，也不能只停留于考察个别对象的偶然细节。调查研究的任务就是要透过大量的偶然性揭示其必然性，使认识实现由现象到本质、由个别到一般、由经验到理论的过程。

例如，人事管理干部掌握了全面的、规范性的人事考核标准和内容，就要对工作人员的有关情况进行实际的考察了解。在这一过程中，首先要由被考核者所在部门提供初始的情况，其中可能有许多偶然性的东西和关于细节的材料，但这些是必不可少的。在追踪被考核者具体情况之后，还要对收集来的偶然性的东西和关于细节的材料作出认真的分析，被考核者所具有的必然性的主流的表现，正是通过其大量的偶然性表现和关于细节的材料反映出来的。

运用逻辑与历史的统一的方法，又要求在调查研究中形成理论认识层面的各个概念、范畴的逻辑顺序，必须符合被考察对象历史发展的顺序。这里所说的逻辑顺序，就是概念、范畴之间前后相继或相互隶属的关系。在调查研究中，常用的确定逻辑顺序的方式有以下两种。

(1)各个概念、范畴之间的相互联系可以是继起性的联系方式，按照这种方式确定的逻辑顺序大体上与客观事物和人类认识的发展历史相一致。

例如，做经济工作的干部在调查和研究人们的生活消费活动及其发展规律的过程中，所涉及的“消费力”“消费关系”“消费行为”“消费水平”“消费效果”等概念、范畴之间的相互联系，就是一种继起性的联系方式。在这些概念、范畴中，先行的概念、范畴总比后继的概念、范畴要抽象；反之，后继的概念、范畴总比先行的概念、范畴要具体。这种概念、范畴间的继起性的联系方式，起着沟通、联结的作用，能够把最抽象的逻辑起点和作为思维具体的逻辑终点联结起来，构成一环扣一环的消费经济理论的逻辑体系。

(2)各个概念、范畴之间的相互联系，也可以是从属性的联系方式，按照这种方式确定的逻辑顺序主要是反映客观事物内部各个组成部分之间的从属关系。

例如，投资决策者在投资前期，要对各种技术方案、建设方案和生产经营方案的实施可能性、技术先进性和经济合理性进行分析、计算和评价。对投资项目进行可行性研究，就是对该项目的一些问题，如市场需求、资源、原料、燃料、动力供应条件、建厂规模、设备造型等，从技术经济方面进行详尽的调查研究。

经过调查研究所形成的一系列概念或范畴，如市场范围和需求量，生产规模和生产方案，原材料投入，坐落地点和厂址选择，项目设计，工厂组织机构和管理费用，职工来源及培训，建设进度，投资估算，生产成本估算，财务分析，经济评价，方案比较等，都与可行性研究这一概念相互联系，构成从属性的联系方式。这种方式所确定的逻辑顺序反映的正是可行性研究内部各个部分与其整体之间的从属性关系。

运用逻辑与历史的统一的方法，还要求在调查研究中辩证地处理历史方法和逻辑方法的相互关系。

历史的方法是通过考察对象（事件、人物等）的自然进程揭示出对象规律的方法。它要求遵循历史的顺序把握历史基本线索和内在联系，从而揭示历史发展的必然性。

逻辑的方法是通过采用概念、判断、推理等思维形式概括反映对象发展的规律的方法。它主要从完全成熟而且具有典范形式的发展点上考察对象的本质特性和具有必然性、规律性的属性。

逻辑的方法不同于历史的方法，因为历史的方法“决不能充分地证明必然性”①，历史的方法属于描述性的方法，而逻辑的方法则属于理论思维的方法，二者是两种不同的认识方法。但它们又是互为联系的两种方法。逻辑的分析要以历史的发展为基础，历史的描述要以逻辑的分析为依据。

在调查研究中，不能割裂逻辑方法和历史方法的相互关系。只用历史方法或者逻辑方法，即使是以历史方法为主的调查，也不能排斥逻辑方法的运用；同样，即使以逻辑方法为主的研究，也不能排斥历史方法的运用。如果在我们所要考察的对象中没有时间顺序中分阶段逐步展开这一面，那么我们所要反映的客观对象就成为一个僵死的东西。它就既没有过去，又没有现在，更没有将来。如果在我们所要考察的对象中没有某种本质的必然性的东西贯穿于始终这一面，那么我们所要反映的对象就不是一个有机的整体，而是一个变化不定的不可捉摸的东西。既然这两个方面在调查研究的同一对象身上是不可分离的，那么逻辑方法和历史方法在调查研究中就不能相互代替，它们共同作用于调查研究的全过程。我们对同一考察对象所形成的完整的认识，是要靠这两种方法统

① ［德］恩格斯：《自然辩证法》，北京：人民出版社，1959 年，第 191 页。

一起来共同完成的。

例如，某公司考察组在对某先进厂的工作进行考察时，要求提供近两年来在经营管理方面的工作情况。如果有关人员只讲到该厂在这期间的计划、组织、指挥、监督和调节方面的工作做得比较好，厂内的人力、物力、财力和各项工作能够合理地组织起来，使生产经营协调发展，保证了生产任务的完成，那么，考察组当然可以对该厂的经营管理工作有一个概括性的了解，但这并不足以进行全面的工作考察。于是，考察组详细地询问了一些情况，如“你们厂是怎样确定经营管理目标的?”“你们厂是怎样选择达到目标的最佳方案的?”“你们厂是如何对人、物、财进行协调领导的?”“你们厂发现经营管理中的问题是如何采取措施加以调节和监督的?”等等。在这一过程中，有关人员提供的初始情况，是用逻辑的方法得出的。而逻辑方法是对历史方法的成果的概括和提高。上述有关人员正是在接触该厂的现实中，从大量的历史例证中总括出这种认识的。考察组之所以要提出一些问题，就是根据考察意向，启发有关人员采用历史的方法追踪叙述该厂在经营管理方面的工作过程，提供一些关于细节的材料，以便从另一面展现该厂经营管理方面的工作。当然，考察组的这些问题本身也是用逻辑方法提出的。由于逻辑的方法能够从本质上考察对象，而且对于历史方法可以起到某种指导作用，所以采用了这种按一定程序发问的逻辑方法。有关人员紧接着一一回答了问题，他们从该厂在经营管理中一开始存在的问题，讲到如何想办法解决这些问题，如何又加强了经营管理工作。考察组掌握了这些情况后，又和有关人员进一步分析出该厂两年来在经营的具体内容上是有变化的，管理中所涉及的具体情况是不断更新的。但是，从变化中也看到一些比较稳定的内容，如计划管理、技术管理、劳动管理、物资管理、成本管理和财务管理。这五个方面的管理都不可缺少，它们之间有种内在的排列程序。计划是工厂经营管理的首要职能。只有做好工厂的长远发展规划、年度计划和生产作业计划，才能谈得上落实计划，为增强发展能力而进行的技术管理。技术管理需要劳动管理配合，人的问题解决了，对物质、对成本、对财务的管理也就在其中了。工厂的整个经营管理工作，就是要抓好这五个方面的内容。这一认识，正是通过对逻辑方法和历史方法辩证关系运用获得的。

（1989 年 12 月 10 日完稿，收入本书时有改动）

编辑学杂谈

词项伸缩在编辑工作中的应用

词项是直言命题的主项或谓项。它分为单独词项和普遍词项。其外延是唯一对象的词项称为单独词项(也叫个体词),其外延是若干对象组成的类的词项称为普遍词项(也叫谓词或类)。词项伸缩就是单独词项和普遍词项在内涵和外延的数量或规模上作出有限的变动。它包括词项的伸张和缩小。词项的伸张即缩小一个词项的内涵以增加其外延,从而过渡到外延较广的词项。词项的缩小即扩大一个词项的内涵以缩小其外延,从而过渡到外延较窄的词项。词项的伸缩都是从内涵和外延结合的角度明确词项的。

词项伸缩具有重要的逻辑的方法因素和作用。这种重要的逻辑的方法因素和作用主要体现在词项伸缩是科学研究的重要工具。当然,词项伸缩也是编辑学研究的重要工具。它在编辑工作中的应用最为广泛和频繁。对词项伸缩的学习、掌握和应用,主要是为了在实际编辑工作中发挥它作为工具和方法的作用。这些年,编辑出版界存在着"无错不成文"的现象,而其中错讹最多、误人最甚的,当数词项的伸缩。有的是"应伸缩而未伸缩",有的是"多余伸缩",令人读之哭笑不得、气闷神沮。研究词项伸缩在实际工作中的应用,实在是编辑人员应予重视的课题之一。

词项伸缩用于编辑工作,既要明确词项伸缩在实际工作中的一般要求,又要懂得词项伸缩在实际工作中的特殊用法。这是因为,任何编辑工作都是编辑主体(编辑人员)对编辑实践的客体(文稿)的加工处理过程,而加工处理文稿的过程要进行得合理和有效,就必须正确地运用词项伸缩的一般规律和规则。编辑人员编发文稿,经过选题、组稿、审稿、加工原稿、整理发稿、读校样等,才能达到出版要求。编辑工作的整个程序都离不开词项的运用,而词项伸缩是词项理论的重要内容。编辑工作又不是一般的文字工作,它的工作性质和特点决定了不能简单地套用词项伸缩的规则。只有在实际编辑工作中活化词项伸缩要求,才能够编辑得当,使词项起到应有的作用。

在逻辑里,词项伸缩是有限度的,词项伸缩的极限是"范畴。如物质、意识、运动、静止、原因、结果等范畴，都是外延最大、适用范围最广的概念。再也没有比范畴外延更大的概念，即再也不会找到属概念，当然就不能再进行概括了”[①]。词项伸缩的这一理论能否适用于编辑工作，这要结合编辑工作的实际分析范畴说成立与否。

范畴是反映对象本质属性和普遍联系的基本概念。每一门科学都有一些范畴。哲学作为一门科学也有一些范畴，物质、意识、运动、静止、原因、结果等范畴都属于哲学范畴。哲学范畴不同于各门具体科学的范畴，它不是对某一领域、某一方面、某一问题的反映，而是对自然、社会和思维发展过程最本质、最普遍联系的反映。把具体科学的一个范畴或词项或概念概括成一个哲学范畴，无疑能够缩小一个范畴的内涵以扩大其外延，进而过渡到外延更广的概念。但是，由此并不能把范畴或者哲学范畴作为编辑人员对词项伸缩的最高限度。这是因为，缩小一个范畴或词项的内涵以扩大其外延，从而过渡到外延更广的范畴或词项，只是就一定范围来讲的，只是从认识的角度考察和认识问题的，即便是从这一个角度考察和认识问题，也不是就没有可过渡的外延更广的概念。如“物质”这一范畴，它是“不依赖于意识而又只能为人的意识所反映的客观实在”[②]。在这里，“客观实在”是作为“物质”词项邻近的属词项出现的，其本身就是对“物质”的一种伸张。如果不把“客观实在”视为“物质”词项邻近的属词项，而是把它们看作同一词项，那么该定义的定义项不是直接包含被定义项，出现“同语反复”的错误，就是定义项小于被定义项，出现“定义过窄”的错误。既然该定义是被公认为合理、有效的，那么把“客观实在”作为“物质”的属词项，从而认定前者是对后者的一种伸展，就是无可非议的。编辑人员在日常思维中有时也把“物质”和“客观实在”作为同等意义上的概念使用，但严格来讲，“物质”概念有“具体物质形态”和“物质一般”两个意义。“物质一般即客观实在性，是从各种实物的总和中抽象出来的最本质的共性，它不等于任何一个具体的物质形

① 吴家国主编：《普通逻辑原理》，北京：高等教育出版社，1989 年，第 45 页。

② 中国大百科全书总编辑委员会《哲学》编辑委员会编：《中国大百科全书·哲学》，北京：中国大百科全书出版社，1987 年，第 944 页。

态。"[①]因此,"客观实在"相对于任何一个"具体的物质形态",都是一种伸张。编辑从事组织、采录、收集、整理、纂修、审定文稿及其他资料等多项工作,根据不同的思维需要,可以进行各种不同的伸张。从系统论的观点出发,"物质"可被伸张为"有机整体",物质正是由诸要素以一定的结构组成的具有确定功能的有机整体。从语言学的观点出发,"物质"又可概括为"实词""语词""语言材料"等。从经济学的观点出发,"物质"还可被概括为"生活资料"("消费资料")等。

"物质"这一词项不仅可以从不同的角度进行不同的伸展,而且可以从同一个角度进行连续概括。如从哲学的角度,把"物质"扩大为"哲学范畴",可以继续扩大为"范畴",还可以继续扩大为"基本概念""概念""存在",等等。

物质等范畴能够在编辑工作中从不同的角度或从同一角度再伸张,是由这些范畴在编辑工作中的作用和伸张的实质、要求决定的。这些范畴在编辑工作中的作用,正如列宁所说:"是区分过程的一些小阶段,即认识世界的过程中的一些小阶段,是帮助我们认识掌握自然现象之网的网上纽结。"[②]词项伸张的实质即缩小一个词项的内涵,相应扩大它的外延,以确定其归属。词项伸张要求在具有种属关系的词项间进行,而且是从种词项过渡到属词项。词项之间凡是具有某种隶属关系,并且是从种词项到属词项的过渡,就是词项有效的伸张。把范畴作为词项伸张的最高限度,往往束缚、限制了编辑人员思想的发展。以往的哲学范畴是人类认识史的概括,是一定历史阶段科学认识成果的凝结。随着客观现实的发展和科学认识的不断进步,不仅范畴的数量和内容日益增加与丰富,而且一些范畴的意义和地位也发生了变化。

例如,过去对"物质形态"这一概念的认定只包括三种,即"固态""液态""气态"。20世纪以来,随着现代自然科学对物质结构研究的深化,人们又发现了物质的第四种状态——"超固态",继而又发现了第五种状态——"等离子态",第六种状态——"场",第七种状态——"反物质"。这就表明概念或范畴不是一成不变的。把所有的定死的范畴作为编辑人员现实思维中概括的极限,显然不能

① 中国大百科全书总编辑委员会《哲学》编辑委员会编:《中国大百科全书·哲学》,北京:中国大百科全书出版社,1987年,第945页。

② 《列宁全集》第38卷,北京:人民出版社,1959年,第90页。

达到有效伸延的目的。

编辑人员对词项伸张无最高限度可言，但这并不是说可随意伸张词项。词项的扩大只有从文稿的实际出发，对其内容、结构、逻辑、文字等进行全面的分析，实现由种词项到属词项的推演，才能达到有效伸张的目的。否则，从想当然出发，由反映属性的词项推演到反映实体的词项，或者由反映单个体的词项推演到反映集合体的词项，或者由反映部分的词项推演到反映整体的词项，都是无效的伸张或不称其为伸张。如由"新闻价值"推演到"新闻"，由"出版物的社会性"推演到"出版物"，都不成立。这是因为，"新闻价值"是新闻工作者用以衡量客观事实是否能构成新闻的标准，而"新闻"则是经报道的新近事实的信息。前者只是后者的一种属性。"出版物的社会性"是出版物作为精神产品具有的社会规定性，而"出版物"则是出版工作的成果和产品。前者也是后者的一种属性。由反映属性的词项，分别伸张为反映实体的词项，得不出共性的认识。再如，由"清代编纂出版的《经》"推演到"清代编纂出版的《四库全书》"，由"编"推演到"编著"，也不成立。这是因为，"清代编纂出版的《经》"是清代编纂出版的大型手写丛书的其中一部，而"清代编纂出版的《四库全书》"则是清代编纂出版的大型手写本丛书。前者是反映单个体的词项，而后者是反映集合体的词项。由反映单个体的词项伸张成反映集合体的词项，得不出共性的认识。"编"是系统整理已知的资料或前人、他人的成果。"著"则是言人之所未曾言，能发挥自己的独到见解，有开创、创新的性质。显然，"编"只是"编著"的一部分，部分所具有的特征同样不为整体所具有。由反映部分的词项伸张成反映整体的词项，当然也得不出共性的认识。

编辑人员按照需要审读、评价、选择、加工、整理稿件或其他材料，既要善于鉴别，巧于概括，又要芟繁就简、去芜存菁，用好限制。

在逻辑里，词项的缩小也是有限度的。词项缩小的极限是单独词项，因为词项的限制是在具有属种关系的词项之间进行的，而单独词项是外延最小的种词项。也就是说，再也找不出比单独词项外延更小的种词项了，所以词项缩小到单独词项就无法再限制了。

单独词项能否成为确定词项缩小的最高限度的根据？这也要从编辑工作的实际思维出发，重新审视单独词项。

编辑人员日常使用的单独词项千差万别，林林总总。一个单独词项本身，无所谓种词项。种词项与属词项是并列对举的。如果有两个词项，其中一个词项的外延是并且仅仅是另一个词项的外延的一部分，那么，前一词项称为后一词项的种词项，而后一词项称为前一词项的属词项。种词项与属词项所具有的这种被包含与包含的关系，决定了它们是互为存在条件的。种词项离不开属词项，属词项也离不开种词项。

一个词项，相对于一个比其外延宽的词项，它是种词项，但相对于一个比其外延窄的词项，又是属词项。既无后继词项又无前承词项的一个单独词项，也就不称其为种词项或者属词项了。

一个单独词项，即便算是种词项，也不是编辑思维中外延最小的种词项。单独词项是与普遍词项和空词项同时存在的。空词项的外延所指称的类是现实世界根本不存在相应的对象。

比较单独词项和空词项，前者只反映某一特定对象，即指外延数量为一的词项；后者是连一个特定对象也不反映的词项，即指外延量为零的词项。从类词项的角度判定外延最小的种词项，外延数量为一的单独词项理应让位于外延数量为零的空词项。

既然单独词项不是外延最小的种词项，这就意味着单独词项有可能过渡到种词项。但是，这并不是说单独词项只能过渡到空词项，空词项成了词项缩小的最高限度。这是因为，空词项的外延虽说是现实世界的空类，某个空词项只适用于某个空类，一般无须对其进行限制，但不是无法限制。如“这台小永动印刷机”这一空词项，就是“永动印刷机”这个空词项的种词项，前者正是对后者的一种限制。尽管“永动印刷机”等空词项所反映的“类”在现实中不存在任何具体的分子，但它毕竟是人们在头脑中把不同对象的属性综合起来，并根据这些属性构成的一个特定的“类”，这就使这些词项能够扩大其内涵，相应地缩小其外延。连外延数量为零的空词项都能再限制，对外延数量不是零的单独词项进行限制，也应该是没有问题的。

对单独词项的限制不同于对普遍词项的限制。普遍词项的外延所包含的若干对象，不是反映对象的小类，就是反映对象的个体。对普遍词项的限制便可将其过渡到小类词项,或是分子词项。单独词项的外延只包含一个对象,用指出这一对象的方法即可明确它的外延,一般也无须限制。但是,这种词项在特定的语言环境中,不仅需要而且也能够进行限制。如在“1897 年创办的商务印书馆,是中国近代出版事业中历史最久的出版机构”“在北京出版的《中国大百科全书》是我国第一部大型综合性百科全书”这两个判断中,“1897 年创办的”是从时间上对“商务印书馆”这一单独词项进行限制的,“在北京出版的”则是从空间上对“《中国大百科全书》”这一单独词项进行限制的。又如,在“世界上第一高峰珠穆朗玛峰位于中国西藏自治区和尼泊尔接界处”“世界上第一部版权法《安妮法令》是 1710 年生效的”这两个判断中,“世界上第一高峰”是从程度上对“珠穆朗玛峰”这一单独词项进行缩小的,“世界上第一部版权法”是从次序上对“《安妮法令》”这一单独词项再缩小的。

对同一单独词项的缩小既可以从时间、空间、程度、次序等不同方面来进行,也可以从同一方面连续来进行。如“这位作者”可缩小成“本文的这位作者”,还可限制成“昨天我说的本文的这位作者”,等等。

否认词项缩小的极限,并不意味着对词项的缩小可随意进行。词项的限制只有从编辑工作的实际出发,实现由属词项到种词项的推演,才能达到有效缩小的目的。不然,从反映整体的词项推演到反映部分的词项,或由反映实体的词项推演到反映属性的词项,或由反映集合体的词项推演到反映单个体的词项,都是无效的缩小或不称其为缩小。如由“《辞海》”推演到“《辞海》第一卷”,由“这一次深度报道”推演到“这一次深度报道的倾向性”,由“这本自然数集”推演到“这本自然数集的自然数”,都不成立。这是因为,“《辞海》”是反映中国现代大型百科性辞书三卷本的整体词项,而“《辞海》第一卷”则是反映中国现代大型百科性辞书一卷本的部分词项,整体词项具有的属性部分词项并不具有。“这一次深度报道”是这一次对新闻事件作深入分析并预示其发展趋向的报道,而“这一次深度报道的倾向性”则是这一次作者或新闻机构对于客观事实的态度在深度报道中的反映。前者是实体词项,后者是属性词项,实体词项具有的属性属性词项并不具有。“这本自然数集”是由“这本自然数集的自然数”的集合体构成,它与每个“这本自然数集的自然数”是集合体与单个体的关系。反映集合词项的属性不反映单个体词项的属性。所以，由反映整体词项或集合体词项缩小成反映部分的词项或反映单个体的词项，也得不到个性的认识。

总之，词项伸缩在编辑工作中无最高限度可言，但有规范。要对词项作出合理、有效的伸展或缩小，就要在实际思维中明确和活化伸缩的逻辑特征，合乎规范地进行词项伸缩。

[本文原刊于《山东师大学报》(社会科学版)1999 年第 6 期，收入本书时有改动]

标注关键词的逻辑要求

关键词原本是文献计量学上的一个概念，指的是反映文献主题概念的词或词组。指向性、决定性和代表性是它的三大特点。也就是说，关键词必须是某一文献指向主题概念并对其起决定作用的具有代表意义的词或词组。在一般文献中，每篇标注3—8个关键词。作为文献计量学的关键词概念经过近几十年的发展，已在科学定量规律、科学管理定量评价等方面发挥了重要的作用，并得到越来越多的承认和应用。目前，我国普通高等学校刊载某学科文献密度较大，文献率、引文率及利用率较高的学报，均在学术论文文前或文后标注关键词。这种做法，既是编辑编排的规范化、标准化和提高办刊质量及文献计量、评估、研究水平的需要，又是促进科学文献在网络化、数字化环境下快速交流的需要。

关键词对于学报刊发的学术论文具有明显的提示作用。它以浓缩的形式传达了编辑作为学术论文公开发表前的审理者的学术思想，即阐述什么学术概念，确定什么研究方向，解决什么学术问题，推崇什么学术成果。因此，严格说来，关键词与重要概念或重要词是有区别的。然而，现在不少学报刊发学术论文已从通过定量和定性相结合来遴选关键词过渡到单纯地以具有一定意义、作用和影响的词或词组来筛选关键词。关键词与重要概念或重要词的区别越来越模糊，相应地，出现了许多关键词“不关键”“不逻辑”的现象。因此，明确和掌握标注关键词的要求是学报编辑的当务之急。

选用关键词，有很多不同的要求，既有针对各门学科的普适要求，也有每门学科各自的特殊要求，甚至还有一些专门性的技巧要求。但从总体上看，它的要求不外三个方面：一是经验要求，即观察、测量、实验等；二是臻美要求，包括直觉、对称、统一、简洁等；三是理性要求，主要是逻辑、统计等要求。目前，编辑出版界对选用关键词的经验要求和臻美要求多有论述，但对其理性要求尤其是逻辑要求却无人提及。其实，只有明确选用关键词的理性要求，尤其是逻辑要求，才能真正合理、有效地标注关键词。编辑对关键词的识鉴，既要关注其新与美，因为新是探究和实现遴选过程中的合目的性，美是符合统一、简洁、对称等美的标准和要求，又要关注其真，因为真是探究和实现遴选过程中的合规律性。从这个意义上讲，编辑理应同时兼备浪漫与严谨两种品格。这两种品格不只是编辑者审定关键词需要具备的，而且表现于其学识修养。

编辑在识鉴关键词的过程中，不论采取何种形式的遴选，也不论遴选的内容和性质有何不同，都要符合逻辑要求。选用关键词，并不是单纯找出几个论题包容的主题概念的词和词组就能解决问题，关键在于用以说明论题的那些关键词能否组合排列在一起，也就是有没有逻辑性的问题。一篇学术论文，逻辑的含量并不取决于论题而是取决于论证。在一个论证中，支撑论题的关键词比被支撑的论题更重要。无论是在未知领域提出一个观点，还是在已知领域否定某个旧说而提出新说，重要的不是论题，而是论据中的关键词。论据中的关键词往往不是一个，而是几个，几个关键词之间就有一个逻辑关系问题。只有标注符合逻辑要求的关键词，才能达到使用关键词的目的。

遴选关键词的逻辑要求是否合理和有效，取决于它是否能在实际遴选中体现其实质和要求。标注关键词的实质就是将关涉论题主题概念指谓的类对象分成若干同级的子类或分子对象，以明确其外延。近代法国学者阿多诺、尼柯尔在《波尔-罗亚尔逻辑》一书中，就指出了遴选词项的这一实质。

在具体遴选关键词时，必须具备关涉论题主题概念指谓的类对象或分子对象的具体知识。但是，这些具体知识的获得和确认，并不是逻辑学所能解决和所要解决的。逻辑学研究的只是各种遴选所共同具有的逻辑特征，为编辑提出判定关键词形式方面的要求。古希腊的柏拉图把遴选词项的形式表述为“下降的辩证法”，即“将大类‘对分’为小类，再对分……‘分到不可再分为止’。例如，将‘用具’分为家具、农具；再将家具分为桌、椅；再将桌分为方桌、圆桌。也就是属一种——个体”①。遴选词项的这种形式，要求在每一次“对分”中都要坚持平列的原则，将命题承担者词项（属）过渡到各个并列的关键词（种），同时也不排斥坚持隶属的原则，把各关键词按照由小到大、由远到近的序列组织。遴选关键词只有以这样的认识为出发点，才能总括出实用的遴选要求。

---

① 杨百顺：《西方逻辑史》，成都：四川人民出版社，1984 年，第 39 页。

我以为，遴选关键词主要有以下逻辑要求。

首先，遴选出的关键词必须是同一系列和序列的。

对于同一篇学术论文，从不同的角度可以遴选出不同的关键词，但对于同一篇学术论文所标注的关键词，必须是同一系列和序列的。

所谓“关键词必须是同一系列和序列的”，指的是遴选出的关键词应当是根据统一原则组合的共同的一套类词项或分子词项，其结构和功能又是按照一定的秩序进行排列的。由于每一次遴选只能从一个角度明确和展示主题概念所对应的关键词，这一过程又受到客观存在的因果律的制约，所以每次遴选出的关键词必须是同一系列和序列的。

有悖于这条要求，就会出现“多出子项”或“遴选无序”的逻辑错误。遴选出的关键词不是同一系列的，是前一种错误；遴选出的几个关键词不是同一序列的，是后一种错误。

例如，某学报刊发的《北京市农作物种植》一文，选用了“粮食作物种植”“经济作物种植”“蔬菜作物种植”“饲料作物种植”“绿肥作物种植”“山林作物种植”六个关键词。其中，子项中的“粮食作物种植”“经济作物种植”“蔬菜作物种植”“饲料作物种植”“绿肥作物种植”，是按照农作物产品特点的不同进行同一系列的类作物排列的；而子项中的“山林作物种植”则是按照农作物种植产品生产的区域列举出的，因而犯了“多出子项”的逻辑错误。

又如，某学报刊发的《人类社会经历的生产方式五论》一文，选用了“奴隶制的生产方式”“原始公社的生产方式”“资本主义的生产方式”“封建制的生产方式”“社会主义的生产方式”五个关键词。该例遴选出的子项中“奴隶制的生产方式”与“原始公社的生产方式”、“资本主义的生产方式”与“奴隶制的生产方式”的排列顺序颠倒了，人类社会的历史所经历的五种基本生产方式本来是原始公社制的生产方式、奴隶制的生产方式、封建制的生产方式、资本主义的生产方式和社会主义的生产方式。按照这样的顺序排列生产方式，才能正确地反映社会历史发展中依次更迭并向高一级生产方式发展的过程。原来选取的关键词排列没有能够如实地反映这一过程，因而犯了“遴选无序”的逻辑错误。

选用的关键词必须是同一系列和序列的，并不意味着选用关键词的根据必须同一。所谓"同一",是指"共同的一个或一种"①。选用关键词的根据必须同一,即在同一个层次的遴选中只能选择共同的一个或一种遴选的标准。但是,在实际思维中,选用关键词的根据只能是共同的一个或一种的毕竟是少数。大量的经常的遴选,其根据不只是共同的一个或一种。遴选关键词的根据不仅可以是共同的两个或多个,而且可以是不同的两个或多个。

选用关键词的根据不限于"一个或一种",这在同一个层次的遴选中如此,在不是同一个层次的遴选中也是如此。确定一个具体的标注关键词的根据,受制于不同的哲学出发点,也受制于一定的社会历史条件,即人类在理论和实践上把握自然、社会、思维的程度。以往各种科学标注关键词的根据,或者是科学认识的客体,即现实世界的事物、性质和关系,或者是科学活动主体的认识特点。由于客观事物中的类与类的区别是相对的,客观事物的性质和关系是复杂的,科学活动主体的认识特点也不是绝对的、单一的,所以标注关键词的根据应在实际思维中确定,并非必须同一。

恩格斯指出:"自从用进化论观点从事生物学研究以来,有机界领域内固定不变的分类界线一一消失了;几乎无法分类的中间环节日益增多,更精确的研究把有机体从这一纲归到另一纲,过去几乎成为信条的那些区别标志,丧失了它们的绝对效力。""正是那些过去被认为是不可调和的和不能化解的两极对立,正是那些强制规定的分界线和纲的区别,使现代的理论自然科学带上狭隘的形而上学的性质。这些对立和区别,虽然存在于自然界中,可是只具有相对意义。"②随着思维科学的发展,用多种方法从多种角度同时研究、判定某一特定的对象,已成为思维科学发展最有前途的方式。这不仅为多根据标注关键词提供了可能,而且使多根据选用关键词获得了重要的意义。划分作为现实思维的一种逻辑方法,不能不给多根据标注关键词以应有的位置。

其次,遴选出的关键词必须是主题概念的子类概念或分子概念。

遴选出的关键词必须是主题概念的子类或分子,是指遴选出的各个关键词外延必须是主题概念外延的小类词项或个体词项。如果选用的子关键词不是

---

① 中国社会科学院语言研究所词典编辑室地:《现代汉语词典》,北京:商务印书馆,1996 年,第 1265 页。

② 《马克思恩格斯选集》第 3 卷,北京:人民出版社,1995 年,第 352 页。

母项的子类或分子，那就不能有效地达到遴选的目的，因为遴选是用以揭示词项外延的，“外延是词项所指的事物所组成的那个类”①。词项的外延所指称的类可能只有一个对象，也可能是现实世界根本不存在相应的对象，还可能有若干对象。单独词项的外延只包含一个对象，用指出这一对象的方法就可以明确它的外延。空词项的外延是现实世界的空类。某个空词项只适用于某个空类，这也无须和无法遴选。普遍词项和外延包含若干对象，遴选只适合这种词项。而普遍词项的外延所包含的若干对象，不是反映对象的小类，就是反映对象的个体，所以遴选出的子关键词只能是关涉主题概念的子类概念或分子概念。有悖于这一要求，就会出现“以属性代子类”或“以部分代分子”的逻辑错误。

例如，某刊发的《劳动概念论》一文，选用了“抽象劳动”“具体劳动”等关键词。而“抽象劳动”和“具体劳动”都不是被论述的“劳动”概念的子类概念，只是生产商品的劳动所具有的双重属性，是同一劳动的两个方面；而“劳动”则指谓劳动力的使用和劳动力的消费，把“抽象劳动”和“具体劳动”用作《劳动概念论》一文的关键词，显然是犯了“以属性代子类”的逻辑错误。

又如，某学报刊发的《关注循环经济》一文，选用了“资源”“产品”“消费”“再生资源”四个关键词。“循环经济”是按照生态规律利用自然资源和环境容量，实现经济活动的生态化转向概念。它和“知识经济”是新世纪国际社会的两个趋势，值得关注。“循环经济”属于普遍词项，可以划分，但“资源”“产品”“消费”“再生资源”都不是被划分词项“循环经济”的子项词项。循环经济要求把经济活动按照自然生态系统的模式，组织成一个“资源—产品—消费—再生资源”的物质反复循环流动的过程，“资源”“产品”“消费”“再生资源”只是“循环经济”运作过程中的若干环节，或是一个整体的有机组成部分，而不是“循环经济”类的每一个个体对象，因此犯了“以部分代分子”的逻辑错误。

再次，遴选出的关键词外延之间必须具有并列关系或矛盾关系。

关键词与关键词之间的外延关系是多种多样的。遴选出的关键词外延即子项之间必须具有并列关系或矛盾关系。所谓“并列关系”，指的是“在同一个

---

① 中国大百科全书总编辑委员会《哲学》编辑委员会编：《中国大百科全书·哲学》，北京：中国大百科全书出版社，1987年，第644页。

属概念下的种概念之间的关系，有相容的和不相容的两种。如：‘学习模范’‘劳动模范’‘工作模范’这些概念，在‘模范’这一属概念下具有相容的并列关系；‘原始公社制度’‘奴隶主占有制度’‘封建制度’‘资本主义制度’‘社会主义制度’这些概念，在‘社会制度’这一属概念下具有不相容的并列关系”①。所谓“矛盾关系”，指的是“在同一属概念下两个种概念之间的一种不相容关系。它们的内涵互相否定，外延互相排斥，其总和等于该属概念的外延。如在‘颜色’这一属概念下的‘白’和‘非白’这两个概念就具有矛盾关系”②。几个关键词之间不论是具有并列关系还是具有矛盾关系，都能够有效地表征被论述命题最关紧要的词项的外延。把“模范”分为“学习模范”“劳动模范”“工作模范”等，把“社会制度”分为“原始公社制度”“奴隶主占有制度”“封建制度”“资本主义制度”“社会主义制度”，把“颜色”分为“白色”和“非白色”，都达到了明确被论述命题最关紧要的词项的目的。

有悖于这一要求，就会出现“关键词重复”、“关键词层次不清”、“关键词不当交叉”或“遴选过窄”的逻辑错误。如某刊《关于雕塑类型》一文，选用了“浮雕”“圆雕”“立体雕塑” 三个关键词。另刊《现代运输方式》一文，则选用了“铁路运输”“公路运输”“水路运输”“航空运输”“管道运输”“远洋运输” 六个关键词。前例遴选出的“圆雕”与“立体雕塑”这两个关键词的外延之间具有同一关系，“圆雕”和“立体雕塑”都是在三维空间造型的，其外延全部重合，这一遴选将其中的一个词项还原，因而犯了“关键词重复”的逻辑错误。后例遴选出的子项中“水路运输”与“远洋运输”的外延之间具有真包含关系。远洋运输属于水路运输，但水路运输除了远洋运输，还有内河运输和沿海运输。这一遴选将“远洋运输”与“水路运输”平等并列，因而犯了“关键词层次不清”的逻辑错误。又如，某刊《民族问题研究》一文，选用了“国内民族问题”“国际民族问题”“特殊民族问题”三个关键词。另刊《土地资源论》一文，选用了“土地资源”“水资源”“生物资源”“矿物资源”“气候资源”五个关键词。前例遴选出的关键词“国内民族问题”

---

① 中国大百科全书总编辑委员会《哲学》编辑委员会编：《中国大百科全书·哲学》，北京：中国大百科全书出版社，1987 年，第 743 页。

② 中国大百科全书总编辑委员会《哲学》编辑委员会编：《中国大百科全书·哲学》，北京：中国大百科全书出版社，1987 年，第 745 页。

和“国际民族问题”分别与“特殊民族问题”的外延之间具有交叉关系，“国内民族问题”中有“特殊民族问题”，反过来，“特殊民族问题”中也有“国内民族问题”；“国际民族问题”中有“特殊民族问题”，反过来，“特殊民族问题”中也有“国际民族问题”。这一遴选的子关键词部分重叠后构不成并列关系，因而犯了“关键词不当交叉”的逻辑错误。后例遴选出的“土地资源”“水资源”“生物资源”“矿物资源”“气候资源”的外延之间具有反对关系，这些关键词的外延之和小于“国土资源”的全部外延，缺少“海洋资源”（如滩涂、海岸带、大陆架）等子项，而“海洋资源”是国土资源不可或缺的关键词，因而犯了“遴选过窄”的逻辑错误。

上述选用关键词的逻辑要求，分别从关键词与关涉论题主题概念之间的外延关系、关键词与关键词之间的外延关系和遴选标准三个不同的方面，表现着遴选的实质和要求，这些要求既是各自独立的，又是相互联系地发挥作用的。尽管它们的作用有的偏重于这一侧面，有的偏重于那一侧面，但是这些要求的特点就在于它们之间以及各条要求自身不同侧面之间存在密切的、不可分离的联系。因此，完整地把握这几条要求，是正确遴选关键词的必要条件。

标注关键词的逻辑要求，具有规范作用和判据作用。规范作用是指它作为保持关涉论题主题概念外延确定性的基本准则，对正确的标注关键词有指导和约束作用；判据作用是指它作为一种尺度，能够衡量、评价任一具体的标注关键词。凡是有悖其要求的标注关键词，都不是合理有效的。

需要指出的是，标注关键词的逻辑要求是“形式性”的要求，而选用关键词的目的是“实质性”的要求。作为可以量化操作的形式规范，逻辑所能规范的也只是编辑标注关键词的外在方式，在大多数情况下，它只能以标注关键词的效果为对象，而很难顾及其目的。实际选用关键词则不同，它更多的是以实际标注的动机来衡量选用的效果，并要求选用关键词必须结合种种具体条件来实现目的和效果的统一。因此，标注关键词，既要遵守逻辑规范，又要多视角、多侧面、多因素、多向度地进行思考，经过分析、综合，最后作出抉择。只有这样，才能标注出合乎逻辑和实际的关键词。

［本文原刊于《山东师大学报》（社会科学版）2001 年第 5 期，收入本书时有改动］

加大学报编辑工作的逻辑含量

近年来，在高校学报编辑工作中存在着两种不良倾向。一是用虚无主义的态度看待学报编辑工作。有的编辑工作者热衷于发表背离逻辑的稿件，追求所谓的“革新”“创新”，提出许多“新观点”“新思潮”。他们常常把举例当作逻辑证明，似乎运用某一学科的命题或原理就能够直接确证或否证某一科学命题或结论；同样也认为，应用某一科学命题或结论就可以直接证实或证伪某一学科命题或原理。这种片面性的认识，实质上是否定逻辑理论在学报编辑工作中有其独立存在的价值。二是用教条主义的态度看待学报编辑工作。有的编辑工作者热衷于发表远离现实的稿件，追求单纯的学术价值，在抽象思辨中孤立地构造所谓的“理论体系”。这种对现实感的漠视，把理论同它在现实生活中的生动发展割裂开来，为教条主义地研究某一命题或理论提供了土壤和阵地。

用虚无主义的态度看待学报编辑工作，是一种对学报编辑工作逻辑含量的降低；用教条主义的态度看待学报编辑工作，也是一种对学报编辑工作逻辑含量的降低。高校学报编辑工作的内在质量是通过其逻辑含量体现出来的。逻辑含量的高低，是衡量一份学报内在质量高低的重要尺度。一份远离逻辑、只追求“新观点”“新思潮”，或者远离现实、曲解逻辑的学报，绝不是内在质量高的学报；同样，一份内在质量高的学报，一定是逻辑含量高的学报。

逻辑含量低的学报，无法摆脱“科学程度不高”“应用性不强”“低水平重复”的问题。学报作为展示本校科研和教学成果的“窗口”及学术交流园地的两个功能就会被削弱或缩小。现在，我国高校学报在国内外学术交流中的影响远不如中国科学院系统、中国科学协会系统、中华医学会系统编辑出版的学术理论刊物，恐怕与高校学报逻辑含量低的问题有关。

要改变学报编辑工作的现状，就要针对上述两种不良倾向，重视逻辑及其在学报编辑工作中的地位和作用。

逻辑在学报编辑工作中具有重要的地位和作用。这主要表现在以下几个方面。

第一，逻辑对培养编辑工作者具有育化作用。学报编辑工作的主体是编辑工作者，编辑工作者应具有良好的政治、业务素质和较高的科学文化素质。在这些素质中，逻辑思维能力是重要的带有基础性的素质；而逻辑科学的内容就是有关这些方面的知识，逻辑思维的素质是需要通过学习逻辑而得到培养和提高的。

第二，逻辑能够探求新知、获取真理，增强论证的说服力。自然科学、人文社会科学研究的价值，主要在于探求新知、获取真理，从而能够正确地回答国内外重大理论问题和实践问题。衡量自然科学、人文社会科学研究成果的价值，主要看其在多大程度上提供了能够解答现实和未来问题的理论与方法。衡量高校学报编辑工作价值，也就看其能否为适时地出版这种理论和方法准备稿件。逻辑作为一种通达新知识和真理的认识工具，是学报编辑工作必不可少的。

第三，逻辑为明辨是非提供了形式上的评价尺度。学报编辑工作的一项重要任务，就是要开展学术争鸣，明辨是非对错。逻辑固有的方法论功能，要求的是交流、讨论和论证，从中对某一理论以至学科方向性的问题进行评价、分析、批判。理论前进之船，离不开批判的“风帆”。这种批判精神付之于逻辑证明的具体形式，在推翻诡辩方面具有独到的作用，也是不可或缺的评价尺度。

既然逻辑在学报编辑工作中具有特殊的重要的地位和作用，加强和改进学报编辑工作，就必须提升学报编辑工作的逻辑含量。这里所说的学报编辑工作，包括编辑主体、编辑客体和编辑创造性劳动形式三个部分。加大学报编辑工作的逻辑含量，就要加大编辑主体、编辑客体和编辑创造性劳动形式的逻辑含量。

其一，在对学报编辑主体的认识上，应加大逻辑含量。

学报编辑主体是指从事学报编辑活动并具有相应知识和技能的人。这一概念具有两个重要的规定性：一是“从事学报编辑活动”，不参与学报编辑活动的人，不能成为学报编辑主体；二是“具有相应知识和技能的人”，不具备一定专业知识和技能的人，也不能成为学报编辑主体。

把编辑主体作为编辑活动主体，是把编辑主体摆在了这样一种位置：编辑主体是编辑活动的认识者、组织者，他对编辑工作过程所涉及的各种因素（如选题、组稿、审稿、加工整理等）进行认识，这是一个科学探索的过程，是体现编辑主体能动性、创造性和自主性的过程。在这个过程中起决定作用的是编辑主体的知识构成、思维方式和心理意识三个要素。

过去，我们对学报编辑主体的知识构成、思维方式和心理意识三个要素的认定，并没有作出严格的逻辑上的要求。其实，把逻辑注入编辑主体的知识构成、思维方式和心理意识，是学报编辑工作的内在要求。问题在于不少学报编辑主体的知识构成、思维方式和心理意识长期以来存在下述背离逻辑的问题。

一是逻辑知识匮乏。相当一部分编辑人员满足于已有的经验知识、零碎知识、片面知识构成，拒绝或排斥抽象逻辑知识的学习和掌握，对现代逻辑和辩证逻辑等新逻辑知识一无所知，有的甚至连起码的传统逻辑知识也不懂，而且缺乏对于这些逻辑学习和训练的必要性的认识。

二是逻辑思维方式没有形成。有的编辑人员用直觉思维方式、形象思维方式、灵感思维方式等常规思维方式取代逻辑思维方式。有的编辑人员在出现思维矛盾，以致不解决不能排除思维混乱的时候，还能关注逻辑；但矛盾一经解决而新矛盾又未出现，就因忙于实务而忽视逻辑。

三是非逻辑的心理意识性强。编辑主体有共同的群体心理意识，又有个体差异的爱好、兴趣、气质、情感、性格等方面的特征。这些不同的心理意识特征，在编辑活动中互相影响、感染、融合，但与逻辑意识相抵牾，逻辑意识只被视为编辑过程的一种观念性的附着物。

以上问题的存在，直接影响到编辑主体作用的发挥。学报编辑工作的实际呼唤编辑主体要强化逻辑知识意识、逻辑工作方式意识和逻辑心理意识。

逻辑知识是人类对于思维规律的认识和总结，具有层次性、连贯性和时代性的特点。编辑强化逻辑知识意识，既不能有所偏废，又要有所侧重。逻辑知识既包括形式逻辑知识，又包括辩证逻辑知识。形式逻辑知识是关于思维形式及其规律的科学知识，包括传统逻辑和现代逻辑两个阶段。用自然语言论述思维形式及其规律，是传统逻辑的主要特征；用人工语言和数学演算论述思维形式及其规律，是现代逻辑的主要特征。辩证逻辑知识则是关于辩证思维形式及其规律的科学知识。这些不同的逻辑知识的生命都不在于它的理论，而在于它的科学价值。

传统逻辑知识是从明确概念开始、以准确的判断为基础的，是随着对推理的认识发展起来的，而概念、判断、推理等思维形式正是传统逻辑知识的主体部分。学报编辑主体重视并学好这些知识，明确正确思维必须遵守的条件和要求，便能懂得如何规范编辑的思维活动。如果缺少传统逻辑知识所提供的理论上和方法上的指导，就难以解决概念明确、判断恰当、推理严密、论证有力的问题。现代逻辑知识提供给我们的是一种全新的研究方法：它用数学的方法深入语句内部，精确地描述语句的要素并揭示语句的真值，尤其是语用推理部分，表现为不规范的省略形式以及多种逻辑方法结合在一起。现代逻辑构造公理系统的方法由于是一种基本的引介客体系统的方法，因此成为所有科学理论严格系统化的必由之路。辩证逻辑知识为人们提供了一种认识和说明客观真理的科学手段。掌握和运用它，能帮助我们提高自觉运用辩证思维的能力，在思想上与主观主义、形而上学、诡辩论、相对主义等划清界限。逻辑思维方式来自逻辑知识，但并不等同于逻辑知识。只有把逻辑知识集结、概括、提升为条理化、系统化的逻辑理论和思想，并自觉地进行逻辑性思维，才能形成逻辑思维方式。逻辑思维方式的形成，也就是逻辑方法、科学方法在思维过程中的确立。逻辑方法、科学方法是一个多层次的体系，包括逻辑研究的一般方法，如概念的定义、划分法，判断的等值、转换法，推理有效性的判定法，也包括逻辑研究的特殊方法，如抽象与具体相统一的方法、归纳与演绎相统一的方法、分析与综合相统一的方法、逻辑与历史相统一的方法。不懂得这些方法，就只能被关在逻辑科学门外。唯物的、发展的、辩证的思维方式，不仅契合逻辑研究的一般方法，而且契合逻辑研究的特殊方法。科学的、逻辑的方法一旦形成，便能指导人们更有效地进行思维，更有效地学习和运用逻辑知识，解决实际编辑工作中的问题。“如果只是单纯地进行知识和技术的灌输，没有正确的思维方式帮助其归纳整理和指导应用，不可能造就具有开拓创新能力之才。”[①]因此，逻辑思维方式的形成，比具体的逻辑知识学习更重要。

心理意识是编辑主体在编辑活动中产生并体现出的认识、情感、意志等现

① 任仲平：《大力提高全民族的科学文化素质——论科学知识、科学思想、科学方法和科学精神》，《人民日报》2000年7月26日。

象和过程。编辑心理意识不同，不仅会得出“横看成岭侧成峰，远近高低各不同”的多种编辑结论，而且当心理意识与对象物的境况发生错位时，当自我的情感基底与境况的情绪氛围出现冲突时，非逻辑思维的格律就会受到多种噪音的干扰，心灵失衡便难以把持思维的严谨与准确。而思维方式的逻辑化、科学化，为学报编辑主体的心理意识提供了一个指向——科学思维的指向。

在实际编辑工作中，我们的确要求编辑主体能够区分在学科建设中什么是重要的，什么是不重要的，明确学科热点问题与一般学科建设的关系，懂得如何筛选对学科建设有意义、有价值的那些稿件。如果没有编辑主体的心理意识，就不会有选题的意向和原则，但这不能作为否定逻辑的理由。一旦编辑主体根据自己的心理意识和价值观念确定了选题，就必须终止使用自己或他人的心理意识和价值观念，而遵循所用资料和逻辑线索，不能把自己或他人的观点强加于资料和证明，无论论述的观点对自己有利还是不利都应如此。这是社会科学研究与个人对社会的价值态度的根本不同点。

其二，在对学报编辑客体的认识上，应加大逻辑含量。

学报编辑工作的编辑客体是指学报编辑主体实践活动和认识活动所指向的对象，即学报编辑过程。

学报编辑过程是一个系统工程。研究编辑客体就要把编辑过程作为系统工程来考察，设计和制定实施编辑工程的理论原则与方法。

过往，编辑界本着理论要面向实际的宗旨，已就编辑学等学科理论的应用进行了不少探索并取得了可喜的成果。他们注意把编辑过程作为系统工程来对待，设计和制定实施了编辑工程的一般理论原则与方法，却没有沿着编辑工作的具体进程，抓住若干基本环节，总结出适应这一工作进程的逻辑应用的原则和方法。

学报编辑过程是编辑主体策划审理文稿使之适合出版的再创造活动过程。这一过程的基本环节包括搜集学术动态、组稿、选题、审读、评价和加工整理。各个环节的全部意义是对某一学术思想、学术活动进行说明和预测。显然，设计和制定实施这一过程不同环节的逻辑原则与方法，既是学报编辑工作对其工作环节的根本要求，也是自然科学、人文社会科学研究成果的研究规范。正是因为存在人与社会的辩证关系和社会事实与人的意识与价值观念的交融，所以在研究自然或人文社会某一“固有的规律”和自然、社会的整体结构及客观的功能关系时，就必须采用抽象的方法，描述不同变量及其不同属性之间可能存在的逻辑关系。如果在学报编辑工作进程中不能引入和确立客观的、因果性的与实证性的知识探究方法和规范，真正好的学术研究的成果就不会被有效地反映。

根据学报编辑工作的具体进程，设计和制定实施编辑工程的逻辑原则与方法，有助于从根本上解决逻辑应用的规律性问题；逻辑应用编辑工作的实践，又能把逻辑研究引向深入，并使逻辑自身的价值得到充分的体现而更富有生命力。

例如，以往高校人文社会科学学报编辑人员编发中国经济学史研究方面的稿件时，考察作者的研究方法不外乎三种：一是采用以中国经济学家为中心的历史叙述方法；二是采用以中国经济学史问题为中心的历史比较方法；三是采用以中国经济学史范畴为中心的阐释方法。逻辑的方法要求有关编辑既不采用以中国经济学家为中心的历史叙述方法，也不采用以中国经济学史问题为中心的历史比较方法，更不采用以中国经济学史范畴为中心的阐释方法，而是把这三种不同的研究方法结合起来，并将历史唯物主义的基本原则和方法贯穿其中，对中国经济学思想的发展过程进行多视角、多侧面、多因素、多角度的分析和论证，对中国经济学史出现的情况、可能起作用的因素、可能发生的后果逐一进行考察和预测，经过分析、综合，依据对主要矛盾和矛盾主要方面的基本判断得出科学的结论。按照这样的逻辑思路分析问题和认识问题，就能够完整地反映历史，反映问题的本质和内在规律性。

其三，在对学报编辑创造性劳动形式的认识上，应加大逻辑含量。

学报编辑创造性劳动形式，即学报编辑主体能动地作用于编辑客体产生的创新的劳动实践形式。它要求发挥学报编辑主体自主创新能力，以超常规的角度观察思考问题，或者以新颖而独特的方法解决编辑问题，或者解决新颖而独创的问题，而且具有一定的社会价值。

说到学报编辑创造性劳动形式，人们更多的是把它与非逻辑的思维方式（如情感思维方式、具体思维方式）联系在一起，而往往忽略了逻辑思维形式。

其实，编辑创造性劳动形式是一种高水平的综合性的思维过程，是逻辑思维、形象思维、直觉思维、灵感思维等多种思维的综合运用，是逻辑思维与非逻辑思维的结合形式。如果认为学报编辑创造性劳动形式是一种非逻辑的“独断”的思维形式，便会适得其反,如此也失去了学报编辑创造性劳动形式的意味。

就逻辑思维方面说,它在学报编辑创造性劳动形式中表现出明确的目的性、程序性和收敛性。编辑主体创造性的劳动形式是一种有目的的思维活动,逻辑思维的有效进行,保证了思维的合理和通畅。学报编辑创造目的的实现,需要合理、有效的程序。逻辑思维的程序性包括知识的结构性和思维的有序性。创造性思维需要相对稳定的思维,并对已有的知识与信息进行整合与升华,而已有的知识与信息则是按照一种逻辑取向被提取、被加工、被组织的。这种组织又是按系统进行的,是有序的。

逻辑思维的收敛性见之于编辑创造性劳动的可持续发展。创造性劳动形式是建立在一定理论基础之上的,按照既定的逻辑轨道运行,具有严格的可控性。"没有收敛式思维,科学就不可能达到今天的状况,取得今天的地位。"①

总之,提高高校学报的内在质量,必须加大学报编辑工作的逻辑含量。要加大学报编辑工作的逻辑含量,就要在编辑主体、编辑客体、编辑创造性劳动形式三个方面下功夫。这是一个动态的进程,它需要在编辑工作实践中不断探索和创新。其中,编辑主体是基础,编辑客体是关键,编辑创造性劳动形式是保证。基础问题、关键问题和保证问题解决了,学报编辑工作内在质量的提高也就在其中了。

[本文原刊于《山东师大学报》(社会科学版)2000 年第 6 期,收入本书时有改动]

---

① [美]托马斯·S.库恩:《必要的张力——科学的传统和变革论文集》,纪树生等译,福州:福建人民出版社,1981 年,第 225 页。

新闻论证出现谬误的因由

谬误是与真理相悖的认识，即人的思维对客观事物及其规律的歪曲的反映。新闻论证中的谬误主要指在确定某判断真或假的思维过程中违反思维形式的规律、规则所产生的错误。分析并弄清论证出现谬误的因由，是青年记者、通讯员在采写新闻报道中减少或消除谬误的必要条件。

论证作为思维过程，本身就包含着背离客观现实的可能性。这是因为，思维是大脑对客观世界的间接的概括的反映，在实际思维中，既存在现实矛盾，又存在逻辑矛盾；既有同一思维过程中的矛盾，又有非同一思维过程中的矛盾；既有同一个语言层次的表达式的真假问题，又有不同语言层次的表达式的真假问题；既有一般的语言矛盾，又有特定的语言表述。如果把它们混为一谈，或者单凭主观主义、主观盲目性认识事物，那就不可避免地会把思维背离客观现实的可能性变为现实。

一

现实矛盾不同于逻辑矛盾。现实矛盾是指实际中事物所包含的对立面的统一关系，即辩证矛盾。逻辑矛盾则是违反矛盾律所造成的思想混乱现象。前者是认识对象所固有的，应予以正确反映；后者是一种认识上的逻辑错误，应予以排除。

现实矛盾与逻辑矛盾迥然不同，但在实际思维和论证中，却容易把它们混而为一，或者把事物自身的矛盾误认为认识错误，或者把认识错误误认为认识对象所固有的。

例如，某报载文："报纸一会儿宣传苹果皮有营养，一会儿又宣传苹果皮有农药，而农药是致癌物质。类似这种矛盾的宣传时有发生。"这一表述就是把现实矛盾误作了逻辑矛盾。其实，从苹果皮本身所含的营养物质和食用价值来讲，苹果皮的确有营养，报纸进行宣传无可非议；而从苹果皮含带有致癌物质的农药来讲，苹果皮又的确应该洗净，或者去皮再食用。报纸进行宣传，提醒人们不要食用有毒的苹果皮也是必要的。本来，这是对同一对象从两个不同的角度进行断定，而不是对同一对象从一个角度进行断定，怎么能说是“类似这种矛盾的宣传时有发生”呢？

再如，某报载文：“行政违法现象严重存在的原因之一，是行政法制建设还不够健全。因此，能否健全立法特别是健全有关行政违法的立法，是纠正行政违法现象存在的一项重要措施。”其中，“能否健全立法，特别是健全有关行政违法的立法”包括“能”与“不能”，“能”健全立法……是纠正行政违法现象严重存在的一项重要措施，“不能”健全立法……不会也是纠正行政违法现象严重存在的一项重要措施。显然，这是在运用具有矛盾关系的概念时顾此失彼，把逻辑矛盾误作为认识对象所固有的。

二

同一思维过程中的矛盾不同于非同一思维过程中的矛盾。同一思维过程指的是在同一时间、同一关系下，对同一对象的认识过程。同一思维过程中的矛盾即在同一时间、同一关系下，对同一对象作出的“出尔反尔”的断定；非同一思维过程中的矛盾则是在不同时间、不同关系下，对同一对象作出的两个互相否定的判断，后者并不违反矛盾律。

例如，“商品经济的充分发展”与“非商品经济的充分发展”是一对具有矛盾关系的概念。如果我们从现阶段来看，从社会主义建设的实际出发，用“商品经济的充分发展”这一概念去反映、说明“社会主义经济发展不可逾越的阶段”，转而再用“非商品经济的充分发展”这一概念去反映、说明“社会主义经济发展不可逾越的阶段”，就是同一思维过程中的矛盾。而如果不是从现阶段，也不是从社会主义建设的实际出发，用了“商品经济的充分发展”去反映、说明“社会主义经济发展不可逾越的阶段”，转而又不用“商品经济的充分发展”去反映、说明“社会主义经济发展不可逾越的阶段”，则是非同一思维过程中的矛盾。

在实际思维和论证中，忽视同一思维过程中的矛盾和非同一思维过程中的矛盾的区别，也是造成谬误的原因之一。

譬如，某报载文：“一度使矮个青年着魔的‘人体电子增高器’是河北一农民的‘发明成果’，曾获得国家专利。但是，成千上万的消费者使用后，却发现上了

'大当'。使用者非但未长高,还造成种种疾患。于是他们把怒气转向专利局:'专利产品不是都经过专家审查了吗? 怎么还会有假?'"这段话是说"人体电子增高器"既然曾获得国家专利,就不应该有假,因为专利产品都是经过专家审查了的。现在,事实已经证明,"人体电子增高器"是个骗人的东西,这就与原认识相冲突,所以有必要质问有关方面。其实,"人体电子增高器"虽获得过国家专利,但为不实产品,这在同一思维过程中并不矛盾。"人体电子增高器"获得国家专利是获得的实用新型专利,即只要申请人的各种手续完备,其发明没有明显缺陷,便公之于众,在异议期内,若无人提出异议,申请人就可获得专利权。这种不进行专利实质审查的程序,不可避免地会使一些不实产品获得专利。"人体电子增高器"这种不实产品获取了专利证书,并不等同于获得了产品合格证,这种专利产品经过了专家审查,只是经过了专家形式审查,不免有假。这种假产品一经发现,当然得立即撤销其专利。显然,对"人体电子增高器"这一对象,在不同时间和不同关系下,既断定它"获得过国家专利"又断定它为"不实产品"是非同一思维中的矛盾问题,把这种因客观情况出现变化而作出的不同的甚至相反的判断,或者根据事物本身的矛盾性而作出的阐明它们之间辩证关系的判断看成同一思维过程中的矛盾,势必会出现谬误。

三

论证和语言表达的关系式极为密切。一个论证出现谬误,往往还与语言表达式相关。而语言表达式既存在同一个语言层次的真假问题,又存在不同语言层次的真假问题。

同一个语言层次的表达式有真有假,在具体的论证中区分同一个语言层次的表达式的真与假,并不是一件很容易的事情。

例如,某杂志载文:"地球气候近百年来逐渐变暖的原因,不是来自太空,也不是来自海洋和地球内部。因为地球气候渐暖或者是太阳辐射发生变化引起的,或者是海洋因素决定的(如与'厄尔尼诺——南方涛动'有关),或者是地球内部产生重力现象所致(地幔与地核相互作用的结果),或者是大气中的二氧化碳增多所造成的温室效应;现在越来越多的专家认为,地球气候渐暖的原因是来自大气,所以,地球气候渐暖的原因,不是来自太空,也不是来自海洋和地球内部。"这是一个演绎论证,其论证的方法采用了一个相容选言推理的肯定否定式,即在前提肯定相容选言判断的一个支判断,在结论否定相容选言判断的其他支判断。由于相容选言判断的支判断是兼容不悖的,肯定一个支判断不得否定其他的支判断,显然,这是一个无效的推理形式。论证者出现这种谬误很可能源于对自然语言中"或者……或者……"语句反映的选择关系的误解。"或者……或者……"是有歧义的,有时在相容的意义上使用,有时在不相容的意义上使用。如果在后一种意义上使用,则"肯定否定式"为有效式。

同一个语言层次的表达式在论证过程中出现谬误,除了语词歧义的原因之外,还有语法结构不确定导致意义不确定、重音不同引起意义的不确定、合举的错误、分举的错误等原因。

例如,"三个学生的家长"这一语词的语法结构就是不确定的。它既可以理解为"某三个学生,他们的家长(不一定是三个人)",也可以理解为"有三个人,他们都是学生的家长",还可以理解为"某一个人,此人是家长而且此人有三个孩子上学"。

又如,"谁说我不知道?"这一语句的重音位置不同,意义就不同。如果把重音放在"谁"上,则是一般的疑问句:"是哪一个人说我不知道?"如果把重音放在"不"上,则是反诘疑问句,其断定是明确的,即"我是知道的"。

以上各例都属于言辞的谬误,都是在同一个语言层次的表达式中出现的与逻辑有关的错误形式。

同一语言层次的表达式不能在自身中讨论其表达式的真与假时,就有必要把它放在高一层的语言层次中进行分析。如果不区分不同语言层次的真假问题,就难以解决特殊形式的谬误出现的问题。

语义悖论就是一种特殊形式的谬误。语义悖论指的是由肯定一个判断的真就推出它假,由肯定一个判断的假就推出它真的一类判断。古希腊麦加拉学派提出"说谎者悖论"。这一悖论用现代形式表述即"我正在说的这句话本身是谎话"。这句话是真的还是假的?如果它是真的,即"我正在说的这句话本身是谎话"是真的,它就是谎话,而谎话是假话,那么它是假的;如果这句话是假的,即"我正在说的这句话本身是谎话"是假的,它就不是谎话,那么它就是真的。由此就构成了一个悖论。这种悖论也可称为认识论的悖论。

语义悖论实质上是允许同时断定一个判断的真和假，显然这是不合乎思维形式的基本规律的要求的，纯属逻辑谬误。

排解语义悖论，必须借助于语言层次论。“说谎者悖论”的形成，就是由于没有把语言分成层次进行分析，错误地把“我正在说的这句话本身是谎话”(用“P”表示)与“‘我正在说的这句话本身是谎话’这句话是谎话”(用“P是假的”表示)这两个不同语言层次的语句等同起来，从而使“P”断定了自身是假的。可见，这是毫无意义的。如果我们明确地把“P”和“P是假的”分属于不同的语言层次，那么语义悖论这种谬误也就失去了存在的条件。

四

就其目的来说，论证是用理性的力量特别是逻辑的力量说服他人赞成、接受某一论断。在这个过程中，不仅有效的推理形式、认识论的观念起着重要的作用，而且语言的使用、心理状态都对论证的说服力有着重要的作用。与论证结伴而来的谬误，除了有无效的推理形式和错误的认识观念形成的原因，当然也有语用和心态方面的原因。

从语用和心态方面分析谬误，涉及的问题很多，其中很重要的一个问题是要指出一般的语言矛盾和特定的语言表述。

实际论证的语言表达是极其丰富、多样的，也有似乎不能从逻辑上加以解释的语言现象。例如，“我国有十几亿人口”“山东和全国的经济形势一样”“我们要注意安全”“养伤”“差点儿没有挤死”“这是最好的之一”“我晒太阳”，等等。其中，“人口”是集合概念，它的个体“人”不具有该集合体“人口”的属性，因而不宜前头用量词(“十几亿”)来限制，就像不能说“我家有三个人口”一样。“山东”与“中国”这两个概念之间是部分与整体的关系，前者表示部分概念，后者表示整体概念，而部分概念同整体概念不得加“和”并列起来使用。既然是“安全”，何必“要注意”呢？同样，“伤”也无须去“养”。“差点儿没有挤死”分明是说已经挤死了，只是“差点儿”幸存。“这是最好”不同于“较好”“最好”到了极限，“这是最好”只能是一个，有“之一”，就必有之二，甚至更多。“我晒太阳”中的主项“我”和谓项“晒太阳”的位置颠倒了，明明是“太阳晒我”。像这样的一些分析结果，都与逻辑相悖，只能对原句进行否定。其实，上述语句都是用特定的而不是通常的语言形式来表达思维内容的。既有表达习惯问题，又有语境方面的问题，而没有生造的、随意性的。这些约定俗成的、特定的语言表达既然为人们所普遍接受，我们就不应该简单地按它通常的、表面的意义去解释，轻易贬之为谬误。

在日常思维、论证中，语言表达的复杂性和灵活性，决定了逻辑理论必须有其应变性。我们运用逻辑规律分析实际问题，指出谬误的因由，目的是让我们的新闻报道更加令人信服，具有不可辩驳的强大力量。

（本文原刊于《青年记者》1989 年第 4 期，收入本书时有改动）

溯因法在新闻报道中的运用

溯因法是从有待解释的事实出发，运用一般规律性的知识，分析、演绎出事实之所以产生的一种方法。它实质上是一种从结果推测原因的逻辑方法，其逻辑结构是：前提由一个充分条件假言判断（或一组后件相同的充分条件假言判断）和一个肯定充分条件假言判断后件的性质判断所组成，结论则是一个肯定充分条件假言判断前件的性质判断或选言判断。它的整个推导过程具有从结论回溯原因的性质。

溯因法类似于数学中的倒推分析法。数学中的倒推分析法"就是从'结论'（目的地）出发，也即把'结论'当作已知的'条件'，一步步往回探索。这样就会摸清楚通向'结论'的道路，自然也就会找到这条路子起步的地方。然后再一步步返回结论"①。溯因法也是先把"结论"假定为已知，从目的地摸索到出发地的起点，再从起点返回结论。

新闻报道往往就是由果溯因，由已知事实探求未知理由的过程，因为从根本上讲，新闻报道来自人们的社会生活，是为了满足人们各种精神需要的。这种需要或者是政治上的（如要对人们进行社会主义、爱国主义教育等），或者是经济上的（如指导工农业生产、传播科学技术等），或者是文化上的（如人们有阅读文艺作品和接受普及教育的要求等）。这种种动因或者显露在新闻报道之中，或者蕴含在新闻报道深层。无目的的新闻报道是不存在的。新闻报道的这种目的性决定了它的任何表现形式都必须是从已知的事实出发，反映和说明其因由的。新闻报道需要运用溯因法，溯因法也需要在新闻报道中运用。作为思维方法之一的溯因法在新闻报道中的运用既是普遍的，又是经常的。常用的溯因法可以分成单一溯因法和复合溯因法两种。

一、单一溯因法

所谓"单一溯因法"，就是从已知事实出发，运用某一特定的一般规律性知

---

① 徐利治：《浅谈数学方法论》，沈阳：辽宁人民出版社，1980年，第20页。

识，推测其与另一事实之间具有因果联系的逻辑方法。例如，某报曾报道目前我国国产空调设备的质量有问题。安装在北京亚洲大酒店17层主楼和汇圆公寓部分楼层的1555台风机盘管机组都有机械故障，安装在亚运会国际会议中心的4台空调机组，其运行也不稳定。这些产品都是出自号称部属定点生产单位的企业。有关人员在分析我国暖通空调制冷设备质量低下的原因时，根据一般规律性的知识，即如果不依靠技术进步，就不能从根本上改变现有的生产面貌，提高产品的质量，进而推测出国产空调设备之所以不能从根本上改变现有的生产面貌，提高产品的质量，是由于没有依靠技术进步。根据这一结论，我国从事空调、制冷技术工作的科技人员，开始重视对干燥冷却技术、间接与直接蒸发冷却技术、吸收式制冷技术、热泵技术、冰蓄冷技术、化学蓄冷技术等新技术的研究和开发。这一报道就是采用单一溯因法进行的。

如果用符号“p”表示已知的事实，用符号“q”表示结论，用“如果 q，则 p”表示一般规律性的知识，那么单一溯因法的逻辑形式就可以表示为：

p 如果 q，则 p 所以，q

该式有两个前提，一个结论。前提一个是充分条件假言判断，另一个是肯定充分条件假言判断后件的性质判断，结论则是肯定充分条件假言判断前件的性质判断。显然，这一逻辑形式违反了充分条件假言推理“肯定后件不能肯定前件”的规则，不能保证从真实的前提必然地推出真实的结论，但它并不以此而被判定为无效式。这是因为，尽管该式具有充分条件假言推理必备的两个前提，但它在这里并不是用以构成一个充分条件假言推理，也不用以构成一个别的演绎推理，而是作为一个非演绎推理出现，因而也就无须遵守充分条件假言推理或其他非演绎推理的规则。在人们由果溯因、由已知事实探求未知理由的过程中，这种单一溯因法的逻辑形式有其独特的意义和作用。

二、复合溯因法

所谓“复合溯因法”，就是从已知事实出发，运用一般规律性知识，推测其由多种原因产生的一种逻辑方法。如某报曾报道某公司一次购进抽烟机2000台，这些抽烟机投放市场后，销路不畅，两个月总共卖出15台。这时，该公司不少人都认为这种家用电器在本地不受消费者欢迎，并建议把剩余的抽烟机全部退回生产厂家，以减少经济损失。但公司业务部门认为，这批产品滞销的原因不一定就是不受消费者欢迎，也可能有其他原因，如市场容量有限、民用电压不稳，等等。后来，经业务人员了解鉴定，该产品质量可靠，外形美观，耗电量小，价格合理，并不是不受消费者欢迎；本地很长时间没有引进同类产品，市场容量有潜力；民用电压也基本上稳定。

业务人员在掌握了上述情况后又作出分析：如果宣传广告跟不上，该产品就难以打开销路；如果售后服务不完善，该产品也难以打开销路。从而得出结论：因为宣传广告跟不上，或者售后服务不完善，产品滞销。由此，业务员向领导提出作好广告宣传和售后服务的建议。建议被采纳后，这种产品转而又成了热销货，不久销售一空。这一报道就是采用复合溯因法进行的。

复合溯因法的逻辑形式是：

如果 q1，则 p
如果 q2，则 p
如果 q3，则 p
如果 qn，则 p
所以，q1 或 q2 或 q3 或 qn

该式是由一组后件相同的充分条件假言判断作为前提，结论则是通过选言判断的形式肯定充分条件假言判断的前件。

在新闻报道中，由于新闻现象和报道过程往往是错综复杂的，具有极其丰富的多样性，因此复合溯因法在新闻领域有着十分广泛的用途。

单一溯因法和复合溯因法都不是毫无根据的胡乱猜测，不是纯主观的先验的方法，而是有一定的客观根据的。溯因法的客观根据即客观对象与对象之间的因果联系。因果联系是揭示客观对象与对象之间先后相继、彼此制约性的。原因是产生某种现象的现象，结果是被某种现象引起的现象，是原因发展的必然结果。因果联系是事物固有的一种客观必然联系。有原因就有结果，有结果就有原因。原因总是在前，结果总是在后，但绝不能“以先后为因果”。因果联系还具有多样性、复杂性，即在不同领域里有可能出现一果多因、同果异因、一因多果、同因异果、多因多果、复合因果等情况。正因如此,在新闻报道中应用溯因法,从同一种新闻现象中可以推测出多种不同的原因。也就是说,从同一个前提,结合不同的一般知识,可以得出多种不同的结论,其中的每一个结论都具有或然性。

在新闻报道中运用溯因法得出的结论虽然是或然的,不能起证明的作用,但它却可以作为提出假说的根据。由于这种方法可以从同一个结果推测出多种原因,或从同一个推断推论出多种理由,因而也就可以根据同一个事实提出多种假设。如某报曾报道国际病毒学家对艾滋病的病因提出三种看法:一种认为艾滋病是由艾滋病病毒引起的。另一种认为艾滋病是由支原菌(属于微生物的一种)引起的。还有一种认为艾滋病是由艾滋病病毒和支原菌共同作用引起的,因为如果一个人感染了艾滋病病毒,同时也感染了支原菌,便将很快呈现出艾滋病症状。而不携带支原菌的人,即使感染了艾滋病病毒,也会存活很长时间;同样,不携带艾滋病病毒的人,即使感染支原菌,也会存活很长时间。这些看法,就是国际病毒学家对于同一个事实——艾滋病病毒提出的三种不同的假说,尽管暂时还都不能确认,但它却能够作为进一步研究艾滋病病因的出发点和参考依据。

在新闻报道中,为提高运用溯因法得出结论的可靠性,在具体推论时必须注意以下几点。

第一,要在马克思主义新闻理论的指导下,借助对采访所得大量信息情况的正确分析,揭示客观事实的规律性。这里所说的信息,就是已知的事实,是构成溯因法的前提之一。关于马克思主义新闻理论的一般规律性的知识,也是构成溯因法的前提之一,从中推出的结论就是某种新闻现象的原因,或者是某一报道过程的原因。其中,对信息情况的正确分析,是对新闻工作者有效地运用溯因法最基本的要求。真实的新闻报道,必须以全面反映客观事实的信息情况为依据。新闻报道中的一个很重要的方面,就是对信息的接收和处理。新闻宣传的社会效益如何,除了要受指导思想和运用方法的影响外,还在很大程度上受所得信息的制约,取决于输入和处理信息的数量与质量。如果没有对有关的经济信息、科技信息、文化信息的全面的收集,就会对有关的报道造成极大的困难和不利,从而导致报道的片面性和盲目性。如果对各种新闻信息的处理有偏差、有拖延，就必然会造成舆论导向的混乱和失误。

第二，作为用充分条件假言判断表达的前提的前件和后件之间必须具有确定的因果联系。这就是说，用充分条件假言判断表达的前提，必须反映有某种原因就一定有某种结果，没有这种原因却不一定没有这种结果的因果律。否则，所构成的溯因法其结论就是无效的。如某记者在采访甲、乙两个工厂时发现，它们生产同一类产品，并且甲厂产品质量要高于乙厂。然而，销售价格却差不多。在市场竞争中，有一个时期，甲厂产品的销售情况反而不如乙厂产品的销售情况好。由此便推测出这可能是由于乙厂后来采取了降低销售价格的策略。这一采用溯因法得出的结论就是无效的，因为他的推测根据之一是一个充分条件假言判断：如果乙厂采取降低销售价格的策略，那么甲厂产品销售情况就会不好（被省略的前提），但是“乙厂采取降低销售价格的策略”，并不就必然地出现“甲厂产品销售情况就会不好”。如甲厂向顾客展开实事求是的广泛宣传，让顾客充分了解本厂产品达到各项高质量指标，并且想办法提高服务水平，那么即使乙厂采取了降价措施，也可以不出现甲厂产品销售情况反而不如乙厂这一问题。但是，如果乙厂不采取降价措施，那么在当时的条件下就必然不会出现甲厂销售情况不好的问题。显然，原判断前后件之间表达的是必要条件关系，而不是充分条件关系。

第三，要尽可能详尽地考察导致某一特定结果的众多原因。某一特定的结果可能是由某一特定的原因引起的，也可能是由众多不同的原因分别引起的，还可能是由众多原因作为一种复合原因共同起作用而引起的。如果某一特定的结果是由众多不同的原因分别引起的，那么这种因果关系链条中的每一原因，对于结果来说都是充分的，这时人们通过现象（结果）推测出的原因只具有或然性。如果某一特定的结果是由众多原因作为一种复合原因共同起作用引起的，那么这种因果关系链条中的每一原因，对于结果来说都是必要的，这时人们通过现象（结果）推测出的其中的某一种原因，只是导致结果的部分的不可缺少的原因，结论也不是必然的。因此，要确定某一特定结果的原因，就要尽可能详尽地考察它诸多的可能性，否则其结论就是无效的。如某厂长期以来不限制废物的排放，造成了环境污染，其原因就可能是多方面的。如果缺乏必要的防污设备，就无法限制废物的排放，难以控制环境污染；如果厂区没有合理的布局，也无法限制废物的排放，难以控制环境污染；如果经费不足，同样无法限制废物的排放，难以控制环境污染；如果厂领导认识上不去，还是无法限制废物的排放，难以控制环境污染；已知该厂长期以来没有限制废物的排放，造成了环境污染。由此推知：这是由于缺乏必要的防污染设备，或者是厂区没有合理地布局。显然，这一通过溯因法得出的结论是不完全的。我们在进行新闻报道时应当注意这一点。

（本文原刊于《理论学刊》1993年增刊，收入本书时有改动）

文学随笔

拿手菜

我不爱做饭，尤其烦炒菜，主要倒不是因为我从不挑食，咋吃都行，也不是过了胡吃海塞的年纪，而是因为性子急、怕麻烦，不得不做的时候，能切两下不来三刀。一场新冠肺炎疫情，不得不“宅”生活，时间长了，老妻见我五脊六兽的，终于发声：“愿能挽袖剪花枝，更能洗手作羹汤。”厨艺被倒逼出来，我有了拿手菜，只不过拿手是拿手，菜是菜，两档子事。

备料

一

今年的春天并没有爽约，如期而至。春分时节，家人凑齐，保证“作羹汤”能给自己长脸的，最数冬瓜汤。

把冬瓜洗净、不削皮，去瓤，切滚刀块；开火，先往锅里倒清水，一两碗足够；放入冬瓜，撒上把海米，扔上两三块葱段和姜片。十分钟后，淋点儿橄榄油，加一小撮盐，起锅。

也许你会说,这是随便一个人手到擒来的活儿,太简单,糊弄穷吧？其实不然。

老话说:“唱戏的腔,厨子的汤。”汤在中餐烹饪中,无所不能,冬瓜汤尤其讲究,仅粤菜就有蒸、煮、炸、炒、煎、炖、烤、焖等二三十种做法。“一方水土养一方人”,可俺这老“鲁胃”享不了“老广味儿”,不仅压根儿就没想把粤菜“发扬光大”,反而挑人家厨子“精明而不高明”,变着法地“偷工减料”,“穿凿附会”。瞧好!

先说主料,冬瓜是随时随地“想买就能买”的。它论个大的、个小的,大的黑皮、灰皮的多。不知从啥时候起,大瓜给人“黑黢黢”“灰溜溜”的感觉,而小瓜讨起巧来,特别是迷你瓜,鲜绿、皮薄、肉嫩,适合一家人一顿干掉一个,因而总被搁在超市菜架子显眼的位置,买的话,还可以享受装在网袋里的待遇,很有“卧榻之侧,岂容他人鼾睡”的王者气象。那些“大家伙”跟这些“小玩意儿”在卖方心目中的分量,如同大白菜与娃娃菜的价格之比,也只能偏安于一隅。

有喜欢孙猴的就有喜欢猪八戒的。在我心目中,大瓜跟小瓜如同大沙发与小板凳的分量。个大的味儿足,味儿也正。做汤,我是非大瓜不用,就是用大瓜也得先“确认身份”:在菜场里打转,在超市里流连,看看是“滕州黑弹头”还是“莘县灰炮筒”,灰的不如黑的肉紧实,但炖的时间短,容易烂,营养损失少。

同样是灰冬瓜,我还挑粉擦得多、分量重、皮硬、瓜瓤少的。冬瓜外表挂的一层白粉越多、越均匀,越新鲜;掂掂,分量重的,水分更足、肉更厚;掐掐,皮硬的,肉质越发细腻;切开,瓜瓤少的,口感反倒好。至于嫌瓜大切开吃不了的,在切面涂上高度白酒,裹上保鲜膜,倒扣放置半月二十天的,管保啥事儿没有。

再说配料,我主打海米。虽说冬瓜为百搭菜,遇鲜则鲜,遇香则香,但没啥比海米更能完美搭配它独有的味道了。当海米入锅,遇见冬瓜,铲子推动两下,你中有我,我中有你。随着汤温增高,神奇的反应便会发生:冬瓜不再是原本的滋味儿,海米也一样。让这俏生生的海米对着明灼灼的冬瓜继续“挑逗”,好办得很,来几片带皮的老姜和几块带根的葱段,结了。

虽说海米与冬瓜相互成就,如同天造地设的一对,但这并不是说抓把海米就“来电”。论品质,烟台海边的金钩海米最叫好,我是非金钩海米不用。我老家莱州在渤海之滨,自家就有虾池,听堂弟说,金钩海米是蛎虾晒的,这种虾现在还养殖不了，正经野生海虾。

海米有一个同门兄弟：干贝。黄中带透的干贝，由扇贝的闭壳肌风干而成，味道与海米不相上下。只是渤海、黄海的野生扇贝少了，咱这边买到的干贝大都是养殖的扇贝晒的，也就逊色于金钩海米不少。

天最热的时候，冬瓜海米最好吃。古语云：“大暑小暑，有米懒煮。”酷暑难耐，煮什么米都无食欲，何以慰老胃？唯有冬瓜汤。这个时节，本地的冬瓜刚刚采摘，用新瓜炖汤，才出正经冬瓜的甘、淡味儿。初夏打捞的蛎虾这个时候已经晒干，弯弯曲曲，挨挨挤挤，红红亮亮，一簇簇乖巧地待在海鲜干货摊上。摸两个放到嘴里，鲜带点儿甜，买回家，不用提前泡发，直接下锅，吃起来更鲜美，更有嚼头儿。

你别看冬瓜和海米这两种食材再普通不过、简单不过，却能赋予一道菜无限的可能性，留给本尊无边的创作空间。

切冬瓜块，以大为佳。大到啥程度？按一顿的量，把瓜切成拳头大小的块，再将其切个两三块即可。块大，冬瓜本真的味儿才足。开火，不是放油，而是倒水，一来避油烟，二来不破坏营养，口感也差不到哪里去，关键是得会“炮制”。俺不费功夫地就能将主辅料搭配到好处，既保持冬瓜自身的口感，又合成海鲜风味的氨基酸。葱、姜用来去腥，但多了会压了鲜味，最好分次添加，让鲜味儿层层深入，由表及里地抵达。当然，还得讲究汤头与火候——汤多味淡，火过瓜塌。

撇开营养不谈，被我施了“魔法”的冬瓜汤好到什么程度？这么说吧，比琼浆玉液要好喝十倍不止，凡是你能想象的有关冬瓜汤的种种好品相，它一个都不落。吸入了汤汁的瓜肉每块都胖嘟嘟、水盈盈，白绿相间，晶莹剔透；海米红亮亮、韧结结，浸润在清气透明的汤汁里，既灵动又有喜感；姜黄葱绿，鲜香四溢……

餐桌上的口福之欢来了，速度和激情也由此上演。刚才还长幼有序的家人，立马“乱了套”，谁都不管不顾地挑起大碗，还没等我坐下，都摇头晃脑地吹起热气儿。女儿笑露八齿，嘴快得很：“一入口，瓜肉润嫩，是溜溜的弹；再一口，瓜浆裹满，是生生的香。”一旁的女婿惊成斗鸡眼，边夸张地咂巴着嘴，边嘟噜：“传说的‘爆盆’也不过如此吧！”没等说完，一碗落肚，挺腰凸肚，很是水润，一撸嘴，哼着网络热曲《火红的萨日朗》出了家门。

家人对冬瓜汤的反应，一下子把我的“厨心”挠痒痒了。家里隔三岔五地每人面前一碗冬瓜汤，一个春季雷打不动。外孙女回来干脆就叫我“冬瓜佬”，挣个名头不容易，这得对冬瓜绝对是真爱：不管啥时候，冬瓜汤只要上桌，肯定连汤带渣都不剩。别的再好吃，如果不整两口冬瓜，总会觉得缺点儿啥……

为了“可持续”地逗引家人跟我一块儿喝冬瓜汤，女儿女婿回来，我总配上俩小菜——一盘豆腐、一盘地瓜叶，显得齐活。豆腐就是白豆腐，切小方块，放在笼屉上蒸个三五分钟，撒一丢丢盐，原本的豆香就出来了。地瓜叶菜是把生地瓜叶直接切一下，蘸着辣根儿拌醋吃。菜市场上打个逛，没准能买到地瓜秧子尖，这就再好不过了。夹上几筷子，直接入口，根本不用再惦记“秘制酱汁”了。

我喜欢搞“形式大于内容”的东西，挺大一个盘子里，摆个形啥的。觉得这样既能闻到菜香，还能看见一种诱惑。我常常能被自己的作品感动。老妻却不屑，说我整得“跟没几个大字却占了整整一个版面的报纸广告似的”。我权当没听见，反倒惊讶自己：一旦对吃认真起来，那可真的能把自己逼成“厨神”，而且足以厨行天下……

下锅

二

一段日子了，天暖暖、冷冷，冷冷、暖暖，女儿一身短打进门，给人以初夏将至的感觉。“爸，蹭饭来了，抽抽鼻子就知道又是冬瓜汤。”我“见景生情”，立马拿出夏天一般的热情，挑了个大碗，盛得比往常都海，边往桌上放，边叨叨：“你甭顾忌胆固醇、血脂和催肥啥的，放开腮帮子吃吧！”

美食当前，女儿一反常态，无动于衷。在宅家抗疫的超长假期里，父女每天同一空间高密度接触，这给了彼此“有话直说”的机会，她嬉皮笑脸地开腔：“爸，我是无肉不欢，无辣不爽，一正经的‘火锅分子’，怎么您老是大荤没有，小荤不见呀？再说了，您女婿是喝肉汤长大的，一正宗的‘糁汤分子’。在他济宁那块儿，满大街都是糁汤馆子，路边一个个火力十足的煤球炉子上，放置着一口口大锅，总是咕嘟着。只要汤里有肉，够上油光四射、香肥热辣，他就觉得具有‘天王盖地虎’的性质，别的都可以忽略不计。我头回见他喝糁汤，差点儿笑趴下：半碗下肚，平地生火，泪珠子和汗珠子齐蹦，锅气和口水齐飞，直喊伙计‘再来一碗’。这种汤简直就是‘恶魔般的美味’，我喝头一口没感觉到那个点，再一口就来电了，抓把馓子填到嘴里，那就彻底沉沦，然后一口接一口……”

女儿正说得带劲儿，女婿推开门，蓝口罩戴得挺“行为艺术”，只遮住下嘴唇和下巴，跟京剧里的须生似的。他见我“作羹汤”，会不会相当于在整“黑暗料理”？女儿的话突然让我敏感起来。果然，人家干脆连半拉子口罩也不摘了，那神情似乎表露出“是可忍孰不可忍”，但出于对我这种家庭地位的人的尊重，挤出一句：“中午吃撑了。”女儿随声附和：“我也不饿，咱都减肥，省晚饭啦！”

是在岳父家继续勉为其难，还是跟她“同流合污”，这是一个问题。

没容他俩再说什么，我撮盐入火，吼道：“你俩都走，饿了想要外卖吃垃圾餐是吧？害你们自己就行，别害我外孙女。”他俩谁都没吱声，麻溜儿走人。

好在我有“死党”，俺两口子不约而同地端起碗，对付了两口，算完。

“一家人，连饭都吃不到一个锅里，不能不让我纳闷：同样的冬瓜汤，原来都喝得一拱劲儿，怎么说反转就反转了呢？”老妻接话：“事出有因呀！他俩刚回济宁住了几天，听说亲家做的冬瓜汤，绝对把你比没了。人家先把切好的瓜块放到锅里用开水焯几分钟，接着裹上淀粉或面过油，然后放上五花肉，加上花椒大料、料酒和冰糖块，关键是不能缺当地出的黄酱。炖制半小时，起锅时再撒上鸡精、十三香之类的调料，外加一把香菜末儿。你想想，这种调和味儿冬瓜汤，让它不浓香都难！”

那句话这么说来着，“没有比较就没有伤害”，我服了。

出锅

三

眼看就要夏至了，疫情还得有“几哆嗦”。一头扎进虚拟世界的小字辈，恨不得一天三顿叫外卖，加上连着七八天阴阴、湿湿，湿湿、阴阴，让人精神不起来。坐在窗前，往事浮现……

小时候，没少在济南的三里庄、四里村、五里沟、六里山、七里堡、八里桥“狼窜”，但我从没下过馆子，“油旋”没吃过，“甜沫”没喝过，对厨子饭没概念。直到18岁当上兵，才在长春第一次进饭店。济南的“名吃”没给我留下任何印象，倒是长春的“乱炖”难忘得很。我的“作羹汤”还能看到“乱炖”的影子。

过去的日子里，在爱家模范、治家高手和几位食神面前，我总抬不大起头。如今好歹地有了拿手菜，本以为炖一锅瓜汤，温一段时光，我的家庭地位也能随之改变，没承想被他俩这一出闹的，挫败感与烦恼徒增。

怪怨就怪怨孩子根本不知道啥叫“味道”。我的拿手菜，“味道”之“味”，既有清淡的气味，又有天然的滋味，更有浓重的情味。

“清淡”两字，安在冬瓜身上是再搭不过了，它性平味甘，不温不火，既不让人惊艳，也非惹人垂涎，但不卑不亢、不忮不求，与海米为伍，淡淡的鲜香起，清爽落胃，舒舒坦坦。

我尝过沪菜“白斩鸡”、粤菜“葱炒蟹”、浙菜“东坡脯”、苏菜“蒸鲥鱼”，品过“伊比利亚火腿”“托斯卡纳松露”“艾玛斯鱼子酱”……吃过天下万种餐，养就心中一段春，才有了这种冬瓜汤的滋味。这是食材本真的滋味，是自然之味，直抵人心。

宅家抗疫，在这最具生命情感的日子里，老的甘心情愿地伺候小的，这是一件比吃食本身更具情感意义的事情了。我的“厨艺秀”秀的就是不贪嘴理念。不贪嘴或许在短时间内看不出什么，但一贪嘴，生活就会给你一记重重的耳光。总在味道世界里“劲舞”的人，很难欢实多长时间，试着接受并不喜爱甚至反感的“慢动作”或“轻舞”，倒是可以久久远远。不奢侈在嘴，正是老爹在饭食中灌注的最重的情味儿。

我的“作羹汤”，“味道”之“道”，是想说由这种汤“味”该悟出的理。要让吃不止于吃，就得吃出快乐，而“简”的本质就是快乐。“简”是对应“繁”的，“繁”往往成为生命中的不可承受之重。化繁为简，是人生的智慧，生活本身就是一场删繁就简的过程，越简单越快乐。

几十年的教书生涯，养成了“凡事儿说道说道”的习惯。这是一种“下意识”。这种“下意识”帮到我了。老妻是我倾诉的对象，没想到她想的跟我大相径庭。

“吃饭的事情，说大不大，说小不小，但你不能老往大里说。你以为自己总能把握家庭的饮食大局，那是自作多情，或者说痴心妄想。过日子，就说用毛巾吧，我是把平时擦脸、擦手、擦脚和洗澡的都分开，你却一条毛巾从头擦到脚，还说是50年前当兵养成的习惯，至今坚持‘身上各部位没有高低贵贱之分’，你连不讲究的习惯都改不了，凭什么要求孩子改吃肉的习惯。外孙女吃啥，你回回都觍着脸问，那为什么非得跟她爹妈较劲儿？”

老妻的话够刺挠人的，我不得不把自己大卸八块，重新组装。习惯这东西，真跟长脂肪似的，当你觉出来的时候，它已经毫不客气地如影随形了。说来也是，爱吃肉的家伙，胃口不会太差，就像爱自拍的人，手机不会太差一样。爱吃说明需要，自己不是也有过“只要吃不死，就往死里吃”的年龄段吗！再说了，女婿对肉食的喜好，有着鲁南家族血统，如同胎记一样长在身上，不能也不可能被改变。冬瓜汤是选人的，缺少“硬核”的清汤寡淡，那是只属于自己的味道。

女儿三口再来家，我们索性改了路数，老妻动不动就给他们开开荤，让女婿的舌尖有种在济南与济宁的界线间游走之感。冬瓜汤知趣地退到一边，但我是不会冷落它的，而且很有“弱水三千，只取一瓢饮”的劲头。

几个星期后，外孙女好像觉察出点儿什么，前天一推门，就嚷嚷着要喝冬瓜汤，我好久没有以小步紧跑去迎接一个人的那种快乐了……

我的拿手菜做与吃，都是美好的，不喝酒的我竟也时不时地来上两口，让情绪上扬，回回东扯西拉的，跟喝大了似的。刚刚他们咋都要喝冬瓜汤啦？对不住喽，那得看我有没有心情，就是来情绪了，也得给他们大碗换小碗。

瘦身碗

自家露台

我家露台，长 8 米、宽 6 米，说不上特别大，但也不算小，反正是闹着了。

当初，全校 3000 多人分房，我竟排在了在职教师队伍的第三十四名。这个位次在备选的 41 栋楼 1500 套房中，虽不能说挑上任何一处房，但挑上任何一栋楼是没问题的。然而，放着东南头三层楼不要，偏偏瞄上这栋五层顶楼房，完全是冲着这露台来的。

露台霞光

一

十几年过去了。如今，大院有同一露台的大都不露了。或者上面不露，或者下面不露，或者上面下面都不露。

上面不露的，搭一顶子，像是跟阳光有仇似的，生怕晒着。房主的审美总还停留在“红红绿绿喜庆”“金灿灿好看”的阶段，爱在露台挂上两盏红艳艳的灯笼，贴上两幅金晃晃的对联，弄得天天都跟要过年似的。露台有了人为的文化气息，不做点儿有文化的事情似乎说不过去。于是，有秀才时不时地在露台秀才，不是吟诗就是放歌，堪比“老家门口唱大戏”，根本不知道该降低些分贝，让你听也不是不听也不是。最难以忍受的，是那蹩脚的普通话，我真怕把俺五岁的外孙女带到沟里。怪谁？都是这光戴了顶帽子的露台闹的。

下面不露的，是让露台不见底儿。隔壁老刘也是文人，但从没忘记自己是农民的儿子，坚信过日子家里就得有生气，没生气创造条件也得有。有露台之日，就是他大肆发展“种植业”之时，不仅自己能焕发出冲天的干劲儿，而且“好意思”发动学生，背土上楼，把整个露台填得满满当当，真看出有“改天换地”之心了。至于种菜必需的铁锨、锄头、水桶、水管子等“十八般兵器”，早就置办齐了，关键是人家懂得惜土如金、用土有方，能见缝插针，种的全是应季菜，让我老妻好生羡慕。

老刘很善解人意，动不动就把那些长得比吃得快的香菜、辣椒、姜什么的送上门，总还捎上句：“绝对新鲜、绿色、有机、无毒无害，随吃咱可以随摘随挖。”就像俺两口记性不好或眼神不济一样。可我并不反感，毕竟心意嘛，何况咱没啥稀罕奉献给人家。

昨天傍晚，老刘和往常一样，又拽我去他露台开眼：南瓜，肚子大了，大得恨不能快爆了；丝瓜，脖子长了，长得巴不能头碰地；扁豆，身上紫了，紫得像被三九天冻透了的招风耳。几个月前，他从江西带回来的几十棵川七，长出片片桃形大叶，娘子军兵临城下一般，打头的竟轻易爬上一米多高，成了挂在山墙头上的一景。我不禁感叹：文化人用起心来鼓捣自家园子，真没菜农什么事儿了。

“当初你如果学农，或者之后上寿光蔬菜基地干个‘导’什么的，那肯定名声大噪、实惠多多呀！”我调侃老刘。“农村老话：花旺，人不旺。所以，我在咱们学校是‘光着腚下来了’。”他笑眯眯地接话。走起路来都脚后跟磨地的人啦，退休前的事儿咋还没放下？我打了个哏，忙说：“不光腚下来的，可捞不着吃现吃现摘的菜呀，这不就扳回来了嘛！”老刘习惯性地扶扶眼镜，喜得假牙差点儿掉出来。

上面下面都不露的，是不怕晒着、淋着，但怕吹着，这种人家跟都商量好了似的，统统把露台安上玻璃罩。前几年流行欧式的，你家来地中海式的缓坡屋顶，他家就搭维多利亚式的陡坡顶子；你喜欢哥特式的尖顶，他就上拜占庭式的圆顶。不管整成啥名堂，反正不安不知道，安了没个好。

玻璃的通透性好，势必隔热性差。阳光一照，玻璃房内温度立马蹿升十几甚至二十几摄氏度，夏天苦不堪言。老王说他老婆执意安上玻璃房后，简直就是画地为牢，他天天犹如“笼中困兽”“网中困鸟”，现在终于明白，“需要住这种房子的不是我，而是杂物”。想当年我阴差阳错地教过老王，原本挺爽快的一个人，现在竟变得连见了我说话也兜兜转转的，真看出这种房“害人不浅”来了。

我家露台则是上面露，下面露，上面下面全都露。有朋友说，依我的个性和风格，肯定会把露台装出花来，我完全不否认自己在这方面的才能。可说来挺怪，从一开始我就不爱打扮露台。露台就是露台，不露就不是露台，半露不如全露。

全裸露台最大的好处，是可承接到全无遮拦的阳光，我爱晒太阳。对了，别喷我这教逻辑的却讲得不合逻辑，明明是“太阳晒你”，而不是“你晒太阳”。显然，这是字面上不讲，但已约定俗成，不会再有歧义。

我大概“长得像”一个和太阳特别亲近的人，年轻时就开始秃顶，似乎现在才发现，同样晒太阳，不像别人，有一个阳光穿过头发，在头发与头皮之间制造出一个温暖的对流层，然后才能接受的过程，而是根本就没有这个过程，直接受热，好处是外面天气再凉，但咱一晒体感温度立马就会上来。

阳光是个宝，晒晒身体好。紫外线总能给人以大补——补骨头、补阳气、补正气。每回在露台接受太阳的恩赐时，我不是站着，边看光景边晒，也不是坐着，边闭目养神边晒，而是直接躺倒，且有严格的程序。

先是趴着，把头、脖子和脊柱保持在一条中线上，晒背。背部有个督脉，这个经络主阳气。闭上眼睛，只晒那么一会儿，就会感受到太阳温柔的情意，身子开始发暖。翻个身，调个个，使身体处于最放松、舒服的姿态，体内的血清素和内啡肽迅速生成，在血管中加快流动，充当信使，脸上泛出红光，舒爽的心情油然而生，如同和煦的阳光一样，从内心深处往外翻涌。这时看天有情，见云有意，树都暗送秋波，鸟都欢天喜地……

二三十分钟后，多少有点儿燥热，起身来段“脱衣舞”，再一次四仰八叉，让自己最大限度地与阳光亲密接触，你会觉出能量积攒得差不多了，正气充盈，血活淤化，恨不能扒光衣服，蹦呀，跳呀，喊呀，唱呀……

我家在半山腰上，当初开山炸出块地儿盖的楼，东头连着转山陡坡，我把着西头顶层，露台成了整个大院的一个制高点。往南，一排排红顶三层楼踩在脚下;朝北,一片片蓝顶五层楼似在山下。你看不到别人,别人也看不到你,爱咋耍就咋耍。

能来骚扰我的只有鸟了。刚刚两只麻雀,飞在离我两三米远的栏杆上,不惧生,还“图谋不轨”,非得看看这糟老头子整啥来?我狠狠地瞪它们两眼,一只偏一下脑袋,冠毛下的眼睛神气活现,那意思像说:嘿,没带手机吧?就是让你拍不着,好像我稀罕它似的。

季节不同,我的“晒点”也不一样。在春秋季,上午9点是个不错的“晒点”。夏冬季,分别提前或推迟一小时。四季之中我最爱“秋晒”。秋日,没有大太阳,在露台更能感受到凉风至,白露生,寒鸟鸣。云和风是秋的使者,它们牵着秋的手,仿佛融进音乐的旋律、和声、节奏,笑吟吟地舞动在你周身,不快不慢,不凉不热,减一分缺,多一分溢,把自己完全暴露在阳光下,转转脖子、扭扭腰、踮踮脚,美气死了。

一立秋,我的早饭就提高“规格”,上露台晒着吃了。每天准点儿端一大盘子,背对着阳光,边吃边晒。节气是与食物的约会,寒露之前,我天天早饭主嚼的都是鲜棒子、鲜毛豆和鲜藕,嫩嫩的、水水的,一锅出来,不带换的,偏执狂一般。

在露台待的时间多了,怕生成黑色素的我,还总小心机地补上个西红柿,捎带一杯山楂片水。现在必须对自己有所在乎,拿自己的“皮囊”当一回事了,因为不断增长的老年斑,不光有碍观瞻,还葬自己的情绪。

二

露台既有使用价值,又有审美价值。

秋日,站在露台,躬下腰身,栾树弄色,石榴红亮,煞是好看。

十二年前,楼南栽种的几十棵栾树一棵挨着一棵,如今枝枝相覆盖,叶叶相交通。小风一起,溽热和清凉胶着,栾树最先送来表情包,不光得意地摇头晃脑,而且展示出这一年最动人的色彩。

阳光下的露台,总有蓝天、白云、红瓦、绿树,按照色彩学的观点,俺这“观景台”要缺就缺黄花了。栾树善解人意,专来拾漏补缺,一阵雨后,成片成片的黄花开给你看。

栾树花黄得纯正又独特。我最喜欢这种树花的颜色，它不像橙黄、金黄，也不像奶黄、浅黄，而是地道的鹅黄。这种透亮透明的黄，正是绘画中独有的“提香色”，给人一种纯香、清新、地道的感觉。秋天的树木少有花开，更少有小黄花，栾树似乎在春夏两季都睡过了头，醒了一骨碌爬起来，匆忙冒出小苞、开出小花。其实，栾树分明是不愿跟别的树在春夏凑热闹、争高下，也不想让深秋黄的银杏、红的黄栌和枫树抢了风头，便瞅准初秋，顾盼生姿，烂漫一回，这正是它与众不同的地方，更是它的高明之处。

栾树花黄得热烈又矜持。尽管没有春花的娇艳、夏花的繁盛，但它依然自信满满，高调出场。栾树花根本就不隐藏于枝叶间，花瓣挨挨挤挤盈满枝头，高高在上，并用最耀眼的颜色证明：我活力四射，激情飞扬。又像在宣示：我的命最硬，我笑到了最后！然而，这种花只是在一心一意地表白，不带有任何嚣张、炫耀的意味，花朵微小如苔花，只是在树枝顶端摇曳、滋蔓，在不多大的地方静雅默然。

栾树花黄得粗犷又妩媚。一旦到了火候儿，栾树枝头齐刷刷地泛黄，不是一点点、一团团，而是一簇簇、一片片，把本来单调的绿树装扮得俏皮起来。不知不觉，眼前的栾树已经蹿到四层楼高了，让我终于看清它细细密密、瓷瓷实实的花朵竟带着妆容，前额上画着红点儿，也像在撅着小嘴，想说但羞于出口：俺让你的露台香起来。

栾树花

这一边，栾树花正在和我温情，那一边光润红亮的石榴却在放电，使我目不暇接。半遮半掩在树叶中的一个个石榴，像是在短时间内暴饮暴食过，突然增肥了好几圈，个个显出丰腴之姿，再也不是红着脸，低头不语，而是喜形于色了，或者龇牙咧嘴，或者开怀大笑。麻雀最见不得这种情绪化的表现，总是成群结伙地飞过来，不是用翅膀使劲地扑腾石榴，就是不停地啄食，直到完全把它掏空。

开口的石榴被“强暴”，石榴树叶有一声没一声地落着，但石榴树该咋地还是咋地，因为它自己再清楚不过了，总有麻雀啄不到的石榴籽，有籽就有种子，有种子就有未来。

三

白露以后，到底不同。从山里吹过来的风，带着青草和野花的气味，轻轻地吹拂着我，看尽南北四时花，不如静对一院秋。

露台南向，被高树密叶遮掩着的旅游路影影绰绰。画国画的讲“墨分五色”，眼皮子底下的这片绿可不止五种，至少有深绿、碧绿、翠绿、青绿、草绿、黄绿和浅绿，让人眼花缭乱。车，在无声中穿流；山，在流动中沉静。对山而坐，凭着半吊子艺术感，我三五下简笔，便把几个山头搬到了纸上。

本想让老妻夸夸，可她只弹不赞：“看倒是能看出转山、卧牛山、燕山、洪山什么的，就是没有高级感。”我不客气地放话：“你别像咬着后槽牙说话好吧，能不能用极为欣赏的眼光笑着评画？”她还真换了口气：“这个时候的山其实都是笑着的，大人们带着孩子挖荠菜、摘酸枣、采野葡萄什么的，山里到处都回荡着他们的笑声，咱不用上去，在露台就能听得到。你画不出这个季节山的表情，当然不高级了。”我想说点儿啥，可脑瓜“短路”了。

望着远处，眼睛半开，没了焦点，但突然意识到，过去这么多年，我竟从没好好看过这些山、这些树、这些花、这些果，甚至有的山至今还叫不出名来，更别说爬上去了。前几天我才刚刚知道这些树就叫栾树，这些石榴就是玛瑙石榴，仿佛都是初相识，没承想人家已恭候多时。说什么呢？学会欣赏和赞美，有时大概也就是一瞬间的事。

“嘀嘀”两下声响，这是孩子和我在露台的接头“暗号”，扒着栏杆，低头瞧，是女婿。他住的离我也就是“一碗汤”的距离，可这会儿骑上了粉红色小电驴，车前还挂着红底碎花挡风棉袄，有点儿像农民工兄弟，跟平时爱骑哈雷率领“车手兄弟们”一起飙车的酷帅小伙判若两人。“爸，我收货来了。”“好嘞，稍等。”我把刚在露台晒好的地瓜干、萝卜干、苹果干和香蕉干，用绳子出溜下去，这是主要为外孙女准备的小零食。女婿出差前为老人准备的便携式氧气罐让我拽了上来。女儿帮奶奶洗完澡，老妻把换洗下来的衣服和铺的盖的晾满了露台。在秋阳下，在秋风中，露台注满亲情的风景，总招展在眼前，荡漾在心间。

坏了，我现在咋不看电视吃不下饭，不听音乐睡不着觉，不带手机出不了门，不上露台过不去一天啦？

2019 年 10 月 5 日

收拾家

作为家庭成员，过烟火日子，少不了收拾家，老子也一个样。吃了家里的饭，就得给家里“下个蛋”嘛！

我当老子有年数了，可头些年，拖把不沉却拎不动，抹布虽轻可拿不起来，还美其名曰：事情太多、生活太累，没闲工夫。

就这样，俺那山景房成了“被爱情遗忘的角落”。窗外，山岭起伏，花木飘香；窗内，却干枝枯叶，灰头土脸。俺那海景房也被“辜负”了多年。窗外，蓝天白云，海风拂面；窗内，却干锅冷灶，一片狼藉。

啥时候有闲工夫收拾家呢？说来挺逗：我在学校一栋高层公寓住了8年，有天比我矮一层的邻居在电梯里问我妻子和谁一家，她说明后，对方都没迟疑：“你是他女儿呀?”弄得小我两岁的老妻直接笑喷了。有回，我去老弟家，走后楼下的门卫竟对小我两岁的老弟说：“你爹真厉害，这么大岁数还能自己开车来。”好几次，我带老母亲去菜市场，买完菜摊主都捎上句“大爷大娘慢走”。开始我还急着纠正——“乱了乱了”，后来都懒得搭理了。还有呢，我去看老父亲，本来并不眼生的护理人员，竟认为我和俺爹是兄弟俩。

这些囧事，跟谁说都像是编的，别说人家，我自己也觉得不可思议！要是编的就好了呀，明明是“初老”，怎么没过渡，直接“终老”样了呢！至少二十年的衰老“提前量”，真的承受不来。实在想不通的时候，全指望一句话撑着了——别人家放个屁自个儿嗓子就痒痒，学得没出息。

总归是受到“要命的节奏”刺激，不往心里去是假的。打这后，那个频频外出的“社交健儿”不见了，我越来越乐意宅在家里，并且终于明白：自己如果不想被“彻底打倒”，就得把自个儿分裂成两部分：一部分保持老子的尊严和地位，另一部分则必须放下身段干家务。从此，我推掉了不少烂事，什么“钱多、事少、离家近”，咱也不动心，收拾家自然有了闲工夫。

家有啥收拾头？这是一个很私人性的话题。不同的人有不同的说法，不管人家好哪一口儿，反正我收拾的不外乎这几样：讲究、秩序、心气儿。

摆书

我身边，不少人恨不能把家整成博物馆或仓库。我收拾家不一样，有自己的讲究。客厅的东西讲究“高大上”。家具是从北京一家博洛尼家居体验馆定制的，连门套也不例外。房顶和地面为白色，墙壁为浅驼色，饰品为深驼色，影视墙为深驼色，上面的饰品又是浅驼色。这两种驼色是根据柏林博物馆的内墙色自个儿调出来的。卧室则讲究舒适和简单。一张两米宽的德国床，一个衣橱，结了，连床头上的油画都觉得多余，挂上后硬是给摘了下来。床上铺的盖的是未漂染的原白粗布单子，还得三日两头地拿到阁楼晒台上晾晒。

收拾家，我的讲究多了去了，不仅什么地方摆放什么东西是一定的，而且每一样东西的摆放，都能让你看到一种秩序的存在。

不过，自己建立的这种秩序有时也会被自己破坏，特别是写东西的时候，往往桌上、床上都堆满了书，“一地鸡毛”，像极了搬家倒腾书橱。

老妻常夸我有一种本事：“瞬间就能把杂乱的物品、糟糕的场面，像变戏法似地归拢好。”人受一句话，佛受一炷香。我当真以为自己有这方面的特长。家里一有什么急需，如重要客人冷不丁造访，老妻肯定呼唤我来应对。不用说，我准能瞬间“化腐朽为神奇”。

咱这绝活，一般大老爷们不具有，而且还是“童子功”。出门看天，进门看脸。这是我小时候就明白的理儿。那时候，俺家是全大院有名的干净人家，母亲收拾的床不能坐，刷的痰盂不能吐，是出了名的。她脾气火爆，每次下班进门，只要见乱了，肯定给俺兄弟俩脸色看，轻则挨训，重则挨揍。时间一长，我作为老大，就有了被训或打出来的“机灵”：每次赶在她下班前，乖乖地以“神速”把家拾掇利索。

有一回堂侄子两口来家玩儿，我一边热络地聊“秩序”，一边打开衣橱，唯恐人家不知道“我所有的衣服都是自己洗，这个习惯与我当过兵有关系”。当看到按季节分类放置的衣服，叠得整整齐齐，规规矩矩，他俩简直惊呆了。要不是眼见为实，他们怎么也想象不出：一个胡子拉碴、邋邋遢遢的糟老头子的衣橱里，竟然有如此的“秩序”。

有人说文化人尤其学问人的家，大多是凌乱的，凌乱的程度往往和学问成正比。相信说这话的人，肯定是有感而发的，是就多数人来说的，而我恰好是个反例。

我不敢说自己是学问人，但没跑出文化人圈子，毕竟在高校教了三十多年的书，也写了些东西，但我的宅子多数时间是被公认为有秩序的，一度还被不少人津津乐道。那种动不动就把文化人、学问人作为脏乱差的家的代言人，好像不集中起中国文化人、学问人生活上的全部恶习，不足以说明一个文人有学问的做法，我肯定是反感透了的。

近一两年，待在家的静好氛围让我欢喜。然而，时间一天天过去，家人还是那几个人，家里的事儿还是那些事儿，可人的心气儿却不能不变。我发现：要换换心气儿，最好的方式就是收拾家；收拾好家，又能最好地补充心气儿。（好你个李老头，蹦出这句，分明是凡人哲语啊！哈哈！）

北京四环的宜家家居体验馆里的黑板上写着“收拾屋子就是收拾心情”，我感同身受。现在，觉睡得少了，每天早早醒来，我习惯性地先摸在睡眠中的拖把，嗨，伙计，起来吧，跟我一块儿活动活动筋骨。到了我这个年纪，擦地弄不好会葬着膝关节和老腰的。我当年在黄河农场学的锄地的本事派上了用场：左手左腿在前，朝前拖几下，倒换右手右腿在前，朝前拖几下，重复一遍，再倒换左手左腿在后，朝后拖几下，倒换右手右腿在后，朝后拖几下。这样来回倒腾的好处是可避免单纯用膝关节或腰部发力，全身做伸展运动，不累。

家里的活儿我一旦上手，仿佛就上了流水线，从一个程序接着传到下一个程序，这个过程的活动量不亚于跟着人家一会儿“退步”，一会儿“撞树”。每个星期规律性地来一次大扫除,犄角旮旯的都得见见面。半年一年的,还得把家重新折腾一次,美其名曰:保持新鲜感。

我崇尚“新消费主义”,不喜欢红木家具、老式家具,看到它们,总觉着心里疙疙瘩瘩的,很沉重。我喜欢款式新、型号新的东西,想要的说来就来,不想要的说送就送,说扔就扔。虽然咱赚钱方式不多,但咱支付方式多啊!你别说,这招真灵,过日子的心气儿一下子就高扬起来了。

也许有人抱怨:“收拾家这档子事太单调了,擦桌子拖地,一天天地重复,想想都觉得没意思。”

现在不少人收拾家,已经“动口不动手”了。“找代劳”好像成了新持家理念人的“标配”。钱少的,找钟点工,钱多的,找住家保姆。我是受不了一个外人总在你眼前“晃来晃去”的,自己每天擦桌子拖地没觉得“单调”和“没意思”,更没有“绑架”我的生活,反倒觉得它是一种生动有趣的重复,在这个过程中还能“割草不误逮兔子”。

起初,我也不喜欢干,有时甚至挺烦。看到几天前抹的桌子、擦的地落上一层灰,就感觉它在对我说:“我就喜欢你讨厌我却干不掉我的样子。”后来,随着活干多了,慢慢也就想过来了。搞清洁是每天都得忙活的差事儿,只有适应这种常态,把该干的变成想干的,才能干得带劲儿,活得意气风发。

家里每样东西其实跟我都是有缘的,是意中物,我常常深情地看着一件家具或物品愣神,尤其是年数长了的老物件,有故事、有说头,收拾起来格外用心。

水杯

几年前，在青岛买的捷克进口的喝水杯，造型和图案极简、别致，我喜欢死了，虽然 980 元一盒(四只)，天价了，但还是硬着头皮拿下。“恋物无罪，小奢有理”嘛！每次擦拭起这几个杯子，视觉上都是一种享受，爱不释手。类似这种心仪的玩意儿，在我这儿待遇都不低，隔三岔五地会用上好的抹布来“伺候”。在它们面前，高兴了，没准儿我会放下有人时的矜持，来阵儿“老来疯”：或者开开老嗓，吼几句《忘不了》，或者伸伸老胳膊老腿，跳两步巴西桑巴。

我还爱时不时地弄点年轻人喜欢的“小创意”，虽然咱长得老帮，但咱可以想得年轻呀！往往一些“意外之举”会使平淡的日子活色生香。女儿总提醒她妈：“千万别打击俺老爹‘瞎鼓捣’的情绪，因为这是他永远不甘心被时光打败的标志。”

写到这会儿，我得意地把收拾家的心得念给老妻，恨不能她调整坐姿把整个身体凑上前来听听，没料想她是一副懒洋洋的劲头，而且只弹不赞：“你这套像抓泥鳅，它太滑溜，不容易上手。我这真收拾家的还没吱声呢！”

摆书

合着，白忙活了！不会吧，相信仅凭收拾家，我自己就值得被爱，不是吗？

2016 年 8 月 17 日

老家“蟹”味儿

“秋风起，蟹脚痒；菊花开，闻蟹来。”今年深秋时节，我赶回莱州老家，冲的倒不是蟹子，而是小堂侄成亲。

一

接风席上，虾兵蟹将，活蹦豪横，像演雕塑剧，开幕式上，打个照面，转瞬即闪，半小时后，粉墨登场，个个顶着大红天灵盖的梭子蟹，不光很有喜感、雕塑感，而且真有“大将”的气度和风范。自家海参池养的基围虾也好，莱州湾放流回捕的对虾也罢，在一只只斤把沉的蟹子面前都黯然失色。

老家但凡有喜宴，蟹子就是标配。“一盘蟹，顶桌菜。”我从不怀疑莱州人血管里都是蟹味儿，但我算个特例吧，对蟹子没有说不尽的千般情怀、道不完的万般眷恋，这可能与没生在长在老家有关系。更有甚者，随着年纪大了，慢性病多了，越来越抵触起高胆固醇的蟹子来了。今年中秋节，有人送来海蟹，我连箱子都没开，立马转手出去。前几天，女儿视频通话：“您女婿刚从苏州阳澄湖大闸蟹养殖基地回来，带来点儿正宗的湖蟹送过去。”我说：“你最好独吞了，害自己就行，别害老爹。”

“瞎想”之间，作为主家的大堂侄东升挑出蟹王，装在青花瓷碟上，摆到我面前。他四十五六岁的样子，高个宽肩、浓眉大眼，我连忙欠了欠身。老妻见状，眼珠一转，计上心来，脱口而出：“你叔是吃公蟹的主。”知夫莫如妻呀，我正心中叫好，东升接话：“叔讲究‘不时不食’，是有道理的。咱这里中秋的公蟹壮，深秋的母蟹肥，今天特意从船上都挑的母蟹，个个‘顶肥盖’。”话说到这个份上，我只好“改了”。

“爸，你确定你懂得‘梭子蟹’吗？”女儿开始“挑事儿”。

“不怕你们笑话，我还真不知道是先拽腿呀还是先揭盖，也分不清腮呀胃呀心呀肠呀什么的，弄不明白这些部位到底能不能吃。”我实话实说。善解人意的东升，没给我这个干教师行当的恶补常识课，假装不比我懂似的，啥说道没有，只是帮着撬开蟹盖，一掰两半，递上句：“叔，光啃肉就行。”

梭子蟹

洁白紧实的蟹肉,橙红瓷实的蟹黄,加上热腾腾的锅气,顿时让在座的三桌人集体沦陷。平时马大哈兮兮的女儿,一反常态,细剔慢吮间兰花指翘翘,这吃相分明示意:俺不仅是停留在“吃”上,而且已经升华到“品”的境界,优雅得一下子离“经典”二字近了不少。

酒过三巡,菜过五味,女儿竟敢跟蟹腿“硬碰硬”,直接用牙咬烂,连壳带肉乱嚼一气,如同“牛吃蟹”。这简直乱套了,怎么这么快就忘了矜持,没了优雅!更夸张的是,脸色涨成酒红的她,还念念有词:“这玩意儿明明颜值已经爆棚,却还要靠‘珍材实料’,俺就爱找这种鲜美的‘扎劲’感!”

我是望尘莫及,并且还有那么一丝不恭,只干掉半边蟹身,就作出举手投降状,剩下的归了女儿。人家来者不拒,顺手抄瓶酒给自己满上,那架势简直就像要把疫情宅家这些天来欠下的酒都喝回来似的。

“闺女啊闺女,让老爹说你什么好?”“此时情绪此时天,人间小神仙呀!服务员,怎么没有姜、醋什么的?”女儿故意岔开话题。

我得跟闺女掰扯掰扯:“吃清蒸蟹是咱老家人的心头好,要的就是只有料而没有理,蘸上姜末和醋汁,不就串味儿,白瞎了刚出海三两个小时的活蟹子啦!在济南兴炒炸焖煸,那是用来对付死蟹子或半死蟹子的,纯属只有理而没有料。”东升媳妇忙说:“咱老家出姜,新姜刚下来,今年种得多,服务员拿点儿来!”

女儿给了我个大白眼，感觉自己快成“忍者神龟”了。

二

小堂侄在北京工作，但婚礼非得在老宅子办。第二天一早，我们同回朱桥镇刘家村。

村西头自家院外，一嘟噜一嘟噜密匝匝的葡萄挂满了支架。院门挂着红灯笼、红拉花。院里，熟透了的只有山楂大小的猕猴桃，使人口生蜜意。一切都备到好处，随着一阵喜庆的鞭炮声，挤满了来道喜的亲友。

婚宴上，莱州“八大件”我记不大住，但东升给挑的那只二母蟹却念念不忘。看肚脐形状，活脱脱的一个倒三角形，既有别于锥形的公蟹，又不同于椭圆形的母蟹。这莱州最横蟹子，比碗大，拆蟹入腹，壳薄肉厚，柔嫩鲜美，口口爆香。

左首坐着的东升几乎没动筷子，而且低头不语。我握了一下他的手，只见他吧嗒吧嗒地掉眼泪，说今天看到这么多长辈，想起很多过去的事情。“小时候想吃点儿好的，总爱找姑姑要，自己动不动就拉开姑姑家冰箱门拿吃的。在外地上学的时候，舅舅常跑到学校给我送肉饼。刚上初中放暑假，第一次去济南就到过您家。家人亲人对我所有的好，都很难忘记。”我听着听着，也湿了眼眶。整个包间，出现静场，只有筷子碰到碗盘轻轻地响动，足足几十秒钟，好像谁都不想破坏这份静。

回到住处，我跟东升说好，不吃晚饭了，躺会儿后去看看叔婶。没承想，这一觉就是两个钟头，东升却一直等候在门外。

女儿驾车紧随在东升车后，刚到小区，竟被门卫龇了几句：“去去去，你们没看到这里贴着‘禁止停车’吗？开走，开走！”东升礼貌地下车上前说情：“我住在里面，停一会儿，很快就走。”“一会儿也不行，上北边找地方停去。”东升顺从地说：“那好吧，咱们走。”

女儿嘴快：“这人跟东升哥眼生，跟东升哥开的200多万的大路虎也眼生吗？怎么这么丧！”

我不得不撂上几句：“年轻人容易心碎，老年人容易嘴碎，咱家怎么正好相反，这跟人、车什么关系？东升兄弟姐妹五人在这里买了七套房，人家不仅没有财大气粗、仗势欺人，而且不计较态度，理解这位门卫大叔是按规定办事儿，并能用平和的语气说话，这是一种境界和修为。”

我叔九十五，婶大一岁，都在家。叔的模样酷似我父亲，见了他如同看到父亲，眼泪夺眶而出。脸膛红亮、思维清晰的叔，不紧不慢地说：“你爸比我大三岁，他原名叫孟昭爽，40 年入党后，组织上给他改了姓名，才叫李谷莺。解放前，他一直做地下革命工作。”“我父亲一向身体好，感冒发烧也很少，只是前年年底住院进了 ICU。”东升接话：“我大爷爷是个特别和气的人，ICU 的费用不会是小数，这个钱我来出。”“单位上已经都给报了。”我感激地说。

天刚黑，东升没商量，就把我们带进饭店。暖暖的灯光照在餐桌上，给每一道菜都镀上了一层柔光，作为重头菜的蟹子显得格外红亮、油光，个个鼓鼓囊囊的，像充足了气，还喜笑颜开的。

浓浓的“蟹意”，领了，我起身拎起两只，分放到东升和自己盘里。掰开蟹盖，一股热气夹着脂化的氨基酸、含氮化合物等多种鲜味儿扑鼻而来。蟹黄最为抢眼，几乎盖满蟹身，稍加点儿力，细细咀嚼，丰腴肥美，脂香溢出口腔，在鼻腔中回环。雪白的蟹肉和着柔滑的蟹膏一块吃，牙齿触到软、弹的质感，舌头觉出鲜里带甜。晶莹剔透的蟹腿、蟹爪是用来“嘬”的，吸完汁水，连同它自身末梢的肉身一块拽下，被“拉长”的美腿丝短纤细，顺喉而下，味道绝了，能干掉一桌佐餐佳肴。

母蟹

老妻说："一只全蟹下肚了，你怎么吃得比女儿还快，莫非'返老还童'了？"心满意足的我，擦擦手，抿口酒，随声道："这是吃到嘴里的满足，鲜到心底的幸福，能不活回去嘛！"

女儿又出题目："老爸，您不是口口声声说吃过阿拉斯加帝王蟹、夏威夷面包蟹、北海道红毛蟹、塔斯马尼亚石蟹什么的吗，您怎么看蟹子的鄙视链呀？"

俨然一"蟹精"的我，开讲道："咱们中国人多看重蟹黄，往往按有没有蟹黄论价；美国人多钟情蟹肉，他们就是要蟹肉入口、浓鲜满嘴的快感；日本人多讲究拆蟹，细细作作不说，关键品蟹有道。其实，那些外海蟹就是个大，肉都发腥、发柴、发暄，自然排在我鄙视链的中端；下端是包括大闸蟹在内的湖蟹、河蟹，蟹黄忒腻，蟹壳有戳破嘴皮之险，吃不着肉，解不了馋；顶端铁定是咱内海莱州湾的梭子蟹。北纬37度黄金海域出的蟹子，比起别处的来，活力更强、肥度更足、蟹黄更满，遗憾的只是它一直没有搞'实名制'，在别处吃不到。"

"闹了半天，老爸不仅不是蟹盲，还是宝藏老头呀！"女儿不得不服地说。

"你呢，一惊一乍；我呢，不尴不尬。这点事儿都不知道，不就白活了这么多年，白吃了这么多蟹子嘛。"我补上一句。

老妻给东升媳妇抖搂起我的事情："你叔那些年见了蟹子也拉不动腿，他那嘴如同切菜刀，把根蟹腿从左边续进去，从右边直接揪出来，保证壳肉分离，嗑得干干净净。现在成了口腐牙不说，自从跟院里的几个老头围堆儿后，回来张口必称洪昭光、于康，吃鱼都得蒸的，吃菜都得煮的，还谈蟹色变。每天非得吃够30样，实在凑不上，就让熬八宝粥，弄得孩子够够的。好歹地出去吃个饭，回来还像犯了错误似的，直后悔。没想到，老家的蟹子有魔性，他开始是碍于情面不得不吃，但开了口就收不住了，而且越吃越贪恋，越来越疯狂。"

东升还在不急不慢地拆着蟹，我说你弄公司不容易，不光这边，还有大连、福州那边分公司，这么一个大摊子，得有多少事儿等着处理，你却都扔到一边，全程陪着我，真是很不过意。他说："搞海鲜养殖和加工，做生意，就像这海水起起伏伏，我没太当个事儿，家里人都帮着打理，这几天没什么非得去办的。"我转头给女儿说，看了吗，你东升哥大大的事儿，小小地说，深深的理儿，浅浅地道，活得"哲学"着呢！

夜深了，白米粥上桌了，趁热凑着碗沿啜上两口，浑身热乎、舒坦。吃着家乡饭，要是会说家乡话，聊出童年往事，这快意人生没谁了……

家院门

三

第三天，云洁气爽、微风不燥，阳光正好，兜兜转转，满目清新，心舒意美。有老家可回，有家人可看，有亲戚可走，有血缘可溯，有亲情可慰，真是一大幸事。

东升知道我们要走，把车装满干鲜海货。好家伙，后备箱打开肯定得哗啦一地，后排座上摆得把后窗挡成了一道缝儿。

车上高速路后，女儿问："东升哥是不是闷声发大财了？你们知道昨晚咱吃的蟹子多少钱一只吗？店老板说，这种特大号蟹子很难淘换，他上船找了个老伙计收，掉下来300元，人家高低不干。"

老妻说："东升真舍得为咱花钱。他安排的饭，没有一点儿'馆子味儿'，有的是一种很正、很纯、很亲的味道。其实，咱没有直接帮过人家什么，他本来可以不这样待咱，谁都知道钱是好东西，而且越攒越想攒。东升不惜花钱，是除了他没把钱看得太重以外，更多的是一种亲情，是对咱的一种尊爱。"

我也感慨道："东升是从村里出来的孩子，但他不是日图三餐，夜图一觉，而是琢磨着怎么'靠山吃山，靠海吃鲜'。老家人都以海鲜为大，东升就在家门口搞起了海参、蟹子等海鲜养殖和加工。他白手起家，硬是凭着一股子劲儿闯了出来，建起了厂子，弄出了驰名商标、知名品牌，年进几个亿。又一栋新大楼起来了，明年投入使用，年进十几个亿没问题。我问他这个过程是不是太难、太苦、太累了，他却说：'从小就对海鲜养殖、加工有兴趣，鼓捣上这个以后又找到了很多乐趣，做老实生意，不想别的，加上自己家的人和亲戚搭伙，朋友帮衬，也就不觉得难呀苦呀累呀什么的。'他说得云淡风轻，不张扬、不华丽，却透着一股坚定和从容。过去，我只见过东升几次，没大聊什么，甚至从未上网搜过他的公司，通过短短几天的接触，就觉得他是样子最好看的人。不光眼界和格局不一样，大气，重情义，有真本事大能耐，而且有一颗平常心和一种静气，能把自己放在一个很低的位置，谦和、实在、知足，带着一种本真的朴素、干净的样子。在这个世界上，样子最好看的人就是那些无论身处什么位置始终能用平和的目光张望彼此的人。这份气质，源于咱老孟家的家风家教，也源自他的善良和心底的平衡。一个人敬畏得多了，才懂得更多，才平静更多。尽管他辈分小，但是活得最明白，知道自己要什么不要什么，这是难能可贵的，也是让我很佩服的地方。"

女儿接着整了几句："我的感受，加上你们说的，拢起来就是：老家蟹，鲜盖百味儿；东升哥，是老家味道最好的代言人。再拢拢就是：一品蟹子，人生一品。"

2020 年 10 月 28 日

霞浦春光

清明,春深,色浓,我和家人一头扎进霞浦。

大堂侄东升早两天赶到,当亲情遇上霞浦春光,是如何一种景致?我“沉浸式”体验了一把。

一

一觉醒来,东升招呼我们上海看渔排。车在只能错过一辆车的山路上跑了20分钟,经过沙江镇围江村时,馒头山显现。这个小渔村的苏老板,掐着点儿迎候在路口,足见跟东升交情不浅。操着浓重闽东口音的他,让我无比“上头”,但出于礼貌,也只好微笑和点头。人家古铜色的脸上洋溢着春风,扶我爬上六七层楼高的观景台。

排栏网竿

远景:白茫茫,雾蒙蒙,水天一线。中景:突峰浮水,倒影翩翩。晾晒海带、紫菜用的排栏网竿,疏密有致,如同团体操队形与图案。有散点的、线条的队形,也有块状的、组合的图案。渔船穿行其间,静中有动,透示着生气。前景:泥沙的海滩裸露着胸膛,低处汪着浅水,明暗相间。尽管太阳连半个脸都不给你露,但芦苇随风齐刷刷地朝着一个方向欢快地摇曳,使得画面富有张力,弥补了色彩和光影的不足,拍照还省得惦记亮部有无惨白,暗部有无死黑。

我这半拉子"拍客",任意作点线面的组合,既能展现全景空间的透视效果,也可捕捉细节瞬间变"诗意小品"。难怪东升这么翻译苏老板的话:"再过一个月来,'纯玩摄影的'能挤破头。不预约的话,会挤到塞不进一个三脚架。"

车继续西行,苏老板陪同,自驾车打头,到溪南镇东安岛大桥下,坐上标注着"珍品堂"三个大字的自家快艇,那可真叫一个亲呀爽呀,恍若飞驰在莱州湾。

莱州湾一望无际、一碧万顷,而眼前明明半山半水、翠岭横延,可还是缓不过神来。直到数十只白鹭在水面扑闪着翅膀,呱呱地叫,我才猛然意识到了"生分"。它们是在用肢体语言和声响,表达击缶而歌的欢悦呀!乖乖的,咋老跟在我们腚后打转转?"我的白鹭呀,你们是想谝拉有黄黄的大长嘴,还是要将这片海的浪漫指数翻个番?"我肉麻地冒出一句,女儿扑哧笑出了声,随口:"老爸真够跩的!""妈,你跩跩试试?""别笑话姥爷,他是'男神'!"外孙女替怼,我一把把她揽入怀里,对着她脑门使劲儿亲了一口,然后假姿假颜地订正:"姥爷不是'男神',是'男神经'。哈哈,是啥不重要,重要的是我这平日里的'助教'没给你白当。"女儿算是逮住了,忙说:"对对对!"我后悔秃噜了嘴,干脆仨字:"去去去!"……

快艇突然减速,飘然驶过一片片竹搭渔排、一座座木质渔屋。东升说:"这边山高,是天然的避风港。水挺深、挺清,得有20～30米,没污染,特别适合养海参。你们看,渔排像不像菜园子?海参就是主菜。"他手一指,接着说:"这是我三叔和四叔住过的渔屋,一待三年,养海参。现在这种老式渔排少了,政府扶持搞的新型塑胶渔排和网箱多了。"听着看着,我顿时觉着渔排、渔屋很亲,俩堂弟仿佛就在眼前,我甚至想留下来,天天也"枕着浪花入睡"……

渔屋

不远处的新型塑胶浮球随波跳动，快艇晃悠悠地停靠在一个大渔排旁边，东升一步跃上去，站稳回身把我拽了上去。无数个养海参的笼子在波浪中轻轻地摇曳，咬着泡发海带的海参也跟着有节奏地摆动。东升提起一个笼子，上下五层，打开一层，只见卷曲着的海带包裹着七八个海参，像穿着皱褶裙边的母亲哄孩子们睡觉。“春光映照下的海参比任何时候都饱满！”他感慨着挑出个大的，递了过来。我两手往后缩着问：“咬人吗？”他哈哈大笑：“不会不会。”说着又递了过来。你别说，手感蛮好的，椭圆形、浅褐色、半透明的活参软软乎乎、噗噗囔囔，刺鲜亮，没硬心，一捏就“呲水”。一时间外孙女和她爸妈对着呲了起来。

赶上饭点，“饱受蹂躏”的海参统统成为盘中餐。会吃，是霞浦人身上撕不掉的标签。东升的哥们——吴老板和阿金弟，两位海参大咖妙变海鲜大厨：袖子一撸，捡出个大的，开肠破肚，去掉内脏和砂囊，接着下锅“生滚”。别看就“打一滚”，火候拿捏少一分生、多一分老。眼尖鼻灵嘴刁的二位，要在我们面前找到属于自己的“荣耀”。

总有人标榜海参为“海八鲜”之首，可我老觉得它没滋拉味。人家可有“点金术”，小料一撒，复合香气瞬间弥散开来，隔着老远就能把馋嘴的孩子引过去。

在一家人的欢呼声中，盛着海参的一个大盆碗被端上桌。老实说，用这种家什盛满挨挨挤挤的海参，真拿海参不当回事儿。虽说它没有好看的皮囊，可馆子里大都按位上的。请个客，鸡鸭鱼虾齐活了，如果追加个海参，那就是妥妥的“王炸”。

夹一筷子，头一口，并没有传说中的闽东做法那么玄乎，咸淡跟鲁菜大差不差，看出是“投其所好”来啦。再一口，肉的确厚实，有嚼头。既有海水的味儿，微微带着碘与海藻的气息，又有春天的味儿，储蓄了一个冬天的能量被释放出来，还合着“魔鬼辣”味儿，不大好形容，只有多吃才能解释。尽管霞浦海参没有北海道红参、大连辽参名气大，但参的弹性、味道不输它们。我不排除有心情好味觉就好的因素，可也没有“点化”或“提升”当地参的成分。

女婿生性好肉，两眼直勾勾地盯着一盘笋肉，念念叨叨：“无竹令人俗，无肉使人瘦。不俗又不瘦，竹笋焖猪肉”。“‘偶买嘎’，也太好吃了吧！”女儿大呼小叫起来。你别说，她一嚷嚷，还真调动起情绪氛围，女婿接着把只整参塞入口中，完全是“补偿式”的节奏！搞笑的是，借着酒劲儿，他竟口出狂言：“国不可一日无君，我不可一日无参。”这跟过去那个对海参“刀枪不入”的他，简直判若两人，莫非是春季活参在舌尖上鼓噪、释放出太多的内啡肽闹腾的？

俺老两口分坐在东升左右，半推半就地都吃下三只海参，还不算满桌盘子摞盘子的盐焗剑蛏、凉拌碎螺、酸辣海带苗、清蒸红刀鱼什么的，一家人美滋滋地吃着、喝着，喜滋滋地说着、笑着，算是停不下来了，似乎都醉在了春光里。

傍晚的美差，跟着收海参。海参是霞浦清明的瞳孔。没错，现在正是收海参的时节，比老家莱州养殖的海参早收一季。去年 11 月从北方进的已养殖 3 年的海参苗，在这儿接力养殖 4—5 个月，单个体量就能长到 4 倍以上。得资源者得天下，今年客商都很买账，天南海北的来了不少。

霞浦参俨然“南参”的代表，但东升公司的主打产品“珍品堂佛跳墙”的参源，倒不是这里的褐色参，而是大连自己基地的黑辽参。他这趟来收些参，主要是带给亲朋好友。

在一个超大的渔排上，数十位养殖户正忙着拉起海参养殖笼，将笼里的海参取出装桶，集中清洗、装箱、打包，搬运上船。我见一养殖工清洗、装箱后，为增重麻溜地倒上些水，再过秤。我冲东升挤挤眼，但他笑着岔开话题：“叔叔，您看人家养殖户钓鱼，饵料竟用 160 块钱一斤的基围虾，过去穷得叮当响的地方，现在富得直冒油呀！”

在返回的路上，东升说：“咱是去年预支的海参款，但今年成参走俏，卖价每斤涨了 10—15 块，个别养殖户掺水就是想找回点儿心理上的平衡，咱理解，都不容易。”对面错车的灯光照在东升的脸上，红扑扑的……

我想到：酱油是晒出来的鲜，春光是养在心里的善。

和家人在渔排上

二

霞浦的春光，在海上，也在山里。有几个老山村，去过才算到了真正的霞浦，牙城镇的杨家溪算一个，我们说好早起玩转这个村。

二堂侄晓晨路熟，坐他开的车，山路再绕心里踏实。大山一座挨着一座，幢幢石屋竹舍依山而建，重重叠叠。一条蜿蜒曲折的小河紧紧环抱着杨家溪古村，缓缓流动的河水清澈见底。山是这里的魂，水是这里的韵。山，赋予它诗意；水，丰润了它的容颜。

乘竹筏顺流

古榕树群是杨家溪值得单拎出来说道的。眼前一大片陌生的林地，在东升口中鲜活起来："一张老汉牵牛赶鸭子的照片，获过国际奖，背景就是这棵800多年的古榕树。你们看，这东西指向的枝干超级长，叶子浓浓密密，得将近30米高、50米宽的冠幅吧，说'独木成林'一点儿也不夸张。旁边的这两棵古榕树，是一对形影不离的'好兄弟'，它们盘根错节，遮天蔽日，有故事着呢！"

雨淅淅沥沥地下了起来，我们大概是今天来这儿的第一波人，安静得很，只听得见雨声，心情都跟着沉静下来，走得也慢，连说话声音也小啦，像生怕惊扰了这些古榕。家人要做的就是用镜头记录无声之美，用快门捕捉美妙瞬间。

雨说停就停，薄薄的雾气从林中生成。不一会儿，那雾像被谁牵系着，从古榕树腰间掠过。终于等来牵着牛、挑着担、穿着蓑衣、戴着斗笠的畲族阿婆，尽管是东升特意安排的，但古榕、烟雾、老农、水牛微醺了诗意，隔绝了尘世的浮华，让人走进一幅活化的古画里……

在杨家溪

古榕树群，既可近瞅，也可远观。跟东升坐上"豌豆角"，也就是小竹筏，由船工撑着、划着，顺流而下。沿河古榕树如伞如盖，层见叠出。一橹渔歌一橹春，天光云影了无尘。

风细细、风习习。筏随水游，水随山转。"一沐春风万顷黄"，满山尽披黄金甲。四五年前，当地引种国外的茂谷柑，而今漫山遍野，炫人眼目。

我们索性上岸，钻进溪南镇长兴村的柑子园，再看谁的脸都像是被“染黄”了。现在采摘茂谷柑正当时，一个个油光铮亮的柑子扁圆扁圆的，皮薄如纸，猛咬一口，汁呲一跟头，水分超多，糖分超足，甜口大大压住酸口，最关键的不是一般的新鲜。吃第二个柑子，我一仰脖，直接对着树枝上的柑子啃。这么说吧，只有试过这种吃法的人，才真正感受到霞浦的茂谷柑比哪儿的都好。

外孙女就跟柑子不要钱似的，很快装满一篮子，两只手提着，斜楞着身子，几个大点儿的柑子伸探在篮口，调皮地晃悠着，引得东升和园主都笑喷了。女儿短时间也迸发出冲天的干劲儿，摘满一大水桶，根本提溜不动，亏了小堂侄健健和女婿一边一个，提下山过秤。到了这会儿，我小腿的肌肉绷得紧紧的，但那种快意也像提溜在手的柑子篮，满得要掉出来了。

三

霞浦的春光有鲜味儿，又有甜味儿，还有香味儿。这里除了柑子园，就是茶园，连空气中都弥漫着头春白茶的香气。

赤溪村的茶园属于福鼎白茶的核心产区。不去不知道，一去震撼到。群山环抱，云雾缭绕的这个古村，山溪水在村前缓缓流淌，白墙黛瓦门楼，小桥流水人家，两村姑捶洗衣物，身后就是连绵起伏的茶园。清明正采摘头春白茶，茶就是一张请柬，邀请你走进她的世界。在这个世界里，热情的阳光解开了家人的衣扣，亢奋的外孙女干脆脱得只剩下半袖，在茶园里蹿来蹿去，恍若戏台子上的“采茶扑蝶”。

东升一朋友的外甥，是华祥苑赤溪门店的老板，他用闽式工夫茶款待我们，“三泡”后指着样品说：“最好的‘白毫银针’七八百块，如果要野生的，也就是带‘马蹄座’的(黑头的)，得1500。”东升笑着说：“我刚刚和你舅通了话，他说买最贱的30块一斤的就行，他就喝的这一种。”我接话：“就听老板亲舅的，买这种，反正我喝不出白茶的好坏。”可东升连眼也没打，直接拍板：“我们要最好的，野生的，能不能再找两个人装袋，往济南发快递，我手机付款，把收件人和地址发给你。”我们一边验货，一边帮着装袋封口，发现要的“白毫银针”，本该是一根根针状的，但也掺有一芽二叶的，也就是次一个等级的“白牡丹”。要的是“野生的”，也有不带“座”的。但是，东升仍“揣着明白装糊涂”。

和女儿在赤溪村

离开赤溪村后，我憋不住地问：“咱买他这么多茶，为啥不打个价？到这个以扶贫封了‘中国第一’的地方，买茶还是有‘坑’呀！”东升云淡风轻地说道：“同样是买，买生人的不如买熟人的，买熟人的不如买朋友的，老板的舅舅是我多年的朋友，咱不能不让老朋友的亲戚挣点儿。”

我被他的话触动了。一个人既有高山大海气，又有小桥流水清，难得。工农商学兵，我除了没经过商，其他都干过了，这趟出来倒学了些经商之道。有的人就怕吃亏，小算盘噼里啪啦，却往往“算计反被算计误”。东升则觉得吃亏不亏，“糊涂自有糊涂福”。怨不得朋友跟他都很铁，顿顿饭都是他朋友结的账；怨不得他的生意越做越好，公司越办越大；怨不得半个月前央视《非凡匠人》栏目组专访了他。

我一直东升东升地叫着，其实这是他的小名，大名叫孟庆帮。央视的这个栏目通过讲故事，展现了孟庆帮做良心生意的非凡匠心和历程，展示了他带领的企业的非凡匠品。专访的播出是一种标志，标志着社会多年对“珍品堂”的认可和赞誉，标志着媒体对他高调做事、低调做人的肯定，标志着他的公司成为国内优秀企业和行业标杆。

出帝景假日酒店，在即将离开霞浦的路上，“霞浦是你一生至少要来一次的县城”这句广告语再次映入眼帘，它霸道又可爱。我想加上两句：霞浦的清明，是一年中最美好的时节，它可以放大与鲜活一切美好的感受。感受霞浦，就是感受春光；感受春光，就是感受生命；感受生命，就是感受生命中那股向往新生的信念与追求浓重的亲情。

在太姥山下

我们人还在霞浦，茶已快递到家。代收人说，每斤新茶都多出一二两，而且赠送有老白茶茶饼。

晓晨开车送我们去温州乘机返回，听着车上播放的《春光美》这首老歌——“我们的故事，说着那春天，在春天的好时光，留在我们心里……”我特别感动。当亲情融合上霞浦春光，每一处都充满生机，每一刻都让人沉醉……

没准哪天一冲动，我和家人再暴走霞浦，冲着霞浦春光。

2021年4月10日

迷上玉兰

窗外，秃树、枯草、裸地，颓色一片，玉兰花就这么冷不丁地冒了出来。

我家住在土石坡上，门前的玉兰是个慢性子，两天前还跟没事儿人似的，低矮处大院门口的玉兰十几天前就开了，趵突泉、大明湖那块的开得更早。

白玉兰

被玉兰逗引着，我抄起手机，索性把脑袋和胳膊探出窗外，拉动拍照页面的“变焦条”，俯视下的一树玉兰，轻松出片。

远有远的好，近有近的妙。下楼靠近花朵，仗着一款200万像素的微距镜头，跟用放大镜聚光似的对焦，画质不孬，只是背景虚化不了，干着急，谁让咱不会玩儿相机来着！

赏自拍花，看的是感觉：花景如画，花影如诗。放个小曲，唧里个唧，添两小菜，小酒走起来。按捺住骄傲的小尾巴，发给段师傅，求指点，人家可是有着8年跟班学摄影的经历。没料想，师傅只弹不赞。这才让我意识到野路子上不了台面。

咱孬好不济，退下来前也是个有编制的，至今仍不承认自己是穷人，可怎么越过越像吃低保的，除了买点儿便宜菜之类的，基本上不花钱。旧相机压橱子底多年，更新换代还心疼钱，入不了“器材党”，就用手机凑合着照吧。

紫玉兰

火到猪头烂，钱到事情办。咱差就差在功夫不到呀！我吭哧吭哧地扛来梯子，俺这一向恐高的主儿也是拼了，爬上顶台，虽说两腿哆哆嗦嗦，但心气高着呢！左手举起背景板，右手四个指头握机，一个指头按快门，脑瓜还惦记着主体与背景的呼应、线条与色彩的搭配、具象与抽象的碰撞、借鉴与出新的结合，简直就要崩溃。最可怕的倒不是摔个腿断胳膊折的，而是把手机拨楞掉了直接玩儿完。难怪心脏扑腾扑腾地乱跳，这约等于个杂耍高手，难度系数却堪比男子体操F组的。眼生的，准以为俺是吃这碗饭的，即使没用“长枪短炮”、没穿“马甲”。

眼前的一幕，被女儿、女婿撞了个正着。“我盼爹爹早回家，欢欢喜喜过个年。”我头也没敢转地回了女婿一句：“你说的是二月二吧，要提前过吗？”闺女接话：“爸，您不会不知道吧，鱼吃到饵不会收手，咬到钩才肯罢休。”“这是什么梗？少贫，扶好梯子，用两只手。”我知道她还要说啥，掐住话题。

二乔玉兰

玉兰的表情每天都不一样。连着两天早晨，我都是被它的表情包和香气唤醒的。初春的气温真跟逗你玩儿似的，昨天 15℃，今天竟成了零下 4℃。刚摘掉手套，拍了几张，手冻得就不大听使唤。日光斜睨过来，露出一脸坏笑。糟了，这是得带偏节奏的天呀！我不得不搓搓手，跺跺脚，干瞅着花愣神儿。

清冽并不妨碍玉兰的绽放，反倒徒增了几分姿色，越发优雅高逸、神采飞扬。你别说，小风一吹，朵朵都“面带微笑”“迎上前来”，要“亲切握手”，我完全被带了进去，甚至听出玉兰的心声：“在这满屯里，我就你这么一个对撇子的人儿呀！”

风忽然紧了，夹着雪花。我最看好的一朵还是掉了个瓣，真挺惋惜。可一转念，它绽放过了，而且是在料峭时节，高调、深情地绽放过，就不怕破相，尽管有“委曲”，也有“不服”。

玉兰绽放

路旁的迎春花也被风吹开了，像是来跟玉兰比谁皮实似的，可我怎么看怎么觉得迎春花开得闹猛而嚣张。玉兰旁逸斜出枝头也好，悄然飘落在地也罢，只要是坦然的、从容的，都不失为一种美。

拍玉兰，坐实了我有无比的热情和耐心，但风越刮越紧，雪越下越大，只能向花道别：我们还会拥有大把的共同时间，说天底下最动情的话。

我想好了，再拍玉兰，不流于老套，融入情绪感和互动感，呈现趣味点，可以来句激情的广告语——“朵朵玉兰出自咱的手，有体温，有故事，有尘世味儿”，或者干脆换成“农夫山泉”体：“我不做 PS 玉兰，只做大自然的搬运工。”然后添加定位，要的。

“高开炸走”

2021 年 3 月 1 日

让我血脉偾张的两个“牙”

“最近咋啦，连不是追求高品质生活的人也以谈论西班牙风雅自己?”老妻接我话:“旅游卫视一条《西班牙凭什么取代美国成为全球第二大受欢迎的旅游目的地?》，让西班牙成为爆棚的‘网红’。当天就有几十万次的点击和转发量，紧接着西班牙的美誉度蹭蹭上涨。”

在我那长长的旅游出行地的榜单里，西班牙一直居于中不溜的位置。毕竟，那里处在不算热门的南欧，这会儿却猛个丁地蹿到队首。我没玩过“网红打卡”，心里直痒痒，正好“抱团远行”群里有让“吹哨”的，这可是迈出自家的小格局，试着拥有“博爱”情怀的绝好机会，我立马发出了奔赴西班牙的征集帖。

很快，一个个抻着脑袋的表情包喜气洋洋地来了，十七个呢！有的还留言:“我们不问东西、无惧南北，你上哪儿跟到哪儿!”看出家里是“有矿的”来了吧，俺老有面儿了。

“为啥冒泡的不是别人，而是你？惦记在群里‘C位出道’吧？咱可是一个由部队地方、省市单位各路能人组成的群呀!”老妻接着毒舌:“你都66岁‘高龄’了，但凡有点儿数，就不会没事儿找事儿。”这通埋怨呐，让我蒙圈儿。多大点儿事儿呀，不就是点点鼠标，拉起支队伍嘛，咱这“速成偶像”不当都不行！嘿嘿，这话说得好像真不想当似的。

我故意拿腔作调:“跟西班牙只差一场旅行了。与智者同行，会不同凡响；与高人为伍，能登上巅峰。这帮人凑齐，一切恰到好处。再说了，一二十人一块出门，总得有个‘牵着马’‘挑着担’的吧，你只管骑你的马，我管‘牵着马’‘挑着担’，这可不是吃亏，而是‘闹着了’!”怎么样，说得够有腔调的吧？听得她嘟噜都没了底气。

接下来，我心情好得基本不可能再好了！俨然一“高配版”的自己，早把早地就喊老哥们儿背起单反，老妹们儿带上丝巾，走喽。

一

北京直飞马德里，半年前就已开通，但旅行社舍近求远，硬让我们飞慕尼黑转机到里斯本，无奈，行程加上葡萄牙。合着要“为了这醋，包顿饺子”。

明明在葡萄牙地盘上了，可我对里斯本还是有点儿心不在焉。看地图，别说里斯本，就整个葡萄牙，才略大于重庆市，而西班牙大小相当于四川省。葡萄牙像一块细长的小里脊肉，三面都被西班牙含在自己的大嘴巴里，但偏偏嚼不烂、吞不下。

也难怪，早在中世纪，葡萄牙只是西班牙的一个伯爵国。后来，葡萄牙抱上教皇的大腿，闹独立，又有英国人撑腰，西班牙才乖乖认怂。葡萄牙独立后，西班牙一直对它动手动脚，用了300多年才干掉它。这两个“牙”如同被长辈蛮横地捆绑在一起的夫妻，既不能好好地合，也不能好好地分。60年后，西班牙不得不承认葡萄牙是“打不死的小强”，这种状态一直持续到现在。

在里斯本市区穿行，我一边看手机，一边有一搭没一搭地抬头瞅两眼，没什么好景致。道路很窄，高低不平，青石板的路面磨得幽幽发光；建筑破旧、凌乱、乡气，不时碰见的青花瓷砖贴面倒挺亲切；对西郊的佩纳宫也没留下太多印象，这一摩尔贵族与葡萄牙王室的夏宫尽管坐落在山顶，一个半世纪了，被拜伦喻为“伊甸园”，但因转机疲劳和天阴下雨，只是上去扫了一眼，倒是葡萄牙国王曼努埃尔一世为何拥有咱明朝正德时期产的青花执壶，一直在脑瓜里打转转。

待在葡萄牙，这个近代世界上第一个崛起的帝国，如今的欧盟中等发达国家，得“吃一盆宫保鸡丁”。也就是要逛皇宫、城堡、教堂和市政厅。一圈下来，车子继续西行，上40公里处的罗卡角。

途中有人喊：“出彩虹了。”还没打完一个盹的我眼皮实在撑不起来了，但脑子清醒：这会儿该雨停了，出太阳了，空气不错。直到感受到罗卡角强劲的海风，我才彻底给唤醒了。

站在十字架石碑旁，瞜一眼上面刻着葡萄牙诗人卡蒙斯的名句“陆止于此，海始于斯”，代价大着呐，无遮无挡的大西洋海风嚣张着气焰，拍哪儿都让你手哆嗦，被拍的人想不“怒发冲冠”都难，俺那顶盖秃瓢的小白帽，一只手根本捂不住，瞬间就飞到140米的山崖下。

翻过栏杆(别喷我犯规),深谷险壑、乌云笼罩,海浪喧腾,心生恐惧。然而,连招呼都没打就纵身跃下悬崖的小白帽,好像发现了一片新天地,还在欢呼雀跃。我喜欢看它快乐地起舞、自由地飞翔,喜欢看它任凭山高水险,任凭荆棘丛生,无所畏惧的样子。

钻进车,窗外青绿一片。嘿,好你个秋,咋没“黄了树叶,秃了花枝”?只是瓷瓷实实钻心蚀骨的冷,让瑟缩着肩膀的我怀疑今天还是不是九月九?“人是正月正,天是九月九。”这老话明明是说一年到头大年初一的人最精神,九月九的天最好。这里比咱那儿晚 7 个小时,现在正是 10 月 17 日,咱阴历的九月九。虽说到这个日子秋已过半,但今年济南的秋仿佛还踩着舞步,哼着小曲,在路上。看来,不承认亚欧大陆的最西端跟咱那里是两重天,肯定少见识了。

灌了一肚子凉气,太需要顿热乎饭了。张老弟孩子的朋友小周安排了饭局。夜幕降临,返回市区,海滨大道在灯光的映衬下,仿佛画上了浓浓的妆,比来时好看多了。很快,进了家挺门面的老海鲜餐馆,一水的老外,座无虚席,楼上北头预留了张超大的方条桌,我们被安排在迎面的一排坐下。

小周来里斯本十五个年头了,他中等个头,浓眉大眼。不光出挑,脸上挂着山东人的实诚和豪气,而且活络,说话让人舒服。这会儿他以葡萄牙华商会副会长的身份做主陪,致欢迎词,说华商会会长回国了,不然肯定到场。大使馆张主任、华商会其他三位副会长和语言文化中心的韩主任作陪。本来是蹭口热汤热水的我,没想到受到这么正式、这么高规格的接待,直后悔没捎上瓶茅台,至少该备上条领带什么的,不至于脱下罩衣让白衬衫孤零零地缺了搭档。

前菜上了,地中海“马介休”捷足先登。这名堂其实就是经过处理后一种特殊的黑色银鳕鱼。当地的海水比其他海域的海水咸度高,水中很多细菌无法存活,海鲜的品质自然会更好。尝了口波特酒,借着这世界顶级的酒精加强葡萄酒的热乎气儿,我们谈天说地:聊出生在这个国家的欧印航线的发现者达·伽马、环球航行第一人麦哲伦、葡萄牙国家足球队队长 C 罗,聊这个国家与中国 500 年的交往史,聊华商的现状。

主菜上桌,小周干脆让我放下刀叉,直接用手抓清蒸过的红魔虾。两个指头粗、一巴掌长的红魔虾,身着“法拉利红”外衣,颜值可谓倾国倾城。来葡萄牙最大的福利,也许就是享用这种近海产的虾了。我老家山东莱州也靠海,尽管不是在那里出生和长大的，但没断了蹭老家的海鲜，并早已被海鲜惯刁了嘴巴。莱州桃花虾很抢手，但论长相就败了。嘬一口红魔虾汁，味蕾瞬间就被激活，虾肉软嫩弹牙、鲜美至极。拽下虾头，再嘬一口虾脑，超浓鲜香萦绕于唇齿之间。这么说吧，形容它有普通野生海虾的十倍浓香，并不夸张，而且余味儿久久不散。

菜肴有香气，人也一样。小周和张主任都告诉我，葡萄牙与欧洲其他国家比，不光天空最蓝，治安最好，物价最低，而且文化多元，不排外。他们工作生活得很充实。我感受最多的是这些“华二代”不仅“抱团”“铁板一块”，而且越来越多地参与葡萄牙主流社会工作生活。“新华人”更加“葡萄牙化”，他们同样有浓重的乡情，见了我们格外亲，但也有南欧人外放、开朗、无拘无束的性格。这些异国老乡都特别真诚、向上，人人身上都有馨香之气。

我存留了与他们的合影，相信香气是有记忆的。

在里斯本街头

二

第二天，在葡萄牙贝伦塔、航海纪念碑和奥比都斯小镇转悠，处处天蓝水蓝空气净，花红叶翠草木青。午饭后一路向东，去往西班牙的塞维利亚，460 公里的路程，我们得在大巴上待七个多小时。

西班牙以它的文化叫响，西班牙文化以弗拉门戈舞叫响，弗拉门戈舞以塞维利亚叫响。塞维利亚这座历史名城正是弗拉门戈舞的发源地。

印象中的弗拉门戈舞，我不喜欢，甚至挺烦，就像烦中国的广场舞一样。烦广场舞主要倒不是因为它太过娘们儿，太过闹腾，而是舞姿舞相。最近跳疯了的海草舞，咋看咋别扭，唯恐避之不及。我脑瓜中的弗拉门戈舞如出一辙，女舞者大都老么咔嚓，中分长发，仰头耸肩，眼神落寞，表情痛苦，像在宣示："你不在乎我，我还不在乎你呢。"不认不识的，弄这一套，何苦来着！

有喜欢孙猴儿就有喜欢猪八戒的，别人待见弗拉门戈舞，而我待见现代舞，尤其喜欢中国张傲月、唐诗逸的现代舞。每次看演出，都觉得他俩灵气十足，舞艺精进，一套舞下来不带眨眼皮子的。

我还在七想八想，车子已经进到塞维利亚城区。晚饭安排在剧场，导游说是边看弗拉门戈舞边吃饭。演出晚上九点半开始，剧场门头不小，吉他的演奏声、演员的喊叫声传出，肯定开演了。进门上二层，灯光昏暗，俺这伙一个个被"摁"在了最后一排。座位旁摆放着量足份大的牛排、生菜和面包，很提情绪。我频频提议举杯，但邻座的几位都眯着眼睛，咧着嘴看舞，懒得理会，我不好老找没趣，也放下杯子，抬起头看看舞台。

一排伴舞、歌手、吉他手围成半圆形，音乐突然中断，静得出奇，片刻后吉他手奏出拐弯抹角的曲调，主唱用喑哑、带有鼻音并濒临破音的方式唱出阿拉伯味儿的旋律。

随着灯光移动，一妙龄女郎闪亮登场，上身穿紧身胸衣，下身着多层饰边的红裙，昂头挺胸扬手，满脸倔强，神情刚烈，亮出的这些动作，像是告诉你她生来就是要让所有人为之惊艳和欣赏的，又像是说她要做自己。节拍忽然加快，她臀部像脱了臼似地扭动，又开始迅速旋转、踢腿，把裙摆甩得高高的，不断变化着动作，加上音乐和灯光的渲染，将一朵充满激情与生命力的"野花"演绎得淋漓尽致，一曲歌罢，赢满场喝彩。

紧接着，一帅小伙穿了条裆提到胸下的黑色紧身裤，配长袖衬衫，外套花马甲，表情更加忧郁、沉重，两臂后背，踢、跳、跺、跃等脚上功夫来回变换，动若脱兔、静如止水，动静转换自如，步伐随舞曲越来越快，干净漂亮的技巧和爆发力扣人心弦，气氛白热化，掌声经久不息。

接下来双人舞、三人舞、四人舞、八人舞轮番出场，从一个花样儿转到另一个花样儿，一个高潮连着一个高潮。我不由地竟跟着节奏，和台上的伴舞一块呼喊，弄得周围的人没少看了完全“入景”的我。

一个半小时的演出终了，俺这伙都激动得不能自持，不光抢着跟演员拍照，还买空了展区的各种响板和带子。真是得中国游客者得天下！

在塞维利亚古城

坐上去宾馆的车，辛老妹说：“不来现场，绝对感受不到弗拉门戈舞的激情和震撼。就冲这场舞，西班牙的旅行费用都值了。”老妻问：“这种舞英国人叫它吉卜赛舞，法国人叫它波希米亚舞，你说它入流还是不入流？”我竟被问住了，只好随口来一句：“谁知道呀！”

躺在床上，我慢慢在想：弗拉门戈舞确实不是茶花女式的，很少出现在皇家筵席或其他隆重场合，不入西班牙乃至欧洲上层贵族之流，是肯定的。但是，这种舞不是博物馆艺术或舞蹈史陈列品，它的领地在市井，它接地气，被民众喜爱。其实，有塞维利亚就有弗拉门戈舞，它一开始就舞出了平民的喜怒哀乐，舞出了民族的历史文明，如今仍能反映当代西班牙人的情感生活与价值判断，以至于成为一种文化、一种追求。弗拉门戈舞现已成为国际公认的八大舞种之一，而且排位在前，显然它入除贵族以外的社会之流、入国家之流、入国际之流。

对照我先前的那些“无意识偏见”，突然醒悟：小瞧了弗拉门戈舞，没准儿历史舍弃的不是它而是你。

一早醒来，拉开帘子，一方山色镶嵌在窗外。山柔情，手挽着手，近坡翠绿，远山黛青，跳跃着扯起蓝天白云；树妩媚，肩并着肩，一梯梯，一梁梁，欢快地舞向天际。连片的橄榄树棵棵挂满了橄榄果，青青生生、饱饱实实，好像刚看完弗拉门戈舞，还在睁大眼睛回忆剧情。来吧，沉浸于弗拉门戈舞的老哥老妹们，一块进橄榄树林，对着镜头，摆个姿势，最好拿出卡门的劲头，狂拍吧！

我喜欢照相，不是拍人家，也不是自拍，而是被拍。照人家或自拍，总拍不到好处，屡屡受挫后，提不起情绪。但凡我这个岁数的，大都不爱被拍，怕拍出来“不是那样了”。偶尔翻翻老照片，发现过去觉着不咋地的，现在越看越好了。这让我想开：现在的样子离余生中最“糟糕”的样子，还有很大的“下降空间”，今天无疑是今后的日子中最好的一天。只要有老老头，我还是小老头，得珍惜能走、能“疯”的时光，不轻易为沉重的老腿感伤，为一脸的沧桑叹息。更何况，无论怎样它都是真实的存在。真实的东西值得留住，留住了今天的生活瞬间，也就留住了活生生的自己。

林子里群鸟欢歌喧腾，一停也不停，我干脆不拍了，想把逗引我们的这些小家伙一只只揪出来，教训教训它们别总是“一根筋”，得懂得“养生”。只是再好奇外国鸟儿，再好为“鸟”师，也望尘莫及。

林子离玛利亚·路易莎公园旁的西班牙广场不远。这个 90 年前建造的欧洲最壮观的广场，半圆形，有四个斗牛场大，空荡荡的，简直就是一个古典的露天大舞台，但因主角缺位而显得有些冷清。只有周围那哥特式的尖顶风格和摩尔风格的棕红色建筑群，如同铁杆粉丝，还在静静守候。

在塞维利亚，你无论在哪儿，不必刻意寻找舞蹈，它会自动来找你。没多一会儿，一波又一波能跳弗拉门戈舞的人出现了，我好像一下子从厌恶到了接受，又进入沉迷，越看这种舞越觉着有魔性，很给力，很提情绪。

在老城区转悠，路边的建筑仍然保留着几个世纪前摩尔人统治过的痕迹。但是，如今住家户每个人的脸上都洋溢着轻松、快乐的神情。这是一个街上有诗、巷里有舞的地方，人人都是有舞的人，而且情感充沛。路边不时地有手风琴响起，俺这"二皮脸"竟也"骚动"起来，有样没样地来了几下弗拉门戈舞的小花式，尽管脚力不济、牵强之极。没承想，站在路边抓拍的一老弟，给我开了"姚明视角"，大脸盘、超短腿，我本打算通过纪念照秀出"达人辣舞"的气息，结果却满是"辣眼"的气息，硬生生地成了"灾难片"……

任凭被拍虐我千百遍，我待被拍如初恋。

在塞维利亚老街

离开塞维利亚的当晚，我把照片发了朋友圈，而且是九宫格，并附上如下一段话：

一个人往往和一座城市很"贴"。才来两天，我竟然发现我跟塞维利亚很"贴"。如果城市有性别，那么塞维利亚无疑是女人。因为有太多的名人达贵、凡夫俗子夸过它的美。如果城市有科别，那么塞维利亚一定是个文科生。因为有太多的诗人、小说家、散文家、剧作家讲过它的故事。倘若我有诗人的才情，一定会操翰成章，抒发情感；倘若我唱歌着调，肯定会一路放歌，反复吟唱“美丽的西班牙女郎……”然而此刻，我选择了“白描”：一个六七十的老家伙，真的被她激活了呀！

三

西班牙的风情一半显露在都市，一半深藏在小镇。一座座风景各异的小镇，有的在悬崖上，有的在山谷中，有的在海岸旁，有的在岛中央。离开塞维利亚，向东 130 公里，就是龙达。它有 3000 多年的历史，是西班牙最古老、最有代表性的小镇。

一条长长的古街，也就五六米宽，但有上千米长。街口，几棵古橄榄树依然枝条向上、苍翠挺拔，气宇轩昂，犹如几把擎天巨伞，笑迎来客。临街房屋，两层石墙，木质门窗，白色明亮，古旧拙朴。门前、窗外、壁上、巷间，到处是爆盆的绣球、天竺葵、康乃馨什么的，最扎眼的要数无处不在的三角梅，有的缠绕棚架，绿叶衬托着鲜红色苞片，如同孔雀开屏；有的花树势强健，“隔着锅台上炕”，爬到房顶还恣意地往上蹿；有的仰头伸进石榴树的树杈中，顽皮地望着路人，仿佛在说：“等石榴开口了我可是要先尝一口的哦。”

顺着凹凸不平的石板路走，行人不多，店铺很少，门面很小，有的连门板都不卸，即使是开门，大都卖些当地人彩绘挂盘之类的，完全见不到“义乌小商品”。店主不吆喝，不揽客，各干各的营生，权当是顺带，偶尔看两眼过路人，似乎并不在意卖没卖得出去。看得出，古街的居民过着一种闲淡的日子，优哉游哉。

古街依山而建。山路是弯的，古街也是弯的。弯路少了一种直筒筒、一眼看到头的乏味，多了一种神秘感、一种味道。走一点儿小斜坡，我哼哧哼哧地显得吃力，这里不见一分的张扬，只有原始的质朴和宁静，仿佛是从周围的山崖之中自然而然生长出来的。

古街之美在景，古街之情在人。无论走到哪儿，只要遇上当地人，只要目光相对，对方总会面带微笑，向你打招呼：“HOLA（问好）。”我赶忙也学着说，回敬对方。老妻动不动就拽上我举着自拍杆拍合影，不时地会有当地人主动帮俺俩拍合照。当地人其实很好辨认，黑头发、黑眼睛、深眼窝，五官虽说不如北欧人紧凑，但更立体，还有小麦色皮肤。一开始，我都用手势、表情表示拒绝和谢意，后来见岁数大的老妇人或带小孩的年轻男士要做好事，就欣然接受。不过，每回都小心眼地把新款“苹果”（XS）装起来，而把没绑定银行卡的旧款“华为”（mate 8）递过去。有几回，麻烦完人家后我请求跟对方留个影，这个时候，无论男女都爽快答应。你甚至可以得寸进尺地要求他们摆个造型或来段舞。人家不仅很是配合，而且觉得不摆出最好的姿势、不拿出最像样的舞步都对不住咱似的。

提起西班牙人的热情，老妻更有感触。一天，她在一家免税店买包交了钱和护照（登记退税用），提货时见不是新的，便退款走人，第二天发现护照落在了店里。于是，请导游陪她一块去找。打车跑了25公里，快到那家店时，司机提前关闭了计价器，然后绕过了一个大转盘才停下车来。店主明白来意后，立马找到值班店员，因还要找保安登记核实，需要时间，她主动替我们辞掉司机，并找来一位会说中文的店员告诉老妻，这里的出租车等候时间也是计价的，办完事情后再帮着约车。老妻很是感动，连连道谢，觉得这位司机人好，还是坚持多付钱坐他的车返回。

在龙达街头

古街不是一条路，走着走着出现岔路，岔路更窄，弯弯曲曲，似“小肚鸡肠”。古街的最东头，到达小镇的制高点，有一座悬桥，将小城所在的峡谷两端连通，成就了一个建在云端的天城。站在万丈悬崖之上，一种惊心动魄的壮美之感油然而生。这座古桥，在静静的深谷上，不知横跨了几个世纪。那弯弯的桥拱，莫非是巨型的耳朵，贴近了谷底，想要倾听世纪的沧桑巨变？

龙达，如今看似平静的表情下，其实一直安放着最浓烈的西班牙风情。比弗拉门戈舞更有冲击力的是西班牙斗牛。这里竟然是西班牙斗牛的发源地，有着西班牙历史最悠久的斗牛场。这座白色的类似古罗马剧场的圆形建筑，像是一个巨大的谷仓。场内的观众席为两层，柱廊环绕，场地铺满黄沙。300 多年前的当地人弗朗西斯科·罗梅罗最先使用披风和红布在这里进行斗牛，西班牙斗牛史上许多声名显赫的斗牛士都曾在此与蛮牛进行生死搏斗。

如今的西班牙 3 月到 10 月为斗牛季，看斗牛是小镇人骨子里喜好的事情。虽说文明与进步已让不少地方的斗牛成为历史的记忆，但当地人在乎历史，更在乎传承西班牙人狂热、富于冒险的精神，更在乎“我有故事，你有酒吗?”这里的男人热情似水，女子柔情似火，每一个人心里，都希望自己是一个斗牛士。

龙达的上空终年回响着节日庆典的狂欢之声，这里是最会庆祝节日的小镇，西班牙是最会庆祝节日的国家。中国的节日，不是传统的，就是后立的。传统节日，都是节气的标记。春节记立春，中秋节记秋分。后立的节日主要是重大政治事件发生的节点。西班牙则不然，它的节日除了宗教的，就是狂欢的。喜爱狂欢，是每个西班牙人骨血中自带的东西。这里的人一年只干两件事：狂欢和准备狂欢。斗牛节、奔牛节、西红柿节、滚球节、滚石节等，都是用于狂欢的。

今年夏天这里的高温突破了历史极值，盛暑度过，盛情却没远离。“躲”在古桥东头只有当地人知道的一片草地上，几百人唱着喝着，喝着唱着，说着笑着，笑着说着，有牵手跳的，有围圈舞的，连送餐员都踢踏踢踏地停不下来……

在路口小坐，让心静了下来。天由浅蓝变成了瓦蓝，蓝得深而明亮、翠而透明。天好像也高了不少。风不急不躁、不冷不热。我突然觉得：最美气的事莫过于小镇很美，而我们刚好看到；想来玩的人很多，而我们正好凑齐。

小镇有界，诗意无疆。

在古斗牛场塑像前

四

离开龙达，我们去往米哈斯小镇，去往格拉纳达、科尔多瓦和托莱多三座古城，随后到达马德里。西班牙像个不断剥开的洋葱，一层一层地打开我的感官，一片一片地带动我的体验。

我第一眼中的马德里，“风景”算不上多么如画。淡淡的秋意蔓延于街道，古老的建筑似乎有些倦了，在暮色中慵懒地躺着，恍若上海外滩“租界”，即使到了市中心，也没怎么彰显出国际大都市的气派和风采。

到住处已经是晚上8点，坐车坐得没了胃口，只想上床。我一直有早睡早起的习惯，这跟长期生活在济南有关。济南就是个早睡早起的城市，宵夜从来成不了气候。晚上9点之后，大部分街巷悄无声息，人们就像都商量好了，要为享用第二天的早餐养精蓄锐。

马德里完全两样，晚上10点之后，“花花食界”才热闹起来。街头巷尾，觥筹交错。当地人爱吃，会吃，能吃出“花”来，是出了名的。几片火腿、一杯葡萄酒，满城草木香。“日日深杯酒满，朝朝小圃花开。”午夜时分正酒满，花开，人开怀。

和老妻在米哈斯小镇

老妻非拽着我“随俗”，跟着摩肩接踵的人流，进了家挺火的老饭馆。咱孬好不济，也算个“老游子”了，经验告诉我：“酒店住新的，饭馆吃老的。”前厅迎宾处挂着几百个硕大的火腿，每一个都有一个小杯子在承接火腿渗出的油脂。琳琅满目，蔚为大观，店老板见谁都笑吟吟地招呼入座。

理智告诉我：不能碰“别人有感觉，你没感觉”的东西，确认过眼神，火腿不是我的菜。“这是最正宗的伊比利亚火腿，跟酒店免费早餐的火腿不一样。你成天喊吃素吃素，弄得咱家跟喂兔子似的，见人还总爱絮聒‘一天不吃青，两眼冒金星’，今晚就别再矫情了。”老妻话音刚落，就下了份大盘的火腿单子，还有两份“海鲜饭”。在家一毛不拔的她顿时有了千金不惜的豪气。

一火腿切片师在几位侍应生的前呼后拥下过来了，像是本店头牌“劈腿师”，为俺俩现场片火腿，真是闹着了。一场悄无声息的好戏开始上演，侍应生将一只风干三年的纯橡果喂养的黑猪后腿支好架，“劈腿师”用刀娴熟地从火腿细部片向粗部。每一片片得想象不出的薄，瘦肉绯红油亮，半透明状，脂肪雪白，肥瘦相间，如大理石花纹。他突然停止动作，目光如电，回眸一笑。糟了，我的意志力完全被击垮。捻一片入口，瘦而不柴、肥而不腻、入口即化，鲜在前，却不咸，来上口红酒，产生微妙的化学反应：馨香醇厚味道在味蕾中漾开的快感出来了，原始的味道由味蕾传至食道，再进入胃中，最后真实持久地激荡在身体里，并渐渐延伸到每一根神经末梢。过去遇到不常吃的，我往往是“吃几口就够了”，这会儿却是“够了还想再吃几口”，直到俺俩把一大盘子火腿全都“造”光。

“海鲜饭”紧步其后尘，这里上好的“海鲜饭”才二十几欧一份，着实不贵。电饼铛大小的玻璃器皿里米饭只有薄薄的一层，金黄色，鱿鱼、鸡肉、洋葱、蒜蓉、藏红花等食材焖制，七八只虎头虾点缀在突出位置。这种既是饭又是菜的西班牙“国菜”，跟咱们的扬州炒饭有一拼，都油光铮亮，有锅气，食材附着在锅体上引发的焦香四溢。我立刻敬礼般地在上面浇一圈番茄汁。好看关键确实好吃，有咬劲，粒粒安于唇齿，口口甘爽合宜，熨帖至极。

回到住处，眯上一觉，伊比利亚火腿和海鲜饭刚下舌尖，又上心头。这晚我太贪嘴，我太太贪嘴，我太太太贪嘴。美食家队列太过雄壮，越是要找感觉的人，越使劲往里拱。一旦进去就有瘾，俺这户的肯定胃动力不足，票子也不足。

吃，在西班牙不会是形而下这么简单的事情，口腹之欲中蕴含了当地人的生存智慧与生活法则，但也算不上形而上的东西。了解马德里，至少得进马德里王宫、普拉多博物馆之类的地儿瞧瞧。

上午10点，早晨的凉意渐渐散去，太阳亲热度高起来。我们来到马德里的西班牙广场，大文豪塞万提斯纪念碑位于中央，碑前的塞万提斯雕像右手拿着的正是他的传世之作《堂吉诃德》，这部西语世界流传最广的文学作品，让我念念不忘。广场南面就是马德里王宫。

王宫为三层正方形，有3000多个房间，是欧洲第三大皇宫，从东侧的王子门可以通往宫内的中央广场。这个16世纪建造的宫殿，现在仍用于皇家庆典和举行重要的国事访问仪式。西班牙国王费利佩六世并不住在这里，只是偶尔来办公，我们赶巧碰上开放。游人不多，亚洲面孔更少，正好可以肆无忌惮地根据自己的喜好窜行。

帝王厅、阿拉巴特洛斯大厅、镜子厅、卡洛斯三世国王房间等厅堂、房间里摆满了精美的收藏品、油画、兵器、瓷器、钟表和金银物品，但不允许拍照。仅西班牙国王查理五世和菲利普二世父子，就收藏有数千件中国精美瓷器。

在皇室图书馆的音乐厅，五把小提琴格外抢眼，琴肩倾削、侧板宽大、琴背平薄。这是17世纪意大利人斯特拉迪瓦里为西班牙王室制作的御用小提琴，共六把，这里就有五把。斯特拉迪瓦里是全球顶尖的弦乐器制造师，他制琴的工艺至今无人能超越，这几把提琴音质依然被认为“空前绝后”，世界上现拥有同等音质的斯特拉迪瓦里小提琴仅存八把。几百年来，斯特拉迪瓦里的小提琴一直在创乐器拍卖的最高世界纪录，只可惜这五把都静静地躺在宫里，“真容”易见，“神音”难觅呀！

普拉多博物馆比马德里王宫的游人多了去了，游人大都是法、英、德、日等国人。两个世纪前建的这个专门的美术博物馆，如今是世界知名博物馆之一。入馆有三个大门，门前分别铸有西班牙古典绘画最杰出的代表——戈雅、委拉斯盖兹和牟利罗的雕像。最权威的西班牙绘画作品都在这里。无论从规模、历史还是从影响力来看，普拉多博物馆都足以跻身世界顶尖博物馆之列。

在成千上万件珍贵藏品中，最开眼的，要数委拉斯盖兹的名画《宫女》。导游赵佳梅是位《宫女》通，她不像一般导游在干巴巴地背诵解说词，而是犹如在为一出舞台剧作情感式的旁白：委拉斯盖兹是17世纪西班牙画家，他的《宫女》描绘了自己作为宫廷画家的一个生活场景。画面左侧手拿画笔的正是在画国王夫妇的委拉斯凯兹本人，在中间的镜子里可以看见作为模特的国王和王后，公主特丽萨带着侍女、小丑和狗同框。这幅画成为他最负盛名的代表作，是因为它表现出极微妙的光的层次与色的变化，对真实性与视觉艺术作出了全新的诠释。后来包括毕加索在内的许多画家都受到这种观念和画法的影响。

一座城市的艺展，是城市文化亮丽的标杆。我逛遍了大半个马德里，在马德里王宫，在普拉多博物馆，见识到了这座城市悠久的历史和灿烂的文化。对马德里，我有了一种先结婚后恋爱的感觉。

五

坐上高铁，马德里到巴塞罗那就不远了。600多公里，用了两小时五十分钟。

清爽，是巴塞罗那送给每个来客的见面礼。出站，气温就被按下了“随机键”，满大街“短裤与秋裤齐飞，穿貂共露腰一色”。这个紧紧依偎在海边的城市，风吹柠檬树，清香自然来。那一碧如洗的天空，那悬浮着的朵朵亮白的云彩，如影随形，在朗照我们头顶的同时，也使得一栋栋楼房更加俯仰生姿。这是我见过的最富有表情的一座城市，既现代又怀旧，走着走着，让人恍然如梦或宛若隔世。

俺这伙人跟商量好了似的，都嚷嚷着先上市中心的诺坎普球场。听他们没完没了地侃球，简直是要来一场球迷朝圣之旅，怎么也不像自己的同类。“到什么山上唱什么歌”吧，我跟达着，排在队尾，好不容易挤进球场。

这个欧洲最大的足球场地，可容纳十万人。60年前建成至今，一直使这座城乃至这个国家荷尔蒙飙升。西班牙国家足球队创造过在世界重大赛事三连冠的纪录。西班牙的两个豪门俱乐部——巴塞罗那和皇家马德里，都是全球最具影响力的俱乐部，在足球世界写下传奇。诺坎普球场是巴塞罗那俱乐部的主场，伯纳乌球场是皇家马德里俱乐部的主场，尽管伯纳乌球场也是西班牙国家足球队的主场，但诺坎普球场每当上演巴萨与皇马对决的时候，全世界都会把目光聚集到这里。

穿过主席台、新闻发布中心、电视演播室、中心控制室、功勋球员专属区、球队更衣室、贵宾休息室，就是俱乐部博物馆。馆内不仅展有俱乐部历届重要成员、关键球员的奖杯，还可触摸超大玻璃屏幕，看相关信息。足球带给巴塞罗那的，远不止球场上的热闹，这个城市、这个国家，有太多关于足球的故事。

在诺坎普球场

我从不看球赛，主要是没有兴趣和闲工夫，也就很难感受到一伙人追着一个球跑的激情和球迷们那种不顾一切的疯狂。但是，激情与疯狂并不是球员和球迷的专利，我过往的人生就不缺少激情与疯狂，只是在不同阶段有着不同的打开方式。

上小学时，我疯狂地学美术字，就因为让我写了全校的黑板报，埋下了激荡性情的种子；上中学时，我疯狂地练游泳，逞强逞到在水里不泡到“红眼”，看哪儿哪儿“有烟”不算完；当兵时，我疯狂地学毛选，当上十六军“学毛著积极分子”，自己开始漫无边际地标榜自己；上大学时，我疯狂地练长跑，每次都有一种往死里跑的劲头，并且能持续性自虐，终于挤进我校参加全省大学生运动会(普通系)万米长跑人选，可以对着镜子说:“飞毛腿，你小子真行”；留校后疯狂地接课和打网球，为了一小时两块钱的讲课费，一周接过24节课，下着大雪光着膀子挥拍，还能让汗珠子滴答个不停。

各种不同的疯狂过后，我的确看到了生命中别样的风景，体味到这个世界给予人生的意义，犹如足球赛给人带来的勃勃生机一样。沉下来的时候，我竟断言:价值观这东西有点不靠谱，没价值时有观，有价值时就没观了。

现在，我的情况完全两样，想精神也精神不起来了，在家天天不是伺候老的，就是照看小的。既管着88岁老母亲的三顿饭，又惦记着96岁老父亲的看病拿药。四岁半的外孙女上幼儿园，动不动得在我这儿“歇”两天，还嫌姥爷身上有洗衣粉味儿、做饭的味儿。我干活已经干到“一见圆的就想刷”的份上了。不干活的时候，能坐着就不站着，能躺着就不坐着，越来越接受“坐着就好，躺着更好，坐一会儿，躺一会儿，一切都会好”的观念。老妻眼看着我成了“坐躺体质”，一次次感慨“血都快不流了”，这不是我该有的样子！

在这个年纪的人的一些毛病中，“血都快不流了”是一句很重的话，甚至是一句毁灭性的话。我突然发现，在不少事情上我真的是很迟钝，需要有人踹上一脚，愣愣神，才反过乏来。为防止血管“堵了”，我自己得把自己拔出来。宁做疯人，也不要做一个血都快不流了的人。真希望还能有一些疯狂的因子不由自主地跳出来“扰乱”一下生活秩序，真希望还能有敏锐的嗅觉，还能被柠檬树叶的香味击倒。我庆幸自己这会儿来到诺坎普球场，勾起对激情和疯狂的追忆和向往。当一个老家伙足够“疯狂”，当一个人活到这样的心性上，也就没有什么能把他打败了。

街上的木连椅随处可见，坐下来，阳光洒在身上，海风拂在脸上，看着光景，我仍旧愣神。

我是第四次来欧洲了，老在欧罗巴“打转转”，你会发现，好多国家“千城一面”，都长着一张“扑克脸”，看不出特色和风貌。巴塞罗那完全两样，它的奇特和惊艳，绝对超乎你的想象。

格拉西亚大街，如今被公认为是与纽约第五大道和巴黎香榭丽舍大街齐名的购物胜地，这里聚集着众多全球最热门设计师的品牌商店。在无数经典建筑中，有两栋独出心裁、别出花样的楼房，总是吸引着游人驻足观赏。这就是100

多年前由当地建筑师高迪设计的米拉之家和巴特罗之家。

在米拉之家

大街南向的米拉之家是高迪设计的私人住宅。位于转角的整座楼，乳白色石材板的外墙，凹凸有致，似波浪翻滚，动感十足。25 欧元一张的门票，钱花得很值。贝壳形的内部结构，设计有两个天井，每一层厅房都能双面采光。顺着陡峭的螺旋楼梯往上爬，七层大楼没有一处直线和棱角，无处不是蜿蜒起伏的曲线，超怪异荒诞。厅楼顶露天几十个烟道和风道，被高迪伪装成奇形怪状的“外星悍客”，眼、耳、鼻、舌、身不光有气口，而且有好玩的表情，身临其境，恍如穿越时空，来到另一个世界。

往西走不远，大街北向的巴特罗之家是高迪设计改造的公寓楼。远远望去，一栋与左右楼并排着的六层楼，由蓝绿两色的马赛克贴面，鳞片状拱起的楼顶就像是龙的脊背，一根根骨头形的柱子立在二三层不规则的窗户中间，加上面具造型的阳台，活像童话世界里的房子，处处充满了魔幻色彩。我目瞪口呆地盯着这个“另类”，一动不动地待了好长时间。

位于市中心的圣家族教堂总是游人最多、一票难求，到巴塞罗那的第三天，终于买上门票。在网上无数次见到这座大教堂，当真的身临其境时，那种视觉的冲击力，让我大呼小叫起来。

大教堂仿佛通天的巨塔，让我不由自主地仰望。正南立面和左右两个立面分别有巨型大门，上方都承载着4座尖塔，喻为耶稣12个门徒的12座尖塔，共同簇拥着170多米高的中心尖塔。正南立面圣诞树形的尖顶下布满雕琢精细的人物花纹，我从来没有这么急迫地要靠近，要融入进去，入口处装点的蜜蜂、蜥蜴、棕榈、海龟等动植物活灵活现，这种充盈着满满生命力的建筑，传达着高迪的情感：对大自然的敬畏，对宗教信仰的执着。

我不信教，但没少进教堂。五年前上了梵蒂冈圣彼得大教堂、意大利米兰大教堂和佛罗伦萨大教堂，两年前去了英国伦敦圣保罗大教堂，加上前几天看了西班牙塞维利亚大教堂，世界五大教堂都打了个逛。圣家族教堂和这五大教堂共同的特点都是崛地而起、垂直向上。而中国的古老建筑少有垂直线，它突出的往往是水平线，如屋顶的水平线，故宫建筑群最能说明问题。

圣家族教堂与五大教堂最大的不同，是高迪一改传统教堂的神秘、庄严和肃穆，极尽一切自然的景色和轻松的元素。穿过繁茂的自然之门，300根巨柱，如同一棵棵高耸的大树撑起的金色拱顶，自然光透过顶部的彩色玻璃和枝杈、树叶间隙射入。站在森林般的立柱之中，沐浴在从窗棂穿越而来的五彩斑斓阳光下，处处营造出和谐的氛围，让人感受到宗教与人的亲近。

在圣家族教堂

高迪的建筑总能带动人们的情绪，走进北郊的奎尔公园，同样有这种强烈的感受。原本设计作为一个中产阶级的市郊住宅区,如今成为一个特色公园。

公园入口处的两座塔顶小楼,用于门卫和办公,造型古怪生动,外墙镶嵌着蓝、绿、橙、棕、白等不同颜色的碎瓷片,惹人喜爱。进园,一条有分有合的大台阶把人引向一个多柱大厅,厅内的柱子造型规整,排列有序,不大像高迪作品的风格。屋顶平台周围的矮墙曲折蜿蜒,墙身上贴着五颜六色的瓷片,组成怪异莫名的图案,仿佛一条弯曲蜷伏的巨蟒。大厅后面接着古希腊式的剧场,周围有小桥、道路和镶嵌着彩色瓷片的矮墙和长椅,蜿蜒曲折,好像漂荡流动着似的,构成诗一般的意境。

一座城市成就一种艺术样式。在有着几千年文明历史的地域版图上,巴塞罗那还是个年轻的城市。相对而言,它没有沉重的历史包袱,显得轻盈而富有活力。它很早就是一个在艺术上多元而自由的城市,在这里,高迪在呢,没走远。

六

在两"牙"待了半个月,每天赶行程,疲于奔命,对于我这个年龄段的人来说,疲惫已经不是睡一觉就能消除的了。好在同行的都是些最要好并相处不累的朋友,开心时就互夸,不开心时就比惨,有说不完的话。

糟糕的是,从北京出发,在机场过了安检和海关,要乘坐的德国汉莎航空的航班被临时取消,让我们在指定酒店等候,光坐大巴往返就一个半小时。飞机晚点 12 小时,才改乘阿联酋航空公司的飞机到迪拜,换机到葡萄牙。从巴塞罗那返回时,又要坐汉莎航空公司的飞机,结果晚点 3 小时,飞往慕尼黑,经停两小时,绕道香港,换机飞北京。接着赶火车(深夜无高铁),6 个小时后才能到济南。连日不停的奔波和折腾,即使来上一壶酒也难以"慰风尘"。"骑马坐轿,不如躺倒睡觉。"

躺在火车卧铺上,累大劲儿了,根本睡不着。一脑门子问号来了,其中之一:论经济,现在西班牙不差,但还是被丹麦、瑞典、芬兰、挪威和冰岛甩出 N 条街,更别说跟德国、法国、英国等国家比了。德国是欧洲的老大,法国想抢这个宝座,英国是老牌帝国,瘦死的骆驼比马大,仍然盖过西班牙。那么,为啥去年西班牙成为全球吸引国际游客数量第二多的国家?现在终于有答案了。

西班牙如同欧洲的脉搏，远离心脏，但跳动得最为有力。它像欧洲的每一处，却又哪儿都不像。它的确不如北欧五国富有，不似德国精细，不比法国浪漫，不及英国优雅，但你想要的它都不少，别处有的它都有，别处没有的恰恰它却有。高耸的比利牛斯山脉阻断了欧洲大陆南下的冷空气，南欧高原炽烈的阳光赋予了它热情似火的气质，它那热辣的眼神、激情而勇敢的性格、传统又前卫的表情，让欧洲任何一个国家都甘拜下风！它是欧洲乃至全世界最欢腾、最疯狂、最过瘾的一个地方。

在西班牙，我每天接受和送出的笑容是在济南的几十倍，微笑得脸蛋子都木了。不仅仅因为这里有伊比利亚半岛迷人的海岸线、地中海清爽的海风，更因为这里有让我血脉偾张的弗拉门戈舞、斗牛节、足球场、博物馆和高迪的建筑，还有当地人的友善，以及恣意的生活方式。

和老妻在特茹河河畔

两“牙”的春天该很好，若咱在场。

2018 年 11 月 15 日

跟夏威夷说说情话

雨水过后，万物萌动。春风万里，不如约一场轻旅行。出境游讲究在对的时间去对的地方，老妻问："这时节世界上最能带你感受爱的地方在哪儿?"我脱口而出"夏威夷"。

正月十六，染黑了头发和胡子的我，套上女婿的牛仔装，像变了个人似的，气宇轩昂地登上北京直达夏威夷的航班。尽管是"红眼机"，而且得待 9 个钟头，但一种朦朦胧胧的渴望——一大波美妙、精彩等我来，红酒端起，小觉儿一闷，到了。

一

出机场，气温蹿升至 24℃，一股热带岛屿潮湿温润的气息扑面而来。雨悄无声响，细细密密。多情的夏威夷，你感情来得忒快了，委屈啥呀？该不会要说"你再不来，我就下雪了"吧？

来时济南倒是有雪，但下的"头皮屑"，这会儿还没扒下加厚羽绒服的我，倒像刚从"雪窝子"里爬出来就冲上了温水澡，舒舒爽爽。

当地华人阿龙带我们先去住处，一刻钟的车程，椰风海韵、阳光沙滩、花园洋房、商厦小铺掠眼而过，没想到我们竟住在市中心的奥雅威基基水叮当酒店。天放晴了，但已傍晚时分。

我的心收不住了，朝南穿过热闹的卡拉卡瓦大道，一下子安静下来，整个人有点儿恍惚之感，传说中的威基基海滩映入眼帘。

眼前，海面湛蓝，微浪涌动，白云缭绕。这里穿短袖不冷，穿长袖不热，特别适合"二把刀"下去扑腾。惊艳的小楼，三三两两的女郎坐在门口，一杯咖啡，二分闲逸，精致的妆容，优雅中透着馨香。相约的几个小伙儿，意趣相合、球不离身，自在洒脱。奢华的酒店，比肩而立。扶桑花沿滩盛开，黄的耀眼，粉的撩心，单个的花不那么大，但架不住多，多就成了气势，一片片的气势，小风一吹，抱团翻滚，激情四射。这无数朵笑脸迎人的鲜花，仿佛都在浅笑低语，它们无论说什么都显得那么有道理，每个生命都充盈着艺术的天分。

在威基基海滩

远处的钻石头山，犹如一颗被打磨过的“钻石”镶在了沙滩的东头，使整个海滩景致变得立体起来。吉他的旋律从椰林里传出，仿若电影配乐。凑过去，四五个当地小伙斜挎着当地特有的四弦吉他，弹拨出一曲从浪漫、激情到狂野的曲子，拨动了路人的心弦。闻声而来的七八位当地女郎拉起手转圈跳起舞来，我影影绰绰看到其中的一位就是飞机上的乘务员。

俺俩搭乘的是夏威夷AH898航班，加钱升舱后，坐在了优逸的经济舱的头排，能伸开腿脚，就很知足了。这种舱位每排八座，共十二排，前两排有独立的隔断。飞机飞稳后，一位棕色皮肤、发髻高高挽起的女乘务员，先是笑容可掬地送来旅行手包，接着把我引导到后面的第四排，随手递来枕头和两条毯子，抬起中间四个座位的扶手，示意让我躺下。一觉醒来，她见我迷迷瞪瞪地要进洗手间，伸手就去开门，我连连道“三克油”。回到位子，她看我拿起水杯放上茶叶，立马帮忙接水，在递过来的一瞬间，我愣了一下，因为杯子把手对着我，而她则握着烫手的杯子。飞机降落前，我不由地认真叠好毯子，按原样把枕头压在上面，放下几个座位扶手，然后回到前排，随手把垃圾袋装入手提包，提前系上了安全带。出机场，我又碰上这位空乘，她拖着大号拉杆箱，上头摞着两个鼓鼓的大袋子，无疑是觉得“好东西都在中国”。我再次道谢，她咯咯地笑出声来，走远了还回头招手。

盯着几个女郎我看了好一会儿，只见一个个摇晃着脑袋、舞动着双臂，扭摆着腰臀，像章鱼、像水藻，可惜没谁认出我来。

面前的这片海，美丽的浪花一朵朵，每天又都会有最美的浪花涌现。在这场“春天里的约会”里，那位夏威夷空乘无疑是最美的浪花之一。她是在眼前，也在脑海，在万米高空、云端上方绽放人生最美的芳华！

当我回过神儿来，天黑了，旺盛的月色放肆地舔着沙滩，沙滩上枝枝火把亮得意兴勃勃，俺俩不肯离去，晚饭挪都没挪地儿，直接在沙滩上解决了。头上的月光、身后的火把如同一道佐料，一并入味儿，像痛饮了“蓝色夏威夷”这款鸡尾酒，直到全身通泰，心满意足。

老头子老婆子是不是有那么点儿情调了？告诉你吧，我已经爱上这里了！跟夏威夷亲近、玩浪漫，得慢慢升温，明天瞧好。

和老妻在火奴鲁鲁市住处

二

睡够了，爬起来，没有什么人叫早，没有什么事儿赶着要做。

酒店不含早餐，咋整？我听说过“最舍得吃”的中国游客在夏威夷的“江湖地位”之高，能“吃”起这个州旅游业的半边天。临来时刚看完《舌尖上的中国》第三季，可我顿生一种“反舌尖”的倾向。老妻不谋而合：“出来可别当‘冤大头’，咱住的最对心思的地方，就是房间带厨房，炉灶、锅碗瓢勺样样齐全，我上超市买菜，回来自己鼓捣，得对得住咱这‘中国胃’呀！”说完，她就近弄回些吃头，把煮得刚好的鸡蛋夹在面包里，把凉哇哇的生菜放入热乎乎的玉米面粥里，汤汤水水的，喝上口，硬是得出“呲溜儿呲溜儿”的大动静。

夏威夷，算得上小众轻奢型的旅行目的地了，100 多个岛子，俺连想都没想“一网打尽”，只打算待在一两个岛上，过几天慵懒的日子，就这么一点胸无大志的“理想”，你知道盼了多少年吗？

我是恢复高考后的头茬生，算是历史的误会吧，没毕业竟正经给我校夜大中文专业 81 级专科生代课了。直到前年，上完马哲专业 2016 级研究生的课，没间断地讲了 35 年逻辑学，无论形式逻辑还是辩证逻辑，每回都拿夏威夷说事儿。

一晃经年，真的来了，才知道自己傻傻地根本就没弄清哪儿是哪儿。闹了半天，夏威夷群岛是个集合概念不错，但夏威夷岛（大岛）过去是现在却不是州首府所在地。我们到的火奴鲁鲁（檀香山）市，位于瓦胡岛东南角，这里才是州政府所在地。

今天索性去打个逛！几年前，我在加州已经有了几百公里自驾游的经历，但这次出门却喜欢自自在在地溜达。

套一件大花头的夏威夷衫，心情灿烂。老妻摘了朵象征夏威夷的紫红五瓣花插在左侧鬓角，立马风情万种。

往西慢逛，过繁华的购物中心、华丽贵气的精品店，满眼巨型榕树，棵棵气根蜿蜒下垂，蔓根盘根错节，块根古态盎然，郁郁葱葱。这里真怪：处处椰子树，却不见挂椰果；置身檀香山，却不见檀香木……还没等我寻思过来，一栋白花岗岩砌成的意大利风格的多层建筑出现在眼前。

这就是大名鼎鼎的美国历史地标——伊奥拉尼王宫，古朴中充盈着奢华，雄浑中饱含着风情。俺俩在宫前的卡美哈美哈国王铜像一侧歇脚，200 多年前就是铜像上的这位身披羽毛披肩、手持长矛的勇者，完成了夏威夷多岛的统一，随后立朝建宫。125 年前，夏威夷末代国王在这里被美国人逼迫退位。眼前这座王宫官邸最“历史悠久”的古董，当属王室画像，来自世界各国的皇家礼物给现场营造出了微弱的“历史”感。尽管在这里古香不那么浓郁，但给人一种历史穿越的快感。

北去几百米，是四五十年前建的夏威夷议会大厦，也就是州政府办公的地方。大厦为立方体，沿楼梯上二层，我无意中推开了会堂的侧门。一位议员代表正在台上讲话，台下坐满各市区议员。门口两位工作人员礼貌地请俺俩坐下，不仅欢迎旁听，还允许拍照。

我装模作样地坐了会儿，听是没门儿，只能看。出来时，一位五十出头、西装笔挺、头发铮亮的女工作人员，见我们拍照，立马把自己胸前的一串黄色花环摘了下来，微笑地戴在老妻身上。这突如其来的惊喜，让俺俩道谢后转身一阵儿狂拍，回头归还却怎么都没找到送花人。后来我们才明白，送花环是很有讲究的，花环由黄色的扶桑花串起，这是最正宗的花和色，夏威夷的州花就是柠檬黄的扶桑。当地人送花环而不是借花环，表达的是一种好感和祝福。带着商标还没来得及撕掉的这个绢花花环，一路云霓，暗香盈动。

在市区逛，只要看到大片的草坪、绿顶的大房子，就是学校。不知不觉普纳荷学校到了，这是一所从小学到高中12年一贯制的私立学校。太神奇了，15岁的孙中山在这里上的预科，主修数学、地理、历史等课程。10岁的奥巴马到校插班五年级，一直读完高中。这所有着170多年办学史的名校，如今是全美运动项目排名第一、综合排名前十的学校。

校园没有围墙，今天是周日，不同年龄段的孩子，光着脚丫，或者穿着人字拖，在草地上疯闹，轻松自在。

出校园大老远了，我还在想：当年，孙中山、奥巴马呼吸着这所学校的精神空气，尝遍了这座城市的文化百味。如今，他们仍为这所学校、这座城市代言，这所学校、这座城市也为他们代言。

在普纳荷学校

下午4点,阿龙开车带我们乘游船看落日。卡点儿乘船的游客不用排长龙,俺仨顿时轻松起来。他随手一指,说:“你看,一二十条黑斑黄色的鱼聚堆儿撒欢儿呢!”我去过不少国家海岛的码头,还真没见过比这儿的水更清的。它没有别处飘着的油花,也没有一丁点儿其他的脏东西。阿龙介绍,“这里不让捕鱼,整个夏威夷200海里之内都不允许,岛民和游人吃鱼全靠空运。”难怪远近见不到渔船和别的游船。

进船舱刚坐稳,老天着实调皮了一把,顿时乌云密布,细雨敲窗。我只好宽慰自己:天晴是景,天阴是诗。景留下形象的记忆,诗则永留心底。可惜我憋不出什么玩意儿。

船票钱是含餐费的。饭点没到,水果、饮料和当地传统芋泥就上桌了,我嘁哩喀喳塞了个大差不差,半生不熟的烤肉硬是按位摆在面前,心里咯噔一下:“咋整?”老妻张口就来:“你摊上的这块肉求生欲太强,放它一马也行。”我并不觉亏得上,因为这个岁数的人到这个点儿,吃什么都是多余的了。偏偏阿拉斯加龙虾紧随其后,这可得破戒,但一听说虾腿“无限量”,立刻没了斗志。

这时,不知谁喊了一声:“雨停了,看晚霞去喽!”站在甲板,看落日,霞光万道,我忽然冒出别人的一句诗——“好一个金色落在暮色里”,让人迷醉。没多会儿,乌云又聚集起来,着急给霞光添乱,“天黑得很慢”,成为奢望。

“草裙舞表演开始喽!”我被服务生招呼进去,只见四对当地青年身穿草裙,头戴花环,一边跟着音乐哼唱,一边在歌声中热舞。他们同时扭动,女的好像更在意手掌的伸屈和手指的灵活自如,男的则更突出双脚踏、跺、踢、蹦、蹭地的声响。

手鼓响,脚底痒。为什么不体验一把正宗夏威夷圣舞带来的狂热?“错过了青春,虚度了中年,就别再辜负老年”,我知道自己是被这句话打动了。于是,我勇敢地冲到台上,模仿起人家,举起双手,用肩部手臂的力量带动腰肢摆动,再一手臂高高伸出,另一手臂到胸前,提臀的同时用肩膀前后摆动身体。一个老家伙这么快就上手了,台上台下的人不禁乐呵起来。

小试牛刀后,我开始大展拳脚。跟高手过招不用彩排,即兴“舞扎”最放松,也最提情绪。咱孬好不济,也是经过“特殊训练”的,想当年在北师大逻辑助教进修班待了一年,专业没咋地,但独门舞技大涨。中央歌舞团搞专业的来教舞,我能硬生生地把个脚指甲盖给跳紫了。功夫是没有白下的,回来俨然成为我校的“舞技担当”,参加了省高校首届标准舞比赛。沉睡了几十年的“文艺库存”被激活后,这会儿在台上的我,柔姿舞动作出来了,加上本人擅长的蝶泳颤腰,肚子挺、屈、提、伸的动作竟连贯起来,尽管更多的是肚皮硬性地用力,而不是被抚平,尽管内行看着外行,但外行看着内行呀。

十几分钟过去了,我仍不依不饶地舞动着,“自歌自舞自开怀,且喜无拘无碍”。老妻只顾录像,完全像个局外人。“我的肢体语言咋样?”她说:“略显狂躁,很明显与你本人的气质不符,全然没了中国文人惯有的内敛和矜持。”这话给我噎得!幸好脑瓜里突然蹦出尼采的“每一个不曾起舞的日子,都是对生命的辜负”这句话,伴着额头细密的汗珠一起滑落,顿觉毛孔都张开了,狂笑不止……

三

夏威夷的雨,入夜轻轻地来,清晨悄悄地去,没有穿林打叶的张扬,没有白雨跳珠的造势,你温和热情的性格,像极了这里的人。

阿龙的朋友茱莉叶温和热情极了,今天要带俺俩绕岛行,一见面就让猜她多大,甭问准是华人。果不然,她老家台北,来这儿九年了。“四十二三、四十三四?”她爽朗地笑着说:“你们错大了,我五十三。”真看出这里养人来了。

我们沿山路东行,新春暖阳正穿透重峦叠嶂,将缕缕金辉投射钻石头山顶,当俺俩把一个山头踏在脚下时,只见山岩耸秀,林木蓊郁,山花吐香。从山上看海,水如晴空,晴空如水。我手机和单反同时出动,咔嚓咔嚓几下,张张都可以做电脑桌面或是手机屏保的画面。

沿 61 号公路向北,过恐龙湾,连绵不绝的山峰在一处出现了个大缺口,大风口到了。我只想瞜一眼,却被来自东北方的强风狂吹得两眼通红,不得不一手抓帽檐,一手捂肚子。

“李先生,站在风口上,你不觉得会飞起来吗?”好不容易听清了茱女士的话,我连连点头,想必这会儿说什么也是白说。她的话倒不由让我想起自己经历过的那些风口。

1968 年底进黄河农场是一个风口,我开始踏入社会,在野蛮生长的年代,学会种地和开车。两年后当兵是一个风口,在迷人的年纪,我不苍白,不乏味,体验了一把“不怕苦和死”的日子。四年后进区机关是一个风口,我尝到了“万金油”是个啥滋味。1977 年恢复高考是一个风口,它让我有了“以梦为马,不负韶华”的意识。四年后留校尤其是选教专业是一个风口，它让我找到自己喜欢也适合自己的事情，后来深陷其中，不能自已。

往事随风，留下一些感触。我碰上的风口没几个，庆幸的是，没再寻寻觅觅，没再等下一个。或许，这也算是活在自己的节奏里了吧。人于世间，总有“八面来风”。在我这里，啥时候把迎面吹过来的不当是风，而当成是风景，啥时候就心平气和、自鸣得意了。

茱女士催促继续北上，车速快了起来，显然超过了岛上每小时 60 英里的限速(相当于咱那儿 96 公里/小时)。“随大流就好，超 10 英里以内没事儿。”她说得很有底气，我也没看到监控什么的。不过，夏威夷是不认中国驾照的州，你持中国驾照同样可以租到车，可以上路，因为警察不会拦路检查驾照，但出了事就会按无驾照处理。好在我这回没有租车的念头。

环岛有 139 处海滩，岛子的西北端有一处海滩最为“吸睛”且话题度高，那就是著名的落日海滩。

隔着车窗我突然发现，这里的海同青岛的海完全不一样，首先是颜色，蓝得发绿，翡翠绿，蓝得闪光，闪银光；还有那浪，来自北太平洋的海风掀起十几米高的巨浪，像小山一样翻涌着。难怪世界冲浪锦标赛经常在这里举办！

不远处，三五冲浪达人出没在惊涛骇浪之中。走近看，他们各个脚踏短板，而且是极窄的枪板，追逐着一个个浪尖。先是逆浪前进，到达浪峰较陡处，在一个浪头接近时，伏在冲浪板上用力蹬水，急速朝岸边的方向游。虽说都是些捕浪高手，但一排涌起瞬间崩溃的海浪过来，还是一个个被砸入水中。不多会儿，这些不怕死的家伙又露出脑袋，当瞅见中间崩溃往两边斜面推进的浪形，又充满了狂喜，再次挑战激动之余的极限。我惊讶得眼珠子差点儿撑破眼眶，太喜欢这种惊险、刺激的感觉，跃跃欲试，只是不知道啥时候茱女士“蒸发”了，一时半会儿找不到借冲浪板的地方，不然肯定也要“疯狂”一把，“肉疼”一回。

虽不能脚绑冲浪板扬波踏浪，但冲着心中那一点“矫情”的生活品质追求，当回“闯海人”不成问题。我就地扒了长褂长裤，挥动双臂，扑向大海，在水没膝盖处停下，不由猛地撩水在身，亲切如昨。

在落日海滩畅游

一个巨浪打来，给了我个下马威：泳镜被砸掉了，吓我一激灵，下意识地提了提泳裤，接着一个猛子扎下去，睁开眼，看到的只是奇形怪状的珊瑚礁。落日海滩太欢腾、太性感了，你越想干的事它越吊你的胃口，我索性和泳镜“拜拜”。

不知不觉游出四五百米了，回头看，岸边晒“人肉干”的不少，但下来扑腾的就我一人，越游越觉得水比青岛的水咸，浮力也大，我突然有一种莫名的恐惧：既怕喂了鲨鱼，又怕被冲浪“二把刀”砸伤。但转念“下都下来了”，再说咱也算野泳老手了，十三岁横渡过黄河，而且三天连着三趟；在“迎风尿三丈”的年纪，创下连游长春南湖四小时的个人纪录，还作为十六军的参赛选手，拿下沈阳军区蝶泳第五的名次。我用曾经“过五关斩六将”来证明自己过去很行，用一句广告词“你的能量超出你想象”激励自己现在也行。就这样自己给自己壮胆、打气，铆着劲儿不停地扑腾。水温也就 20℃吧，几十年的野泳让我总结出“1 度水温 1 分钟”的游法，约莫 20 分钟后自动上岸。

光着脚踩在细腻的白沙上，软软的，酥酥的；风不大也不小，柔柔的，痒痒的；空气异常清新，嗳一口，没有一丁点儿海腥味儿，倒是有咱那儿黄山太平猴魁的味道：鲜爽醇厚，回味甘甜，沁人心脾。我的精气神全来了，眼睛充盈着喜，脸上堆满了笑，走起路来轻飘飘的……

让自己也附庸风雅一回，我打开手机，选了一首抒情的背景音乐，用很不动听的嗓音，声情并茂地高声朗诵了一首自己的小诗。“歪脖子”椰树下的我，或躺或蹲或站，被连拍了数张泳装照，看着老妻的“杰作”，得意死了。你想想，一个男人六十五六岁是个门槛。跨过这个门槛的人，约等于告别了小老头时代，进入老老头时代。在这个时间点上的我，尽管早没了八块腹肌，告别了人鱼线，还秃得有碍观瞻，但转念“我不秃谁秃！”至少现在站得算是直溜，还能显露两坨胸肉，这足够说明本人有着多么强大的意志和良好的生活习惯呀！

一对恋人从我身边经过，给人一种淡淡的柔美和梦幻般的韵味。两人慢慢走远，将正午时光的沙滩踩出一段幽深的浪漫。年轻有年轻的风景，年老有年老的活法，我忍不住要发自己的状态照，这里跟咱那儿横跨五六个时区，比北京晚18小时呢！懒得算咱那儿是几点几点了，嘁哩喀喳就点出去了。先是于老兄来话：“你那粉红色的泳裤花到一个不行，太拉风了。”再是马老弟点赞：“真服你能把蜜汁艳丽的泳裤穿出来，不会是跟孙杨学的吧？”合着花裤衩子抢了那两坨胸肉的镜了！

你别说，这裤头还真能跟孙杨扯上关系。这两年，粉红花泳裤成了孙杨的心头好，他的小心机：夺人眼球。前年的全运会上，孙杨把一条同款的泳裤当纪念品送给了咱省体育局泳管中心的领队，而恰巧这领队和我特别要好，便把这泳霸的纪念品转送给了我。拎着这么鲜亮的“家伙”，我问：“是给我的吗？我穿上会不会有‘吃错药’的感觉？”他一点儿都没迟疑地说：“专门送您的，穿上肯定合适。”我太喜欢这位比我小一半岁数的朋友了，他说什么我都信。只是在家去泳馆熟人太多，没好意思穿出来，出来人生地不熟的，那就不客气了，何况夏威夷和这花裤头子特别搭，简直就是“标配”。

“你俩真会找地方，这歪脖子椰树是落日海滩的标志性景点，也是夏威夷的标志。我给你们合个影。”茱女士不知什么时候冒出来了，还没等俺俩搭腔，她就地画了个大心形，里面用英文写了“ALOHA”(爱)，随后连拍数张。这不算完，她说我再给你们拍几张全景，让俺俩刚进镜头的一侧迅速从她身后绕过来再跑进她镜头的另一侧，好一阵子折腾……

很快，我以致敬小老头的名义，以迎接新生活的名义，在朋友圈晒出这些摆拍，哪怕冒着“显摆”“让人烦不胜烦”的风险也要，因为可能以后像这样可以容老家伙放肆一把的机会不太多了。

回到住处，连洗都不洗，倒头就睡，香甜无比。

在落日海滩冲洗

四

犹如潮汐一涨一落，又如海水颜色时常变化，过往的夏威夷，也曾乱云飞渡，秋风萧瑟，洪波涌起。

70多年前，日军出动多艘航母和几百架飞机，把珍珠港美军基地炸了个稀巴烂，“亚利桑那”号战舰沉没，上千人丧生。

出檀香山，向西10公里就是珍珠港。一早，俺俩赶去，从摆渡码头乘船，十几分钟后便到达“亚利桑那”号战舰沉没位置。这里建有一座浮桥式纪念馆，馆中一面白色大理石墙，刻有全体阵亡将士英名，站在馆内围栏向水下望去，残舰清晰可见。我想到：那一天，眼前的这片海，水全是红的。此后，战舰，沉默着；这片海，也沉默着。它们用巨大的沉默，把一个个日子填满。

登上"亚利桑那"号战舰

日本人得逞，靠的是偷袭，根本不是美国人的对手，不到四年，日本人乖乖地在美国战舰"密苏里"号的甲板上签署无条件投降书。如今，这艘名舰停泊在"亚利桑那"号战舰沉没位置不远处的港湾，象征着二战的结束。登上"密苏里"号，我们真见识了这个当年的"海霸"。它长 270 米，高 20 层，能承受一吨半重穿甲炮弹的轰击。俺俩按箭头爬上爬下，钻来钻去，竟硬生生地被转晕了。

参观战舰纪念馆

出舰船，一尊名为《胜利之吻》的蜡像背对战舰，矗立在路边，格外显眼。我脑海中立刻出现书上描述的情景：一血性水兵当听到日本完蛋、二战结束的消息，情不自禁地拉住过路的女护士狂吻，这一瞬间恰巧被记者抓拍到，成为经典。此刻，我从来没有过的一种感动涌上心头。老妻刚买了份纪念画册赶过来，我猛不丁地拉住她，谎称眼里有东西，叫她吹吹看，接着来了个"探戈下腰"，她不得不跷起腿来仰起头，完成了挺有技术难度的《胜利之吻》的模仿动作。说来也巧，这吻姿竟被一中国男孩无意入镜了，他说："本来是拍雕像来着，你们离蜡像太近，也就同框了。"我肯定不会"放过"这小子的，俺俩互加了微信，索要了照片，顺手把纪念画册送给了他。瞅着照片上老妻恨不能把53块肌肉都调动起来的笑，夸张夸大发了！我说："人家是对人类战胜法西斯后狂喜之情的宣泄，咱是庆祝二战胜利73周年，表达对和平的向往，而不是闹腾。"我要重拍，可她不理这一套了。

从珍珠港走出好远，仍见路边大片大片的地被日本人圈着，一个一个的酒馆打着日本人的招牌。日军当年造了这么大的孽，如今却像没事儿人似的。美国不仅仇恨声越来越小，而且敞开双臂欢迎有钱的日本人，跟他们一块"分享阳光，分担风雨"。真是应了那句话："没有不变的敌人，只有不变的利益。"

午饭随便凑付了一顿，我们就上街了。俺俩都爱逛街，不同的是，我对"逛"比对"街"更有兴趣，喜欢逛到哪儿算哪儿；会为想"逛"而专门上街，专门上街也是为了顺便地"逛"。她对"街"比对"逛"更有兴趣，爱上专门的街"逛"，不喜欢空手而归，购物可谓"另类刚需"。老妻执意上卡拉卡瓦大道，不放过任何一家店，我再次被"套牢"。

一个钟头过去了，人家脑瓜一热，提溜出一个包，交给了我。半个钟头后，又提溜出一个同款的小包。我看不下去地说："你的包已经应有尽有，都这把年纪了，为啥非得给'时尚'的火焰添两根柴？"她说："买第一个你认为是'冲动消费'，但买第二个可经过深思熟虑，算是'理性消费'了吧？"这是哪儿跟哪儿！要是再讲课的话，这是典型的"偷换概念"呀。

瓦胡岛，真是一个爱的"场"，购物税率为4.2%，这可让老妻逮着了，有用没用的划拉了不少，我一路提包沉重无比，越守着她我越虚豁，干脆一屁股坐在了马路牙子上。

看着满大街花枝招展的女郎，老妻过去的样子浮现在眼前，我眼瞅着她从迷恋花褂子到钟情素裤子，又到喜欢鞋，再到只要包，这种变化对我触动不小。现在她还有为自己买俩包的心气儿就不错，到了连包也不想要的时候，就真够可怜的了。想着想着我倒来劲儿了，一把拽过来她拎着的东西，大步流星地进了个店，并对她说："你不是想买施华洛世奇的链子吗，拿下！这钱并不是真的花掉，只是换一种方式陪在你身边。拣最新最贵的买，不要退而求其次，'次'的就算买回去，还是会有遗憾。"她顿时觉得我好有"气概"，再不装着不要了。

午饭凑付，晚饭就不该潦草了。俺俩进了家像模像样的馆子，满满当当的清一色老外，我看图点了份培根汉堡、一盘生菜，老妻加了份带仨鸡蛋和两块牛肉饼的米饭。当地女店主以鼻子为中心左右摇晃脑袋并微笑地凝视着俺俩，一脸无辜、欲言又止。我的"眼神"和"手势"，她似乎猜出来了。但当她送上餐食时，俺俩竟笑喷了！超大的分量，跟她夸张的体态相得益彰。

和老妻享用简餐

有语言障碍，就得多掏银子，不能暴殄天物呀！吃不了就兜着走呗。一阵儿热闹，让邻桌的一位当地帅哥也忍不住地笑着耸耸肩、摊摊手。他见我瞅他，干脆用蹩脚的中文提示："有热水！"我脱口而出："阿罗哈！"（问好）伸出右手，弯曲中间三个指头，用当地特有的表示"谢谢"的方式，摇晃了几下，并按他指的方向找到冲咖啡的热水壶，灌了半杯。饱餐后打包出门四五十米远了，那店主追了上来，归还了我落下的水杯。望着门外足有二三十人还在排队等座的队伍，人家还能如此待客，我一时不知说什么好了……

人生最好的旅行，莫过于在一个陌生的地方，发现一种久违的感动。有一种感动叫为善，无关职业、身份、金钱，关乎的是你内心有没有一盏灯，愿不愿意为他人点亮灯。

当晚，老妻要上大岛，也就是火山岛。火山是一个“惹不起”的家伙，一旦发威，它喷出的岩浆、释放的毒气，对人没个好。我是唯恐躲之不及，恨不能大岛连去都不去，既不“劳民”也不“伤财”。但是，“好事儿”的她一个劲儿地说“来都来了”，明明来的是瓦胡岛，又不是大岛。

“你想看梦幻中的夏威夷，在瓦胡岛，想看真正的夏威夷，就去大岛。”老妻的这句话管用。听她的算了，跟瓦胡岛“拜拜”。

五

从檀香山飞抵大岛希洛机场仅需 40 分钟。

大岛确实不小，约有 7 个瓦胡岛大，人却少得可怜。天色已晚，在去住处的路上，仿佛只有我们这辆小车在行驶。忽然司机说：“到了，这就是你们要找的希洛会展酒店！”到这儿也就有几分钟的路程。

酒店前台挺小，我想换到希尔顿酒店住。“咱加 9000 元（人民币）就能升级。住处不应只是过夜；好的住处，能让人住进风景里，将白天的美好延续，做一个与自然融到一起的梦。咱住得贵，不是浪费，是对生活品质的坚持。对了，你和富婆之间，就差一个‘狠’字了。”她接话：“住处是用来过夜的，与星不星的无关。只要干干净净、安安静静，房间自带‘好心情’。大厅的华丽与否跟你无关。有时你不能让欲望走得太快，得让它等等你的钱包。”我嘴上说别来这些“哩哏儿楞”，可心里清楚：连银行卡都不会用的我，终究会被牵着鼻子走、会受窝囊气，毁我老爷们气概的……

如今，生活的鼓点越敲越快，各种诱惑扑面而来，我也脱不了被大流裹挟着往前走。这回不成，权当还有下次。

在黑沙滩攀岩

我“大驾光临”，发现火山并不是一个令人谈而色变的东西，相反，大岛的火山对我还真有那么点儿“意思”。我不来，它该咋任性就咋任性。35 年前大发作一次，再就不怎么消停。4 年前的一次，连着喷发了 5 个月，岛民见惯了碎石飞溅的情形，陡起的威风使来岛的好事者不得不停住围观的脚步。我们一到，它偏偏就老实了，就平静了，你说神不神奇！

老妻忽然打起坐直升机看火山的主意：“咱去美国黄石公园，走着玩转了老忠实间歇泉和大棱镜温泉，这两个泉就源于火山动力。但这里的火山不一样，听说 75％的地方都无法从地面接近，不坐直升机肯定是看不成。”她想起一出是一出，虽说是计划外的事儿，但也在理儿，我只好准备豁出去了。

上午 10 点，俺俩赶往希洛机场，称完体重，接受安全知识培训，好不容易才登上蓝色夏威夷公司的一架直升机。机内空间狭小，除驾驶员，只能坐 6 人。系上安全带，仍心里发虚，这毕竟是 50 分钟的空中冒险，俺俩不约而同地伸出手，使劲地握了握，弄得跟“壮士一去不复还”似的。飞机起飞前头部是朝下的，直接升空，往大岛东南部的基拉韦厄火山区飞去。

登上直升机

基拉韦厄火山区归属夏威夷火山国家公园，有 100 多年了。我的眼睛贴着飞机的舷窗。大岛小屿以及礁岩，通通被雪白的浪花镶了个边，一股强大的不可名状的视觉感受，如巨大的冲击波，让人飘飘欲仙。

过黑色的海滩、崎岖的山谷、茂密的森林，就是不毛的熔岩地。深浅不一的地表颜色代表不同时期的岩浆。它狰狞，怪石嶙峋；它旷远，千姿百态；它野性，一片苍凉。置身于此，恍若在另外一个星球。

奇妙，让人心跳。我手中的宣传册介绍，这座火山是世界最大、最活跃的火山之一，面积达 10 万平方米，海拔近 1300 米，火山顶部是一个直径超过 4000 米的破火山口。飞机开始在这周围盘旋，俺俩不由地都瞪大了眼睛。像巨大弹坑一样的火山口，足足有一二百米深，里面熊熊火焰，它们挤着、嚷着、笑着、闹着，火焰推着火焰，像红霞拥着红霞，腾腾烈烈。

大雾加中雨突然造访，遮住了我的视线。瞬间，我胸口怦怦直跳，肾上腺素沿着血管横冲直撞，手紧紧握住抓手，看着飞机在雾中穿梭，天地间一片迷茫，云雾缭绕的地下火焰却给人以更多的遐想。

在这个世界上，生命不总是一味地简单传承，有时还会流转，会嬗变，会出人意料地逸出既定的运行轨迹，打破原来的格局和秩序。你接受也好不接受也罢，这就是现实。

六

在希洛会展酒店睡了一觉，你别说，这个经济型酒店还真干净，也安静，联排平房，带泳池，进门总台提供免费的苹果、杧果等水果，出门就是海水浴场。今天是下不了水了，因为要去黑沙滩和彩虹瀑布。

沿 11 号公路开车向南，不远就是世界上最著名的夏威夷普纳鲁吾黑沙滩。微曦中的沙滩还是没睡醒的样子，有种清新的陌生感。黑沙滩是火山岛喷发过后的火山灰沉积下来的黑砂石不断风化后形成的，乌黑的沙子吸热好，我光脚踩上，没觉着硌得慌，反倒更热乎。听说这种沙能让人很快放松下来，可我看着水里有沙滩上更多的绿海龟和玳瑁，神经绷得紧紧的，尽管人家并不理会大惊小怪的人们。

在希洛会展酒店

乘车西行，一条 20 多米长的瀑布，从山崖上一泻而下落入清澈的水潭，升腾起的水雾缥缈轻盈，这是“彩虹瀑布”景点。湍急的瀑布伴着雨滴使人隔着车窗都能听见这瀑布与雨水的合唱。我是只见瀑布，没见彩虹，但这并不影响出来玩的好心情。

人在路上走，水在脚下流。路旁的树木密密匝匝，古榕根深干粗，枝繁叶茂，恣意地将枝干伸向天空。古藤有水就长，有光就蹿，不同的树木把各不相同的色彩抖搂出来，从嫩绿的、草绿的，到翠绿的、深绿的，呈现出深深浅浅、浓淡有致的绿。阳光打在叶子上，又透过它们，打在我的心上，妙不思归。

在"彩虹瀑布"景点

七

在瓦胡岛、大岛小住8天，如快镜头般，从眼前，从脑海，一闪而过。

夏威夷，你真是一个让人去了就爱，离开了就想的地方。最让我迷恋的，是你的蓝天、海水和沙滩，美得不可方物。其实，生活在这里的岛民一点儿也不输给这里的风景，那种感受，那种氛围，如沐春风。我恨时间太短，只够看你一眼！

返回瓦胡岛

一个随时随地能够获得沉浸体验的人，无疑是快乐的。夏威夷就是能让我找到“沉浸感”的地方。当满怀憧憬走进你，直到恋恋不舍离开你，我整个身心完全投入一种情境中，得到一种沉静、惬意、兴奋乃至忘我的感觉。有这种感觉太美妙了，在别处不曾有过，在别的时候不曾有过。

老妻说：“我喜欢像生活一样地待在这里。”我说：“我喜欢像待在这里一样地生活。”

夏威夷，不是我不想留下来和你生活在一起，而是我的模样和年纪配不上自己的眼光。但是，我宁愿相信：时光不老，我们不散。

2018 年 3 月 10 日

会会俄罗斯人

一

我答应一块去俄罗斯，会会俄罗斯人，老妻突然就有了一掷千金的豪气：在家买回豆芽都恨不能长一截子再吃的她，分三次拎回七件穿的。赤橙绿青蓝紫，只差黄的了。这哪里是给自己置办行头，简直就是要出去贩衣服鞋的。

“整啥来，不过了呀！”我说。“准备出行比出行本身更有意思，它能让人找到疯狂的感觉。”她边说边拍新装照，然后发给几个闺蜜。说啥呢？只能学表情包——“摊个手”。都这把年纪了，还能找到生活中的自己值得尊重的感觉，没毛病！

老妻微信玩得很溜，这一阵子觉少了，每天早上成了第一个在群里升旗的，去俄罗斯自然落不下群里的老姐老哥们儿。她两天就敛活了十四人，演《大宅门》都绰绰有余。

6月14日凌晨两点，俺这伙跟起哄似的，上了北京直飞圣彼得堡的中国旅行团包机。在家蔫不拉唧的，常年药罐子不离身的，全像换了个人，神侃8小时不带害困的。我好不容易才挨到落地儿。

在济南，每到这个时节，第一波热浪总会袭来，不由让人想到“哪儿凉快哪儿待着去”。圣彼得堡真是个来对了的地方，登机时短裤、T恤儿，下来竟套上了秋裤和羽绒坎肩。

坐上去往圣彼得堡的大巴，我顿时就有了东张西望的兴致。涅瓦河穿城而过，河面不窄，河水湛蓝。城区不大，楼房不高，但建筑可以阅读，街区适合漫步。

跟团旅游，就是“赶场子”，漫步成为奢望。“你会挽着我的衣袖，我会把手揣进裤兜”，只能是想象中的画面了。

在涅瓦河河畔的狮身人面像前

说到圣彼得堡，恐怕最绕不开的就是冬宫。这里是过去的沙皇皇宫，如今的国家博物馆。领队和导游重点意识很强，早早地把我们带到冬宫侧门等候进入，我被“挤”在长长的队伍里，紧跟着两个俄罗斯人。

说不准他俩是爷孙还是父子，反正没一个能捋直舌头说话的，叽里呱啦个不停。从初一就开始学俄语的我，愣是摸不上勺子。这个俄罗斯小孩儿五六岁的样子，奶白奶白的，扇子般的睫毛偶一扑闪，闪出万般灵气。

我忍不住用俄语跟他打招呼：“嗨！你好！小伙子真帅，我爱你。”这个俄罗斯小孩儿瞟了我一眼，笑都没笑，但也不觉得俺这发音多么蹩脚，只是双肩一耸，两手一挓挲，回话：“嗯，我也爱我自己。”这小子怎么不按常理出牌呢？我愣了一下，还是伸出大拇指。

冲这么有范儿的俄罗斯小孩儿，真该打赏。要是在中国，这会儿我肯定得掏出点儿什么给他。站在一旁的俄罗斯人倒显得不大怎么“斯基”，他眼皮下垂，有点儿萎靡，权当什么都没听见，不带有任何表情的。俄罗斯人的冷漠咱听说过，这回总算“领受”了。“难怪无端发笑是傻瓜”（Смех без причины-признак дурачины）成为当地的谚语。

在涅瓦河河畔(身后建筑是冬宫)

二

冬宫,是18世纪的一座超大三层建筑。一场大火毁于一旦,但重建又修复后,依然耀眼夺目。我喜欢它蔚蓝与白相间的配色,加上金装银裹的镶嵌,老巴洛克式建筑带出"小清新"。

宫内有上千间厅室,不少是用孔雀石、碧玉、玛瑙等当地特有的宝石制品装饰的。宝贝多着呢,听说有将近300万件,主要是画、雕塑、实用艺术品和出土文物,以俄罗斯文化为代表的欧洲传统文化与外来多元文化,在这个封闭长方形的宫殿里浓墨重彩地演绎着。

曾经在书上看到的达·芬奇的油画《柏诺瓦的圣母》映入眼帘,瞬间撩动我的神经。构图和色彩让圣母活了,甚至能看出她对圣婴开口说话。圣母不再是绘画者过往画的半身像,而是大半身呈坐姿出现,大部分侧对观者,腿朝前,身子朝后。用达·芬奇自己的话说,这就"使平的画面呈现出凹凸感"。圣母的衣着色彩暗淡,一只手和圣婴的两只手叠放在画的中心线上,这就巧妙地突出了她对圣婴亲和的天性。我在这幅画前站了很长时间,可以说来冬宫就是冲着它来的。在很长一段时期里,这幅画代表了达·芬奇绘画的顶尖水平。

朝这里任何一个方向走去,都能看上好一阵子。所有的俄语解说词我都想看,一看就想拼,一拼就蒙圈。没办法,只能使用中文无线导游讲解器。

我去过伦敦的大英博物馆、巴黎的卢浮宫、纽约的大都会博物馆,加上眼前的冬宫博物馆,我发现这世界四大博物馆有一个共同的特点,那就是都在激活藏品生命力上下足了功夫。俄罗斯人让冬宫仿佛在一座大剧场说事、讲故事，使每天数万观者都能接受传统的润泽和历史的启迪。

不管历史上的俄罗斯人给你的印象是偏正面还是偏负面的，反正人家保护历史建筑和传统文化是没说的。俄罗斯人懂得保护了它，实际上是保护了他们自己的记忆，保护了他们对这座城市的一份感情。

三

气温十几度的地方，逛荡一天，还没怎么晒着，脸上就红扑扑的了，这是高纬度地区紫外线的作用。地处北纬60度的圣彼得堡不仅紫外线格外强，还有一年一度的白夜，正好让我们赶上了。

当地时间晚上11点，天还亮着。本来就有5个小时的时差，加上兴奋过度，吃上一片安眠药仍难安眠。

19世纪俄国作家陀思妥耶夫斯基的小说《白夜》发表后，圣彼得堡的白夜便成为俄罗斯浪漫的一个象征。可这会儿，我却饱受着“日不落”之苦，根本无心欣赏落日余晖如何久久映照天际，又如何在短暂的黄昏之后，开始出现晨曦朝霞，恨不能出现长长的“黑日”，再吞一片药，好好补个觉。

原本很享受的一天旅行生活，却最后被焦躁和紧张的情绪引导，整个过程像极了考试到末了却还在答最后一道大题。

圣彼得堡已完全沉寂，体内顽强的生物钟告诉我，差不多凌晨四点钟了。迷迷糊糊地打了个盹，还是醒了，索性下来看点什么，痛苦地捱到天亮，擦了把脸，脑袋沉沉地出了门。

一老伙计对面坐着吃早餐，他没话找话：“你不是学俄语来着，怎么见俄罗斯人就悄没声儿了呢？”

“学俄语这档子事儿，不是说捡就捡起来的。13岁学了一年，‘文化大革命’开始，随后12年没再翻俄语书。恢复高考后，学校规定必修外语，不得不重学。毕业留校任教，考职称什么的，少不了忙活俄语。直到最终的职称也混上了，我作出一个疯狂的决定：烧掉所有的俄语书，不下三十本，包括一度背过的俄语词典，够拉仇恨的了吧！又是一二十年过去了，现在猛个丁地要想打捞‘沉默的声音’‘风化的记忆’，只能是痴心妄想了。”

听完这些话,他打趣:“卷舌头不会也忘了吧?”我哈哈了两声,算完了。

在格里博耶多沃运河河畔

四

在人家的地盘,上赶着会俄罗斯人,是有代价的。一日三餐成为一日三“惨”,也许就是一种代价吧。

我三次踏上欧洲大陆,前两次同样住四星级酒店,早餐属这次最不咋地。天天除了面包、鸡蛋、肉肠,就剩牛奶、咖啡和红茶了。偶尔有那么一两样块茎类的蔬菜,至于苹果、橙子什么的,就得靠“碰”了。我只惦记蔬菜和水果,吃这些玩意儿不上火,还能唇齿留香。可没火、能留香的时候不多。

午餐和晚餐大都是中餐。但你不跟团,是无论如何想象不出经俄罗斯人或乌克兰人之手的中餐,有多么的怪异和难以下咽。

吃饭该是与美食恋爱,应该是一个很有情调、很优雅、很享受的过程。我想试着亲近俄餐,但不容易。

俄餐靠“五大领袖”“四大金刚”“三剑客”叫响。“五大领袖”,即面包、牛奶、土豆、奶酪和香肠。“四大金刚”是圆白菜、洋葱、胡萝卜和甜菜。“三剑客”则是黑列巴、伏特加和鱼子酱。听听这些名堂,实在没啥可罗列的了,净些不值得提和坑人的玩意儿。

拿最叫响的“三剑客”来说,我尝过几次黑列巴,有酸头,挺筋道,但弄不好就硌着牙。

涅瓦河的游船，为我们提供了伏特加。冲着当地“不喝伏特加的男人，是不可爱的”这句刺激人的话，我装模作样起来，倒上一杯，味烈刺鼻；吞下一口，热血沸腾。咱是喝二锅头的主儿，还真享不了位居世界八大基酒之首的俄罗斯人酒。在家有二锅头，呼朋唤友“一天喝一次，一次喝一天”都成；出来有伏特加，“一顿喝一口，一口喝一顿”都够。

船上还备有鱼子酱，领队大声调地说，“免费的”，弄得我一阵澎湃。这种酱的确白送，但每人一份，其量与俄罗斯人粗放和豪气的性格一点儿都不搭。奇怪的是，有人还能摆各种造型，把张脸硬是作出与鱼子酱无比亲密的样子拍照。黑乎乎、腥叽叽、高胆固醇的玩意儿，白送我还不要呢！

比俄餐更让人倒胃口的，是限时的团餐方式。领队和导游每餐都规定有严格的吃饭时间，而且老少一个标准，还从不放松要求。俺这些老家伙尤其是我这缺大牙的，生怕“头儿”说“老人变坏了”或“坏人变老了”，顿顿狼吞虎咽，只为果腹，不品味，无美感，更没诗意。

来都来了，我何尝不想和他们一样，白天“该吃吃，该喝喝，饭食不往心里搁”；晚上“泡着澡，看着表，舒服一秒是一秒”。可还是做不到，总觉得在到处高举“身体主义”大旗的今天，顿顿这么潦草地过去，太亏待自个了。

幸亏老妻的闺蜜们有稀罕玩意儿愿意分享，瑞士巧克力、法国西梅干、美国大杏仁、波兰黑加仑轮番登场。多少年不碰糖块的我，终于忍不住了，没少往嘴里塞巧克力什么的，并告诉自己在这里的感觉仍然是甜的。

五

似乎每个国家都有那么两座城市，总在较劲儿，如上海与北京、大阪与东京、洛杉矶与纽约。俄罗斯也一样，圣彼得堡与莫斯科总在比较。既生瑜，何生亮？不去管它。反正上了圣彼得堡，不能不上莫斯科。

两地高速公路有六七百公里，乘大巴一路往南，两边树木丛杂，风中的白杨、桦树、冷杉和落叶松都向我们打着友好的手势，俄式小木屋时隐时现，好一派托尔斯泰小说中的乡间美景。

和老妻看望乡间木屋主人

十多个小时的车程中，老妻不是离位“寻乐子”，就是请来“杀时间”。几块“活宝”的节目穿插进行，热闹死了。《三套车》《红梅花儿开》喊够了，就上折子戏。俺这伙有科班学过青衣的，有在省戏校拉弦的，有干过市京剧团团长的。手机一开，生、旦、净、丑，没有唱不来的。兴致高时，连麦克都拽了，一人亮嗓多人跟唱。曾经牛一般耕耘、马一般负力、虎一般行风、龙一般叱咤的人，仿佛一下子回到了从前，邪乎着呢，连俄罗斯人司机都听傻了，连说带比画：“你们这些‘歪果仁’，真的可以到莫斯科停下车敛钱啦！”

六

进莫斯科地界了，大片楼盘和街道掩映在森林之中。饭店酒馆都歇了，霓虹灯还在招摇，大巴终于在奥运村宾馆前停了下来。门口写着俄文：KOC-MOC。

房间干净得让人不忍心使用，想到要连住三个晚上，真挺美气的。窗外，能长草长树的地方，都在使劲长，小林地的白桦树尤其张扬：树干修直，枝叶舒展，密密匝匝。树木把一栋栋房屋隔离开来，既没有车水马龙的拥挤，也没有熙来攘往的喧哗。我忍不住用俄语哼出“莫斯科郊外的晚上，夜色多么好，令人心神往”。

一觉醒来，沿大路跑步，两边不是斯大林建筑，就是“赫鲁晓夫楼”。20 世纪 30—50 年代的斯大林式建筑，主楼雄伟，塔尖高耸，配楼低矮，布局对称，很是讲究。之后的“赫鲁晓夫楼”，统统为5层，一律混凝土预制板搭建，没任何装饰，活像一条条大裤衩，别看样子不咋地，但省钱又实用。走近这些简易楼，长长的走廊里充斥着煮洋葱、土豆味儿，还夹杂着婴儿的哭闹声，四十多年前咱那儿家的感觉扑面而来。

我边走边撒么，突然，十几辆摩托车呼啸而过。不远处有红灯，这些摩托牛人从汽车缝里钻到前面，绿灯一亮，像离弦的箭，立马消失。我有些在乎，周身绷得紧紧的。在俄罗斯没有什么是不可能的，飙车当然不是个事儿。

在莫斯科国家历史博物馆前

早饭后导游发话：要用两整天带我们逛完红场、列宁墓、无名英雄纪念碑、国家历史博物馆、圣瓦西里升天教堂、亚历山大花园、古姆商场、克里姆林宫、莫斯科大学、察里津皇家庄园、胜利广场、凯旋门、新圣女公墓和阿尔巴特大街。

俺这伙有的在家病歪歪的，出来不光身轻如燕，而且脑子好使，专门数景点，数不够不算完；有的明明腰缠万贯，出来也不能“舍”了，得捞回“本儿”，这辈子不打算再来了，劝导游顺路能蹭上一个点算一个，回去好炫耀“都去过”。他们可能跟俄罗斯人刚刚学到“战斗民族”精神，宁可觉少睡，饭少吃，但“斗志”不能减。我们不在景点上，也该在去景点的路上。

我是“跟不上趟”的，也不想把时间和精力都用在“玩完”上，只想去两个地方：列宁墓和克里姆林宫。

我从小就信列宁，大了以后专门学列宁主义，而后教列宁主义。这次来俄罗斯，就是想看看这位伟人，给他鞠个躬。

今年恰逢十月革命100周年，去列宁墓排队的人不亚于去冬宫。我放弃了逛亚历山大花园、古姆商场、圣瓦西里升天教堂和国家历史博物馆，终于凑够时间，如愿以偿。

克里姆林宫是个神秘的地方，不像别处，一眼就能看得明白。它容纳那么多的奇人，各处都有来头，充满奇迹，让人惊叹不已。

从斯巴斯克塔楼进宫门，右侧先看到大会堂，门头远不如北京的人民大会堂，而且这种现代建筑碍眼得很，与周围古老建筑极不协调，让人走过路过，更想错过。

在克里姆林宫总统办公楼前

不远处左侧黄色的三层楼是总统办公楼，离我们也就几十米远，却没有戒备森严的感觉，只有一两个警卫在远远地注视着游人。这里倒更像一个庄重的宗教之地和静谧的休闲之园。

中央教堂广场不大，环绕它的是伊凡大帝钟楼、圣母升天教堂、报喜教堂、圣弥额尔教堂、十二使徒教堂等。莫斯科大公或俄罗斯沙皇，从出生受洗礼到结婚庆典再到加冕典礼最后到死亡安葬，就分别在这四个教堂举行仪式。

在克里姆林宫教堂前

最高的建筑是白色金顶的伊凡大帝钟楼,80 多米。这一古信号台,将古俄罗斯人的能耐与骄傲都“揉”进了建筑的石缝之中。钟楼前两个中看不中用的大家伙吸引了不少人围观。一个是“炮王”,40 吨重,400 多年了,从未开过炮。另一个是“钟王”,200 多吨,6 米多高,300 多年了,从未敲响过。俄罗斯人讲究世界之最嘛!

建于 15 世纪的圣母升天教堂最为壮观。高大的白色石墙上面有五个金色的洋葱头,细长而简洁的窗框显得圣洁而庄严。历代大公和沙皇在这里举行加冕礼。教堂内墙壁有《圣母与耶稣》《圣母升天》等 2000 多幅圣像,环顾仰望,令人目眩。

虽经多次修建,克里姆林宫仍基本保持原样,路面还是当年的石块路,青光发亮,显得整洁而古朴。远处的古云杉、古松树、古柏树苍莽挺拔,生机盎然,它们就像老卫士,一动不动地守卫在那里,向每位访者行注目礼。近处的白杨树青幽幽挺立,树叶儿在风中摇动,油亮亮的,一闪一闪,像无数只绿蝴蝶降落时灵动的翅膀。路边盛开的丁香花营造出了一种静谧的氛围,使来到这里的人都能静心冥想，舒缓身心。

我坐在长连椅的一头，另一头一外国老太太向我点头示意，我会心一笑，同样点了一下头。她用俄语问："你是中国人吗？""嗯嗯！"又问："我们这儿好，还是你们那儿好？"我张口就来："俺那儿。""你们那儿好，何必还要上我们这儿呢？"我说："不出来瞧瞧，就没有比较，就不知道还是俺那里好。"没想到她补了一句："我们可以缺钱，但不缺文化和艺术。"我没再接话，蚊子在叮我的肉，挠挠，很痒。

老太太见我不吱声，便加快了语速，嘟噜了起来，可我一句没听懂。

坐在克里姆林宫的长连椅上

七

在俄罗斯待了8天，会俄罗斯人我是"露了馅"。老妻提醒："以后别再动不动就给外人说你学过俄语了。"过去总以为学俄语就是学做游戏，自己闹着玩儿之余，和俄罗斯人打个哈哈，就够了。真来了才知道，这其实是个很高的标准。幸亏是跟团，没有更多的时间接触俄罗斯人，不然闹笑话就大了。

如果要宽慰自己的话，这趟虽输了"面子"，但赢了"里子"。至少对俄罗斯人有了一些立体的了解，不会再把人家简单地标签化吧。

乘机返回，放眼望去，"老莫"渐行渐远，它的历史和文化却在我心中变得越来越近。它有伸手便可触摸的蓝天，有得天独厚的城市黑森林，有想打包带走的空气。我有点儿喜欢甚至是爱上这里了，当然除了俄餐。

在夏宫

喜欢是淡淡的爱，爱是深深的喜欢。都有吧，这种感觉特别像伏特加的后劲儿，稍稍缓缓，能释放更大的能量。

2017 年 6 月 21 日

英国的味道

今年要找出境游的大黑马,首选英国了。由于“脱欧”,英镑下跌,直接刺激了我和老妻去英国的热情。女儿的工作既没累得像狗,也没闲得像猫,年假说休就休,并吵呼着:她带着我,我带着钱,尝尝英国的味道!被需要的感觉太好了。再有,外人的话可以不听,闺女的话必须依从。

一

10月4日下午,一家三口成行。当晚从北京乘机,10小时20分后,降落在英国曼彻斯特机场。这边有7个小时的时差,天还没亮。

我们跟的一专线团只有14人,一辆新的50座大巴包全部行程,天天躺着都行。听到这些,困劲儿立马没了。导游是个老家伙,身经百战,车没开一会儿,赶着俺这伙到市中心的曼城足球俱乐部楼前瞅两眼,开路。

我想象中的英国,套用季羡林的话说,是“黄昏抱猫向夕阳”。换成我的话,就是“一个过气的老家伙眼瞅着喘不上匀和气了”。可窗外的景色在颠覆这种想象。

去往温德米尔湖区135公里,沿途多为山坡地,满眼都是碧绿齐整的草场和高大茂盛的老树。草场有天然的,更多的种植着黑麦草,现在正是黑麦草疯长的季节。似乎只有到了这儿,才见到没心没肺、随心所欲的绿。在这些英国人称为“绿色金子”的牧草前,语言成了我表达的障碍,拥堵在舌尖的,是无法言说的惊叹。我只想让车停下来,抓一大把牧草塞到嘴里,咂摸咂摸味道。

女儿见我总是愣神,便开腔:“你不是说你压根就没踢过足球,甚至没看全过一场球赛吗,在曼城足球集团楼门‘神圣三杰’雕像前,怎么还煞有介事地来了个‘十连拍’?竟能摆出一副老球迷到圣地膜拜的表情。老爹这演技,不去横店拍戏都可惜了!”

我不紧不慢地接话:“不懂了吧,喜欢让真实的事情在最不合理的地方出现,还有自我嘲弄的味儿,就是英式幽默。”她快嘴快舌:“人家‘憨豆先生’才叫

‘英式幽默’，你那最多叫滑稽。”

我岔开话题：“你看，这哪里是圈起来的草场，就是一个个天然的足球场和高尔夫球场。老爹虽不好足球，但也知道这两种球都起源于英国。英格兰是足球的故乡，苏格兰是高尔夫的故乡。老爹还知道大不列颠岛有顶级的足球场、高尔夫球场，更‘盛产’世界级的足球和高尔夫球职业球员，这两种球还是人家这里的平民运动呢！”

“懂得还不少呀！”她一说，我更来情绪了：“这一路没见地里有人影吧？人家机械化程度很高，又有踢球和打球的传统爱好，在哪儿都能踢都能打，现在没准儿小伙子都在踢球，不是小伙子的都在打高尔夫呢！”

我喝了口水，继续说：“今天我这套行头——球衣、球鞋和球帽，都是‘高尔夫’牌子，老爹太想咱车出点儿故障，好趁机借个球杆儿上草场挥两杆子了。”

“真没想到，老爹还有‘穿过大半个地球来玩儿球’的奢望，你哪里像教了大半辈子学的，倒像一个上不了场的业余高尔夫球手。”

冲她这么说，我戴上了眼罩，撂了句：“我就是我，是颜色不一样的烟火。”

二

温德米尔湖说是英格兰最大的湖，其实才长 17 公里，宽是长的十分之一。乘游船看湖，好像秋风把湖形“吹”长的。湖岸有英格兰最高峰——斯科菲尔峰，海拔不足千米，咱这从大中国来的，有区区之地要不开的感觉。

格拉斯米尔小镇，离温德米尔湖只有 15 公里的路程，我们到达时虽是中午，但天阴了下来。英国诗人威廉·华兹华斯出生在这里，而且一待就是十四五年。他曾在诗中赞美老家是“世界上最美的地方”。

小镇三面冈峦环抱，长街深巷，清幽古朴。沿街房外墙大都涂着掺有小石子的灰泥，屋顶是蓝绿色板岩砌成的，到处是绿绿的古树、淡淡的花香、潺潺的流水……

和女儿在温德米尔湖的游船上

导游指着路边围着绿栅栏的姜饼店说:“别看这个店很小,但名气大。它是160多年前开的,现在每天不管来买的人多少,销量还是开张时的那个数。”我对小店顿时有了好感。进门,完全是一种时空交错的感觉:年轻的女店员穿着维多利亚风格的荷叶边裙装,一边点头示意,一边把刚做好的浅棕色姜饼切割成若干小块。我买两包,根本不想问价钱,掏出几张英镑,随她捡好了。一出门俺仨都迫不及待地咬了一口,有姜的碎小颗粒,比姜糖香软,比糖饼辛辣。

小镇不大,转一圈也就二十多分钟。可能是天气的原因,游客不多。女儿自拍成魔、自恋成病,这会儿正忙活着跟外人凑堆儿拍照呢,站在几个同龄的女团友中间支撑着她器宇轩昂的上半身,加上微微后仰的头颅,有一种鹤立鸡群的骄傲,虽然不知道她的骄傲是从哪里来的。然后,例行发图公布行踪、晒景致、抒发心情。再然后,那沾沾自喜的口吻,仿佛做了一件多么值得炫耀的事情。

老妻也是微信用户里的“老手”,出来“机不在手,魂都没有”,这不还没弄清哪儿是哪儿,“老年表情包”已经发出一组又一组了。我和她娘俩的“微信观”不同,俺宁肯让牛人专线团发的“漫游超人”(全球无线 WiFi)闲着,白天也不戳它,只是晚上躺在床上睡不着的时候扫上那么一眼。

我一个人坐在石凳上歇着,不经意间,几片轻盈的树叶掉落在身旁的小溪里,缓缓地离去。

对面过来一位牵狗的老老头竟主动跟我这小老头打招呼。他眼睛和鼻子挺夸张，腮帮子有点下坠，穿着典型的苏格兰方格衬衫，扎在米色的休闲裤里，配一双锃亮的橙色皮鞋，让人觉得既绅士又不失活力。

不远处两位“奔八”的老姐妹牵手并肩而坐，她俩穿着一样的立领蕾丝边风衣，只是有点色差，通身清清爽爽，后面的发髻梳得整整齐齐，显得高贵而典雅。二人始终神态自若、目不斜视，仿佛从来没有凡尘俗世的烦恼，一切都那么风轻云淡。

她们和他好像都不是活在风景之中，而是活成了一道风景。人生最曼妙的风景不过如此吧！

在格拉斯米尔小镇

三

昨天晚饭后，我们赶往230公里外的格拉斯哥。这是苏格兰最大的城市、英国第三大城市。今天正经用上英式早餐。

老外对饮食的要求之低，一向是我不恭维的，对格拉斯哥的早餐也没什么好期待的。酒店餐厅的取餐区人不多，导游提醒中午饭得延时，让你忽然就有了一股要放开了吃的豪气。培根、肉肠、黄油，我不碰，煎蛋、煮豆、蒸蘑菇、烤西红柿、牛奶、红茶，加上面包片、蔬菜沙拉、水果拼盘，一样不少地盛了两大盘子、两大杯子。

女儿压低嗓门来了句："别弄得自个儿活像个领救济的，吃救济的一次也领不了这么多。"我斜愣了她一眼，理直气壮地说："苏格兰这地方就流行'早餐吃得像国王，午餐吃得像王子，晚餐吃得像乞丐'。"

老妻也觉得碍她眼了，接着说："都这把年纪了，愣是跟人家小年轻的比胃口，你这叫没数！"

我招谁惹谁了，怎么一大早的就"当"的一声，额头撞了墙，一转身，膝盖又碰到了桌子角。

在英国的明信片中，爱丁堡总是能成功抢镜。它作为苏格兰首府，也是我心心念念的地方。从格拉斯哥赶过来，有 75 公里的路程。

爱丁堡城堡耸立在 135 米高的死火山岩顶上，三面悬崖、一面斜坡。我们来，偏偏上空的云，灰色黯淡，一动不动。这个 6 世纪以来的皇家居所和军事要塞，这个称雄一方的王国，像是裹着一层神秘的面纱。它那气贯时空、吐纳风云的恢宏气势，不由让人不感到自身的渺小和虚弱。

俺仨往上走了一大截子，城堡才在阴云中依稀显现。再等到我们站在了城墙边的大炮前，老天有眼，立马云开雾散，老城、新城尽收眼底。

过了钟塔、监狱、大厅、战争博物馆就是王宫，宫里有不少苏格兰宝物，如王冠、宝剑、权杖和王室族谱什么的，还有国王继位时的登基石——"命运之石"。我屁颠儿屁颠儿地跟着导游，神情像小学生出来春游，兴致勃勃。

山下，有人吹起风笛。笛声悠扬空灵，在城堡飘荡，淹没了车水马龙的喧嚣。这笛声好像时时提醒着游人身在苏格兰古老的中心。

出了城堡，一位英国作家的话老是在我耳边响起："没有比这里更适合称为王国首屈一指的地方；没有比这里更高贵迷人的景色。"难怪这个全国第七大的城市，俨然成了仅次于伦敦的第二大旅游城市。

王子街花园，是爱丁堡老城和新城的分界。花园里屹立着 70 米高的司各特纪念塔。她娘俩已经顾不上看塔，各逛各想逛的王子街店了。她们与苏格兰呢子的亲和，简直就是与这个世界的亲和。世界是她们的，而我只能别过脸去，独自走进老塔。等回过神来再找到她俩的时候，折腾得我一把老骨头几乎散架。

在英格兰用的第一顿早餐，已经到了利兹。利兹是英格兰第二大城市，从爱丁堡过来350公里。早餐和上一顿出奇地一样。煎蛋嫩嫩的、煮豆烂烂的、蒸蘑菇软软的、烤西红柿酸酸的、牛奶香香的、红茶涩涩的，我用两片面包片，加上蔬菜沙拉，合起来，像一个开了口的蚌，慢慢放进嘴里，咀嚼出点儿当地人独特生活方式的味儿了。它不仅能提供充足的能量，而且讲究、合理，我竟一发不可收拾地爱上了英式早餐。

四

在伦敦，我着迷的地儿，不是白金汉宫、国会大厦、西敏寺，也不是大笨钟、伦敦塔桥、"伦敦眼"什么的，而是大英博物馆和炸鱼薯条。

沿商业中心牛津街东去，很快就能看到闹中取静的大英博物馆。高台阶，大廊柱，柱头顶着三角形山墙，山墙有古希腊风格的浮雕，整个建筑大气、凝重、内敛。

进馆排队的人远比巴黎卢浮宫和纽约大都会博物馆少得多，女儿很快租上三个语音导览器并给俺俩调试好。这里收藏的文物以古埃及、古希腊罗马文物为主。导游就是老道，先带我们观赏镇馆之宝——罗塞塔石碑，这块刻有三种语言版本的古埃及国王诏书石碑，是世人了解古埃及文明的重要窗口。

我情有独钟的中国瓷器占了三层楼整整一个大厅，我国各个时期的各主要窑口都有数量不菲的代表作，南朝的风，唐朝的派，南宋的雅，明清的韵，流转在此，活生生一部中国瓷器辉煌史。这里要说最负盛名的中国藏品，恐怕还是《女史箴图》的唐代摹本。这幅一千多岁的古绢画因"老得掉渣"，被尘封多年，经修复，今年刚刚展出。单说这一幅画，就足够看一阵子的了。听说为避光，往后每年顶多展出八周，今天可让我们逮着了。

在伦敦三天，我两天都泡在了这个馆里。大英博物馆就像《不列颠百科全书》，它最知名，是世界上首个国家博物馆；它最厚重，有近八百万件藏品；它最权威，件件藏品都是稀世珍宝。我来如同扫了一眼书皮或翻看了一下目录，但已经被惊叹、被震撼到了，生出久久的感慨。

不尝伦敦的炸鱼薯条，不算到过英国。炸鱼薯条是英国人引以为豪的国菜。去年这个月，卡梅伦首相以英式待客方式请习近平主席去了家酒吧，品尝了这道既可高大上又亲民至极的菜肴。本来就想好这趟来甭管时间多紧，也得吃上口儿。

想啥干啥，当晚导游就带俺仨进了伦敦城堡正门对面的一家酒馆。馆子座无虚席，这和三十年前在北京吃烤鸭的阵势有一拼。坐定后，千呼万唤，一盘裹上面糊油炸的去骨鳕鱼配着手指头粗的薯条上来了。

随着导游的台湾腔“趁热快七快七”，我拿起刀叉，装模作样地把鱼分割成小块，淋上醋，撒上黑胡椒，戳起薯条，蘸上番茄酱，慢慢咬了一口，感觉超香酥鲜嫩，再咕嘟上两口可乐，丰富的口感、浓郁的香气，“绕梁三日而不绝”。

坐在一旁的老妻说：“你这在家天天喝稀饭嫌热都得用盘子的主儿，怎么这么沉住气了？”我说：“找绅士感觉呗！你知道这种吃法已经火了两个世纪了吗？这‘老口味儿’一直火，一个重要的原因是它有文化感。英国人好这口是要咀嚼荣光时代的味道，我吃则是想体会他们对吃不张扬的性格。不过，单从叫法上来说，这道菜就够英国的了！”

老妻打趣道：“不愧为知食分子。”

五

出伦敦城，车一路向北百公里，便到剑桥大学。我先看到康河，比想象中的小了不少，但不远处的数学桥却大了许多。这座桥看似由一些无序的镂空的三角、菱形、长方等图形木块搭建而成，据说都是牛顿精心计算、设计的，不用钉子，巧夺天工。

岁月如河，河面清澈如镜，倒映出牛顿的身影，仿佛他从没有离开剑桥，数学桥成为一道文化风景，它让这剑桥蕴含着几百年不散的灵气。

国王大道一走到底，如漫长的老胶卷，每一格都是故事。三一学院最叫响，牛顿、培根、拜伦、罗素等人都是从这里走出来的。我们都抢着在学院正门左侧的苹果树旁拍照，听说这就是当年牛顿被苹果砸到而发现万有引力的那棵树的后代。国王学院出了布鲁克、福斯特、凯恩斯、史密斯等名人，徐志摩也在这里待过。

剑桥大学建校已经800多年，成立数百年的学院，都保留着不曾改变的中世纪的建筑，它们不是被当成文物古迹供游人看的，而是在用的教室、办公场所、教辅人员和学生的住所，这些建筑和传统仿佛在提点来过的人：你只是这世界匆匆的过客。

在博德利图书馆前

一不留神，女儿钻进路边时装店，她多年练就了一副“贼眼”，还没等我反应过来，一件新的黑短款皮衣搞定，立马穿上，沿着康河漫步。背后是皇后学院，杨柳垂堤，小船穿梭，霞光透过随风飘逸的树叶间隙洒在她身上。我突然觉得，女儿瘦腰、长腿，活脱脱一个“行走的衣架”。

这时也只有这时，才能体会出九十年前徐志摩《再别康桥》的韵味。“轻轻的我走了，正如我轻轻的来；我轻轻的招手，作别西天的云彩。那河畔的金柳，是夕阳中的新娘；波光里的艳影，在我的心头荡漾。”

从伦敦到西北方向的牛津，行程也不足百公里。做了一夜的古城梦，醒来还真的上了牛津古城。

与剑桥先有大学后有大学城不同，牛津是先有牛津城后有牛津大学。牛津大学是以地名起校名，8个世纪以来，它一直就“牛”，剑桥大学是从这儿分离出来的，如今牛津虽然诺奖得主少于剑桥，但它培养了12位国王、53位总统和首相，只是剑桥的理学和工程技术更强一些，而牛津的人文科学更有优势。

牛津大学没有校门和围墙，学校就是城市，城市就是校园。各个学院散落在牛津城的各个街头，布满鹅卵石的街道从校园中穿过，整个城市充满了文艺典雅气息。

初来乍到的，我满大街溜达，要找博德利图书馆。牛津有百余个图书馆，博德利图书馆是仅次于大英图书馆的英国第二大图书馆。好不容易找到地方，原来它由三幢建筑构成。居中的是老博德利图书馆，为一四合院建筑，四周塔尖高耸。它的一侧是极有辨识度的巴洛克式的圆顶拉德克里夫图书馆，为牛津的标志性建筑，也是钱锺书、杨绛当年游学待得最多的地儿。另一侧是方形的新博德利即韦斯顿馆。可惜的是我们来的时间不巧，登堂入室成了奢望。

转到基督教堂学院，古老的学院哥特式尖塔教堂映入眼帘。这个学院是牛津大学 39 个学院中最有声望的，它有将近 500 年历史，在近 200 年内先后走出了包括撒切尔夫人、布莱尔在内的英国 16 位首相，是名副其实的培养政治、宗教领袖的摇篮。

学院前庭有棵几百年的大树，繁盛有力的枝丫上新绿葱茏，让人感受到牛津的精神和文脉历经几百年风雨，依然生机盎然。我指着迎面走来的一个小伙子，对老妻说："这里随便一个看上去很普通的小伙子，没准就是哪个国家未来的总统或首相呢！"

女儿冷不丁地来了几句："爸，你还沉浸在与牛津对话的状态中吗？回过神来吧，在剑桥你说过我是'行走的衣架'，现在'行走'到牛津了，我得逛逛路边店，给'衣架'换换装，你别把英镑剩得太多了，我替你花花。"

我说："闺女呀，你已经是香衣美饰、流光溢彩了，怎么还要添置新衣呢？有钱人可以大大方方地小气，没钱人只能小心翼翼地大方。无论你觉得老爹是有钱人也好，没钱人也罢，我只能告诉你，'地主家的余粮也不多了'！"

不知道最后一句她听清没有，反正人不见了。

和女儿在伦敦议会广场

六

今天要去温莎城堡，车往西开，我说："你一出门，唯恐老外不知道你是中国胃，非得在酒店接热水，好像咱占便宜似的，我都不好意思。"闺女反击道："就你事儿多，俺喝口热的咋的了？"话音刚落，也就是半小时的功夫，到了。

温莎城堡是另一方世界，古树成片，挡住了伦敦的喧嚣。雨后的城堡在晨光下显得十分干净，透着一种古老的幽静。

入口的安检比机场还严，弄得神秘兮兮的，因为这里一直是英国王室的行宫，现今是"不倒翁"伊丽莎白二世女王周末和其他闲暇时间的居所。

进石头砌成的王室私宅，可见国王和女王奢华的宴会厅、画室、餐厅、卧室等，布局上突出了一个"藏"字，里面不仅有留传自中世纪的家具和装饰品，还收藏有皇室的画像，其中不乏达·芬奇、鲁本斯、伦勃朗等大师的作品，有伊丽莎白二世不同时期的礼服和其他生活用品，可饱览"移步换景"之妙。

在温莎城堡

在这里看归看，但不允许游人拍照，也好，总可以放慢脚步，安心观赏了。就说家具吧，各厅堂摆放的顶级英式家具，吸取了所有文明古国的文化与建筑元素，特别是把古希腊家具的优美、古罗马的豪放、古埃及和古中国的漆绘工艺结合在一起，形成一种古典的折中样式。在这里所有的故事都是配角，所有的过往都是尘埃，唯一不变的就是美。

城堡很大，还有教堂、花园、狩猎场。头戴熊皮帽子，身着红色制服的皇家卫兵站定在各处，仪态威武，守卫着这座具有900多年历史的城堡。说来太有必要了，二十多年前的一场大火，使它损失不小。

英国人爱在城外休闲和居住是出了名的，皇亲贵族不是修城堡，就是建庄园。庄园在全国乃至全世界最有名的要算丘吉尔庄园了。从牛津城来，不过半小时的车程。

丘吉尔庄园主要是里面的布兰姆宫，这一建筑气势宏大、繁复夸饰、富丽堂皇。门前粗沙铺路，下雨不滑，尤其适合骑马。宫殿分为两层，十几米高的天花板上描绘着第一代马尔伯勒公爵当年战争胜利的场景，暗红色丝绒缎面的墙壁上挂满了人物肖像油画，而且大都出自当时欧洲顶尖画家的手笔。雍容而舒适的房间、奢华又无拘束感的装潢、陈列着的精美绝伦的艺术品，直接让我眼花缭乱，惊叹不已。

庄园以宫殿为轴心，环绕着花园、草场和湖泊。导游说，这个庄园建于1705年，是当时的女王赐予第一代马尔伯勒公爵约翰·丘吉尔的，以表彰他击败法军的战功，耗时17年才完工。

温斯顿·丘吉尔曾是呼风唤雨、风光无限的人物，但偌大的一个庄园却与他关系不大。他父亲作为第七代马尔伯勒公爵的第三个儿子，没有继承权，更别说他了。这里只有两处跟这位前首相沾边，一是他在布兰姆宫中出生时的房间；二是他向霍齐尔求婚的地方——湖边的一座希腊风格的小神庙。

走近丘吉尔的一些照片、手稿和画作，涌动着一种独特的带有私密味道的感觉。英国政治家、文学家本杰明·迪斯雷利有句话用在这里也算合适，“这是一个充满了才华、想象力与卓越品位的地方”。

出庄园，我一直感叹这位酷爱写作、绘画和演讲，获得过诺贝尔文学奖，两度担任首相的传奇人物。

英国的私人庄园，能跟丘吉尔庄园有一拼的，要数查兹沃斯庄园了。最后一天，在返回曼彻斯特的途中，我们特地来逛了逛这个庄园。

庄园主是十二世德文郡公爵，公爵是仅次于英国王室的贵族。《公爵夫人》《傲慢与偏见》等电影的取景地都在这里。五世德文郡公爵夫人乔治安娜，是前一部片的原型，后一部片的男主角叫达西，影片放映后很多人便把这里称为“达西庄园”。

老妻问：“十二世德文郡公爵会不会在他自家庄园里迷路呢？”我说：“这是再可能不过的事了。一进门发的免费导游图上就标着这个庄园占地1.4万公顷，足有半个伦敦市区那么大。”

庄园的主体建筑是一座有着四五百年历史的巴洛克式古堡，会客大厅、图书馆、餐厅、公爵卧室、音乐厅、舞会大厅、油画展厅、雕塑展厅的宝贝多了去了。有4万册藏书的图书馆是半开放的，我们只能围观馆内几千本整齐码放的厚皮书，但不得入内。各个厅堂价值连城的家具、雕塑、挂毯琳琅满目，挂满了肖像画，一个个都是气宇轩昂的，听说这里仅陈列着的传世画作就达1700多幅，其中有达·芬奇的素描《丽达与天鹅》,拉斐尔的素描十几幅。

和家人在谢菲尔德市街头

和女儿游走在曼彻斯特市区

查兹沃斯庄园离谢菲尔德市仅半个小时的车程。我老朋友的二小子张颖在谢菲尔德待了六年,他是我从小看大的,听说我们到了他家门口,说什么也得留住我们。他和妻子带俩孩子开了两辆车等候在庄园门口。一见面,俺爷俩来了个英式熊抱。我说:“俺跟团出游无自由可言,无论到哪儿,从身后总像有人拿着鞭子催,脚下像踩着风火轮。要想脱团,领队肯定不答应。”张颖不信这个邪,直接和领队交涉,但也没用,俺仨只能断了念想。

七

在曼彻斯特郊区的一家酒店一觉醒来，天蓝得纯净，树绿得清亮，可我们被堵在了去机场的路上，几片叶子不情不愿地从树上落下，女儿见我还和初来乍到的一样，逮啥拍啥，便嘟囔起来："这烂地方，有啥照的？还什么全世界第一个工业化城呢，连路都不通！"我说："眼中有物，满目皆可生香；心里有景，萧条也是繁华。路堵了，是老天让咱多瞅瞅，我倒是想对曼城说，请你再多堵一会吧！"她没再吭声，直接上后排坐着去了。

赶到机场，我们不仅来得及退税，而且加钱换了三个经济舱的头排坐，在登机口旁的连椅上坐定，我们仨的心情轻松起来。

闲着没事我问女儿："这趟出来将近十天了，你尝出英国是啥味道呀？"她突然变脸："老爹，你知道我有多烦你一百零一次地叨叨'得总结'吗！"这是触动了她的哪根神经了，简直是要撕爹的节奏啊！

老妻倒是打了个圆场："英国有高贵的味道。咱上丘吉尔庄园，听说有人问丘吉尔的母亲，是否为自己当首相的儿子骄傲？她说：'是的，我还有一个儿子正在地里挖土豆，我同样也为他骄傲！'丘吉尔的母亲就是典型的有高贵气质的人，当然也包括她的另一个儿子。还有，咱去过的那家姜饼店，店主从不贪图小利，现在仍保持一百多年前的销量，这也是有高贵气的。"

女儿后悔她的话过了，赶紧挪了挪屁股凑过来说："英国有守信的味道。听说二十多年前，在剑桥的一次考试中，有个考生向监考人要吃的喝的，包括点心和啤酒，并拿出一份400年前校规的复印件，校方确认后，还真按老规定办了。这件事就很说明问题。"

女儿见我不吱声，仍像个气球，装着气，还爆不了，便甜么索地说："老爹，在单位我天天活得像个捧哏演员似的：'好的！''对呀！''可不是嘛！'——就这么些词儿来回倒腾，太憋屈了，出来玩儿就不能跟你唱唱反调吗？"

我不接她那茬儿，假装没往心里去地说："英国人会玩，而且能玩出花来，不光是踢球和打高尔夫。人家不张扬，不关心什么是潮流，有气定神闲的味道。"

女儿说:“老爹总结得不错呀,现在你不光像个上不了场的业余球队员了,还挺像个教书匠的!”

我说:“高帽戴一顶就够了,准备拖行李登机,我想外孙女了。”

2016年10月14日

感受老美

趁着胳膊腿还利索，出去转转，感受一下“欧风美雨”，算是我蓄谋已久的事了。去年欧洲成行了，今年说什么也得上趟美国。从这个月末，到下个月中，瞅着女儿的婆婆来济南帮着带外孙女的工夫，我和老妻想了却这个心愿。

离出行的日子越来越近了，可老天忒能吓唬人。4 个月前发生的马来西亚航空 MH370 航班失踪谜团还没解开，7 月 17 日马航 MH17 坠毁。接着一周内，台湾复兴航空、阿尔及利亚航空先后发生坠机事件。8 天内三起空难，加上 22 日又公布浦东、济南等机场近日施行空中管制，我脆弱的小心脏快受不了了。老妻比我“心大”，她不仅能宽慰自己，而且能说服别人。有句话怎么说来着，人生至少得有一次说走就走的旅行，越出事儿越没事儿，别腻歪了，走起！

23 日，老妻把存折密码和房产证交给孩子，我们退了机票，改乘高铁到了上海。第二天下午 4 点 50 分，俺俩从浦东机场搭乘菲律宾航空公司 PR337 航班，三个半小时后到达马尼拉，很快换乘 PR102 班机。舱内四五百人，除了俺俩以外，只有三位华人。我心里感觉空落落的、冷飕飕的。围上头巾、戴上眼罩，在飞机上苦苦熬了 13 个小时，终于在洛杉矶落地了。北京时间是 10 点 50 分，当地时间成了晚上 7 点 50 分，但还是 24 日，嘿嘿，好像我们多赚了一天时间。一路上几乎没有意料之外的状况发生，舱内顿时掌声响起，想必都有“上机容易下机难”的余悸吧？且行且珍惜嘛！

说我这个人随性，一点都不为过。出行之前没有做任何功课，想直接飞过去再说。美国的所有行程都是我的学生蓝莓一手安排的，所到之处有洛杉矶、盐湖城、休斯敦、纽约、费城、华盛顿、波士顿等都市，也有黄石国家公园、大提顿国家公园、尼亚加拉大瀑布等自然景观。这个穿越之旅，总共 24 天，走走停停，见所未见，知所未知，启所未启。我所感受到的老美是个啥样的呢？请跟我来。

一

“加州是美国最富有的一个州，洛杉矶是加州最大的城市，全世界最富有的人愿意在这里扎堆。”接机的姜先生是位华人，还在济南干过，这会儿他俨然一副坐地户的口气边开车边给我们介绍，不知不觉车已往东开出40公里，眼前的一切却和他的介绍形成极大的反差，这儿简直就是一个大农村。他说：“这个比喻也不错，因为洛杉矶就在地震带上，每年都有两三次能对房屋建筑造成破坏的地震，所以也就没有很高的楼了。”此行我们借住在蓝莓闺蜜家，说话间便到了住处：罗兰岗19115号一栋独门独院的别墅。

宽大的挑空客厅和五个带卫生间的居室里，啥器物都比国内的大一号，让人觉出美式的大气。楼前房后的枣红了，梨黄了，苹果青了，橙子和柚子绿了，好像正等着我们来似的。楼下的居室归俺俩了，这里跟咱那里是“黑白颠倒”的世界，有15小时的时差，我吞下两片安眠药，躺在软软的美式大床垫子上，还是兴奋不已，感受最多的是这里连华人也挺富有的。

在洛杉矶朋友家

蓝莓比俺俩晚一天到达，她常来常往的，没有时差的困扰，当地时间26日一大早就吵嚷着要开车带我们到比弗利山庄兜一圈。比弗利山庄离圣塔莫尼卡海滩不远，40公里的路程，驱车50分钟就到了。在幽静的比弗利山脚下，有一片空旷的草坪，绕过几人都抱不过来的大榕树和高耸入云的老椰树，不远处树丛中若隐若现的全球明星财阀的豪宅，总会让你慢下脚步用心欣赏。

罗德尔大街是比弗利山庄的名店街，街道两侧林立着世界各大顶级品牌的旗舰店，大部分商品都为限量版，这里是全美乃至全球潮人聚集的购物胜地。我们一边溜达，一边聆听“全世界最尊贵住宅区”的传奇故事，蓝莓递过来一杯连橙子皮一块刚榨的橙汁，说道：“这里的橙汁口感最好。你别看现在太阳晒得人发蔫，可早晚挺凉爽。温差大，橙子就特别甜，洛杉矶四季都是这种天，这正是吸引富豪的原因之一。”是啊，品一杯山庄的鲜橙汁，更能咂摸出比弗利山庄独有的滋味。

老美的富有，不仅反映在人的富足，而且见诸资源的优裕。我们到西部的第二站是黄石国家公园。不到此一转，无论如何也想象不出美利坚资源有多么的充裕。

27 日下午两点，我们从洛杉矶搭内陆航班飞往怀俄明州离黄石公园最近的波斯曼小镇。我坐过小飞机，但没坐过只有 50 座的，机上驾驶员、乘务员各一人，颠簸了 2 小时 15 分钟，真是够刺激的。小镇离黄石公园还有 300 多公里，自驾游是这伙人的首选。租车其实很简单：出示订单、中国驾照，信用卡刷上 200 美元（合人民币 1240 元）的保证金，买份保险，就“OK”了。

机场出口南侧就是取车点，同行的有蓝莓和三个孩子，孩子们入伙，自然热闹多了。打开车门，一看是全新的，孩子们好像占了多大便宜似的，乐翻了。蓝莓在美访学一年，她说：“人家老美的租车行大都用新车，主要是为了保证安全。”

异国他乡驾车，有个 GPS 挺省心的，我们很快就上了正路。公路沿线几乎看不到人烟，看不到庄稼，老美的地是种一年歇几年，人家比咱少十多亿人，真看出地多人少来了。西部也不是想象中的遍野荒蛮，而是广袤无垠的土地、色彩斑斓的植被，处处都能构成一幅幅天然的油画。一个蓄着黑白胡须、戴着墨镜的疯狂老头，开着七座蒙迪欧，向着美国中西部海拔 2000 多米的熔岩高原“突、突、突”地奔驰着，那真是一个“爽”啊！

在黄石公园

28日天刚亮，驱车三五分钟便看见一座宏大的青石拱门，上头写着："For the Benefit and Enjoyment of the People(为了大众的利益和娱乐)。"这就是著名的黄石公园的北大门了。门票一车6人共25美元，折合人民币约160元，挺划算的。逛黄石公园，其实就是在茂密的大森林里转悠。园内的路是环形的，有130多公里，两旁绝大部分树木都是扭叶松，任何一处都没有被采伐的痕迹。这里也并不是所有的地方都生机勃勃，常常能看到一片片枯死、烧焦、熏黑的树木，或者是被过量的矿物质害死，或者是被森林大火烧死，但没有人去惊扰或唤醒这些沉睡的林木。

黄石公园的特色是泉、谷、湖，当天我们只想围着泉转。看泉，在这儿既有温泉，又有间歇泉，还有泥泉。车往南开，"猛犸温泉"最先看到。由于长期酸性水的流蚀，这里形成了一大片类似梯田的钙化面，远远望去堆金积玉、晶莹剔透，流下的热泉沿着山坡形成一个一个非常漂亮的五彩大台阶。不远处的大棱镜泉热气腾腾，色彩绚丽，被誉为"地球上最美丽的表面"。蓝莓一边看着英文介绍，一边当翻译："这里是世界上最大规模温泉的集中地，形态各异的大小温泉几乎能以各种方式在各种地方出现。"我们所到之处，温泉或碧波荡漾，或水雾缭绕。奇怪的是，一丛丛的芦苇花总是依偎在一处处的温泉旁，这些花柔弱里蕴含着刚毅，朴实中透着灵性。这样的景色，总能给人们带来许多迷蒙的幻想。

在"猛犸温泉"五彩大台阶前

再往南来，便是老忠实泉，这是间歇泉最著名的代表，每间隔不到两小时就有沸水喷发，其场景几乎成为每一本黄石旅游手册的封面。我们到达的时候，大约等了 20 分钟，泉水从一阵阵的吡吡声忽然变成了排山倒海的呼啸声，在蒸汽簇拥中，一簇簇水柱冲天而起，高达四五十米，水温 90 多摄氏度，尽管只有短短的二十来秒，但这一刻足以让人震撼，甚至有些眩晕。

有的温泉上升到地表时由于水分相对稀少，会形成酸度非常高的泥泉。这些泉咕嘟咕嘟地冒着泡泡，尽管充斥着浓重的硫化氢刺鼻难闻的气味，但会让你知道什么是活灵活现的地球的呼吸。

黄昏时分，我们往离北门不远的住处赶路。成群的野牛出来溜达溜达，时不时地挡住了去路。天越来越黑，我开着车光顾着和孩子们说笑，一只麋鹿冲着车灯就撞了过来，幸亏一脚急刹，麋鹿跑了，可一车人好一阵子都没缓过神儿来。

接下来两天，我们看谷、看湖。从“猛犸温泉”折向东南方向，就到黄石的“谷”了。由于公园本身是在群山环绕中，出现峡谷并不稀罕，但这个峡谷区颇能给人以新奇感。千姿百态的悬崖峭壁危岩嶙峋，它们近在咫尺，诱惑你去驻足观赏。最令人难忘的，是一个名叫“艺术家”的峡谷。除了如同一条白丝带一样飘入水中的瀑布之外，周围的山体仿佛用水墨染过一样。

告别了“艺术家”继续南行，迎面就是“黄石湖”了。黄石湖是美国最大的山湖，又是密西西比河的发源地。周边皑皑的雪峰和幽深的森林倒映在湖面上，成群结队的白天鹅或栖息或游弋，野薰衣草盛开，空气中雾气缭绕，有实有虚，宛如仙境。

傍晚，我们赶到怀俄明州被称为“牛仔城”的杰克逊镇吃饭、过夜。小镇坐落于山谷中，商铺紧凑，整洁讲究，光画廊就有六七家。街心公园的四角矗立着用巨大的鹿角堆砌的四座拱门。我们迅速把行李放到酒店房间后，简单忙活完“舌尖上的事儿”，就迫不及待地逛起来。最有看头的是街边的露天酒吧，打扮成西部野性牛仔模样的歌手在演唱，周边坐着来自世界各地的游客，在那里边听演唱边喝着酒聊着天，很是惬意。

出了黄石公园南门，紧连着的是大提顿国家公园。31 日，我们在这里待了一整天。公园最大的看点是三个花岗岩尖山，分别称大提顿、东提顿、南提顿，大提顿最高，海拔有 4200 米。珍妮湖等 7 个湖似珍珠般地分散在山脚。车行景换，到处可观赏到冰川、飞瀑、溪水，宛如一幅幅精致、动感、艳丽的织锦缎从右而左地舒展，极为养眼。我们时不时地跳下车来，就是一阵狂拍：一二三，跳起来。闹了半天，跳起来还有道道儿。我跟 Summer 学会蜷腿跳，一个 62 岁的老家伙竟然跳出了 26 岁小伙子的感觉。

在尼亚加拉大瀑布景区公羊岛

老美的水资源充沛，在从华盛顿到尼亚加拉大瀑布的一路上，更让人开眼。8 月 5 日，我们乘天马旅游公司豪华团大巴跑了 7 个小时，满眼都是滚滚流淌的清澈的河水。尼亚加拉河水流到纽约州和加拿大交界处的陡崖骤然下泻，形成一条宽 675 米、高 54 米的巨大水帘。俺俩穿好码头服务员发给的蓝色半透明雨衣，乘船迎瀑而上，暴风雨般的水珠劈头盖脸地砸来，没想到大瀑布欢迎我们的方式如此狂野。船向大瀑布逼近，再逼近，最后到达距瀑布几十米处，作了短暂停留。此时什么雨衣也阻隔不了大瀑布的盛情，已经成了落汤鸡的我强睁双眼，透过朦胧的水雾，看着从天而降的大瀑布，听着震耳欲聋的水声，仿佛自己在体验《泰坦尼克号》电影最刺激镜头的真实场景！

我们爬上公羊岛好一阵子，才算平静下来。看着尼亚加拉河水滚滚而来，又滚滚而去，真羡慕老美有取之不尽、用之不竭的淡水资源！

二

最近,“暖男”一词很流行。许多人对“暖男”心生好感,不是因为他从外表上看去让人如沐春风,而在于他能够理解和呵护他人的需求。在波士顿就不乏这种“暖男”。

大巴刚到波士顿,趁同车人乘船观光的空,俺俩要在闹市区自己逛逛。总共一个小时的时间,因怕走冤枉路,老妻向一写字楼的门卫问路,这老美没费劲地就辨认出老妻小本英文句式的意思,连说带比画起来,我猜想是:向前、向右,过路口再向前、向左,说完唯恐俺俩听不懂,还带我们走了很远,直到看见地方为止。这里高楼林立,密不透风,没有正南正北朝向的楼房,初来乍到,找到地方容易,摸回来就难了,不远处有三个码头,却不知找哪个?为赶时间,心急火燎,这时又一位“暖男”出现了,他就像带着两个“老痴”一样过了三个路口,终于找到来时的码头。

和老妻在波士顿游船上

英国作家罗斯金有句名言:文明就是要造就有修养的人。波士顿就有造就全球有修养的人的顶级学府哈佛大学。哈佛大学的总部位于波士顿的剑桥城,车过查尔斯河,很快就到城区最老的校址了。

进了约翰斯顿门,一座座欧式红色楼房古朴典雅,散落在绿油油的草地和浓荫密布的树林中，有一种清雅幽静的气氛。这座校园的历史要比老美独立的时间长一百多年。《独立宣言》的起草人之一约翰·亚当斯就是从这里毕业的。往东去，在一座灰白楼前有一尊坐姿的铜像，凑近才知道这就是哈佛雕像。我刚刚看了纽约的自由女神像，也看了华盛顿林肯纪念堂的林肯坐像，还看了费城的富兰克林雕像，全美国的四大著名雕像就差这一尊了。我注视着雕像基座上刻着的文字：John Harvard，Founder，1638。导游说：这句话其实有三处错误。其一，雕像不是哈佛本人，而是学校毕业班的学生；其二，哈佛不是学校的创始人，而是捐赠书籍和其他遗产者，学校是以他的名字命名；其三，哈佛大学不是1638年建立，而是1636年建立。

往西走走，我坐了下来，沉思片刻，这里走出了8位美利坚合众国总统、34位诺贝尔奖获得者。哈佛大学的校训“与柏拉图为友，与亚里士多德为友，更与真理为友”又浮现在眼前，这一校训突出的是重视传统又强调追求真理是最高原则，这不正是哈佛的魅力吗？

从波士顿乘飞机返回洛杉矶，一起一落竟5个半小时。蓝莓刚在后院摘了一堆枣和梨，蒸好石蟹、大虾迎候，饱餐后她说我们打道回府的日子定在四天后，接下来的几天准备搭便车去圣地亚哥和拉斯维加斯。玩到这会儿，我实在是懒得动弹了，只想就地转转，打发时间，也只好主随客便了。

返回洛杉矶

一大早，我们决定“甩开”蓝莓，自己随便转转。路边一丛丛野菊花，淡紫色的花瓣，于野草拥映处，带给路人那么多流动的芳香。乘巴士去大卖场有六七站路，出门正赶上一辆公共巴士过来，俺俩都特别想体验一把在洛杉矶坐公共巴士的感觉，便一溜小跑地招手示意停车。司机并没有怎么理会，我们只好再等半个小时后的下一趟了。没想到，车开过十字路口，在 50 米以外的地方停下来了，是专门等俺俩来着。上车投币取票，单程票 1.5 美元，往返才 1.7 美元，四十开外的女司机胖胖的，她从后视镜一直看着俺俩找到座位坐稳后才开动。抬头发现，车厢两侧都拴着一根长长的黄绳，原来这里小站需要拉绳叫停。车厢前部备有宽敞的残疾人专座，即便无空座，也没有一位普通乘客占用专座。显然，这不单是乘客的一种自觉意识和习惯，更是社会的一种文明意识。

三

美国人请客吃饭的特点就是简单。在老美待久了的华人也都被同化了。蓝莓的闺蜜来洛杉矶有年头了，她请我们吃饭，早早就说好了，闹得动静挺大，但一顿饭下来还是比较“抠门”：主客各自点自己的一份，量上也分出大小。蓝莓作为半个主人，不好意思地又单点了一份对虾、一份菠萝鱼和一份沙拉果盘。蓝莓的闺蜜边招呼我们用餐边说：“我通过教会结识了不少朋友，朋友间的请客多数情况下都是各自带着一份菜或别的什么食物，拼在一块儿吃就完事了。”我下意识地环视了一下，整个餐厅还真没有一处海吃海喝的，要么是一个汉堡、一杯饮料，要么干脆摆三明治、沙拉果盘。这里的人大都觉得吃什么都不是个事儿，重要的是得简单、随意、不累，能有真实的情感交流就好。

洛杉矶的白天是恬淡而又闲适的。走在街上，或在公共场所，除了观光客，很少看到西装革履的。老美男士大多习惯于一件 T 恤儿加一条工装短裤，配一双人字拖，再简单、随意不过了，这和他们最懂得享受恣意散漫的生活很搭。

一到周末，这里总有人家在自己的房前屋后变卖家当。衣服、家具和其他物品什么都有。很多老美习惯于经常清理家当，保留自己真正需要的东西，其余的通通变卖、捐赠、丢掉。他们之所以乐此不疲，并非在于其卖出的东西本身，而在于其传递的生活方式——珍惜旧物的“二手精神”，以及对于人与人之间交流的珍视。不少青年人更愿意将变卖东西当作一种特殊的聚会。

在“大富大贵”之后对物欲放一把手，或许是老美的一种新常态。留意这种状态，你会意识到，它已经成为全球范围的一种另类生活方式。你可以不追随它，但已经无法不承认它了。其实，我也欣赏简单生活，想追寻心灵上的轻盈，可早已被复杂捆绑，似乎还无法摆脱。

到纽约的第二天，我和老妻竟然跑到离市区100公里以外的伍伯德理奥特莱斯。一听说这里是全球最大的厂家直销中心，有若干折扣高达50%的国际一线产品，俺俩大有要踏平这220多间商铺的劲头，还有花钱能找到“偷来”的感觉。先敛活了四件TOMMI红格男士衬衫，又弄了个COACH坤包。拎着这些“战利品”还不算完，因为还有上洛杉矶棕榈泉奥特莱斯的念想。返回洛杉矶，更是疯狂，每人两个箱包塞得满满当当的，然后带着需要或不需要的心满意足地离开。还说什么“崇尚简单”，也就是挂在嘴上而已。

参观盐湖城犹他州议会大厦

四

老妻同学的儿子小鹏来洛杉矶两年了，他先是带我们上罗兰岗仓储式会员制大卖场(Kacckou)，开车上路右拐无论有车没车都停够三秒钟，并说是这里的规则。一路上车少路好，我说你为什么不提速？他说越是车少越不能超过每小时65英里(约100公里)，车多的时候随车流提速是另外一回事。到了地方一时没找到停车位，我见有四五个有标志的空地方，叫他往那儿停，他说这是残障人专用车位，空着也不能停。这家大卖场主营本地货，济南恒隆卖的三四千一个的新秀丽箱包在这儿只要145美元，合人民币900元，再送一个同款的小一号的箱包。我是见便宜就上，管它需不需要，先敛活一个再说。小鹏用他的会员卡替我们付款，排队快到跟前时，他规矩地站在等候线以外，我小声对老妻说："人家这叫'一条线'意识强。"

小鹏在离我们不远的洛杉矶奇诺岗核桃市租了一套木质结构的老旧别墅，楼上30米长、3米宽的大阳台空空荡荡，我说："在这儿晾晒衣服被褥太棒了！"他说："恰恰相反，这里不允许随便晾晒衣服被褥，非要晒的话，得在自家后院或其他隐蔽的地方，不然就得吃罚单。"

小鹏提前上华人超市买了韭菜，准备在家包韭菜、猪肉大包子犒劳俺俩。趁包子刚上笼这功夫，我跳进他家的游泳池扑腾了几下，上来还在很像样的跳台上扎了好几个猛子，美极了。泳池是耳形的，长10米，宽6米，深3米，水清见底，还有"太阳味"。我问小鹏："水怎么这么干净？"他说："有过滤设备和专人清理，每周一次，每月交100美金，和花园打理费用一样多。这里定期有飞机监控，如果发现泳池水发绿，要罚款。"

返回罗兰岗的路上，我想一个人对规矩有了敬畏之心，就会"思"而出乎理智，"做"而有所顾忌，"行"而不忘法规，难道不是吗？

第一次做美国访客，新鲜得很。有时候出来不光是为了看风景，或许还是为了邂逅一些人，感悟一些事。正是这些人那些事，构成一段段经历，成为一个个故事。随着岁数的增加，一些记忆可能会被"风化"，可对它富有、文明、简单、规矩的感受却抹不去。老美，我会再来的！

2014年8月15日

撩人的邮轮夜色

出去转悠，或者乘机，或者乘车，或者乘船。老妻知道我懒得动弹，刚打消了和亲戚乘机去德国的念头，又放弃了和朋友乘车去俄罗斯的机会，便打起乘船去韩国和日本的主意。她口口声声说：邮轮的夜色是最撩人的。

“不就是上船看落日吗？我最烦天天‘抱猫看夕阳’的人。”我说。“你能不能提点情绪呀！成天坐在电视机前不是给普京点赞，就是给奥巴马做场外指导，还时不时地激励谁扬起生活的风帆，我看你倒是该出去接接海气，扬起自己生活的风帆！”她不紧不慢地叨叨着。还别说，挺刺激人的。

出门图的是一路欢歌，老夫老妻的咋“嗨”呀？拽上对撇子的几家上一条船，想“疯”不起来都难！这美意让我拒绝都找不出理由。

6 月 13 日，我们四家八人组团成行。下午两点从天津港登上皇家加勒比国际游轮公司“海洋神话”号邮轮。

船早上 5 点起航。没多会儿，码头上的建筑飞一般地往后倒退，开阔的水面上燕鸥飞舞、苍鹭翱翔，还没来得及触发诗意，我立马眼晕了起来。这下子可让老妻逮着了：“你还不住阳台房，就住海景房呢，天生一个住内舱房的主儿啊！你不是要‘换口味’‘找生活在别处’的感觉吗？就老么实地待在这儿找吧！”我没好气儿地瞥了她一眼，还是像犯了错误似的，拎箱进了二层的一间五步长、三步宽的憋屈房。躺在仅有四拃宽的床上，自己安慰自己吧。隔音、干净是最重要的，这里不都有了嘛！住“下等舱”，咱也得找到五星级邮轮的住宿感受。

夜幕降临，夕阳映在海面上，透出明晃晃的光。我们说好这会儿在九层的甲板上碰头。老相先到，他抽烟，而且停不下来，进舱房屁股还没坐稳，就满地儿撒摸去了。一见我们，他兴冲冲地说：“咱这条船一层住员工，二、三层和六、七、八层是客房，四、五层和九层到十一层是餐厅、歌舞厅、剧场、赌场、高尔夫练习场什么的，也是我打谱常待(吸烟)的地儿。”

俊泉是“头儿”，也神采飞扬：“咱上船有‘刘姥姥进大观园’的感觉吧？其实，这是条老船，20 年了，排水量才 7 万吨。去年，皇家加勒比游轮公司旗下上了‘海洋量子号’，今年有了‘海洋赞礼号’，排水量 17 万吨，相当于泰坦尼克号的 3.6 倍。”

后悔上了艘旧船，但一转念：赶在台风季出行，只有这艘船的时间对头，都是当爷爷的年纪了，上一条爷爷辈分的船“很搭”嘛！再说了，一百多年前，号称“世界工业史上奇迹”的泰坦尼克号倒是新船，结果试航有去无回，还是坐老船稳当啊！

一个钟头过去了，一个个还像打了兴奋剂似的，聊起来没完，谁也没顾得上看落日。

贵为“副头儿”的老妻，跟没事人似的。我的“戏份”不多，就一“副头儿助理”，可也得演好应有的“戏份”。我见机提醒她通知各位：早餐请便，爱吃就吃，爱啥时候吃就啥时候吃，反正有 24 小时的流水餐。然后呢，一拍即合。

登上邮轮

第二天要干的正经事儿就是“拍拍拍”。

预报的日落时间是傍晚 7 点 20 分。我们提前一小时在顶层会合了。这伙子还像初来乍到的，看哪儿都新鲜，逮着哪儿拍哪儿，当然他们更多的还是把镜头对准了我。老妻唯恐别人不知道我爱被拍，见谁给谁讲，弄得我无论在哪儿一站，五六个人用相机和手机齐刷刷地对着我。

人到了我这个岁数，对自己还有信心，甚至悦纳自己，不管是模样还是体态，其实是件不容易的事情。我庆幸自己还有“爱被拍”的小爱好，着实过了把“真人秀”的瘾。

“咱家家来张《泰坦尼克号》中杰克和露丝的经典照吧，别辜负了豪华邮轮的船头景，无一幸免喽！”我话音刚落，老弟老妹们就起哄让俺两口“示范”，谁叫咱好事儿呢，只得乖乖地来！老妻和真事儿似的，提示：“你得找到《我心永恒》主题歌中杰克和露丝那种凄美动人、荡气回肠的感觉。”众目睽睽之下，可我找到的是“吃错了药”和“伸胳膊累”的感觉。

“头儿”是模范丈夫，做动作竟一下子没搂到地方。笑得一屁股坐到地上的冉昭明说：“不是人家玉惠不苗条，而是俊泉的肚子大。”

老段人高马大，老妻有腰有胯，尽管不好意思，动作半点不差。

轮到老相，真是难为他了，他在厂里管人管长了，板正惯了，虽说照片是“惊”彩亮相，但总担心回去后会不会“惊着儿子、吓着孙子”。

天色还没暗下来，要继续“疯”下去的话，得放大招了，我嚷嚷着上船尾拍“腾空照”。这帮“蹲得下起不来”的老家伙，恐怕没有谁试过孩子玩的“蜷腿跳”吧，我俨然一“导演”，边讲边示范：跳起来得屈腿，话音刚落，脚腕脱环儿了。老妻用蹩脚的二人转腔撂上一句：“怎么‘导’砸了呢，老没脸了。”

奇葩的还有呢，老段妻跳起来摔了个四脚朝天。玉萍竟给全程录下来了，还是闺蜜吗？不带这么打趣人的。

该老段秀了，他把鞋一脱，一个漂亮的够灯头三步跳，把大伙儿全镇住了，终于给他家扳回一分，挽回“不小”的面子。

“头儿”夫妇不知是受了老段夫妇谁的刺激，连跳的激情也没有燃烧起来。

老相两口的连拍出乎意料，说达标都不对，简直就是“完美”。

不知不觉，落日的余晖在云的掩映下把海面染成一片殷红。我把一阵狂拍的“杰作”选了两张立马发给女儿，给单人照配的文字是：没想到平时比较“闷”的老爹一下子变得如此“分裂”吧？在集体照下写的是：你不觉得人的活动，永远是各种风景中最惹眼的一道吗?

坐在邮轮顶部

第三天一早,船停靠在韩国的仁川码头,开了一天两夜,37 个小时。仁川距离首尔市中心 42 公里,乘大巴得一个多小时。

刚到青瓦台,一场大雨造访,没想到韩国总统府欢迎我们的方式竟然如此热烈而奔放!可我并不怎么领情,甚至懒得多看它一眼,更别说给它留影了。我躲在伞下,躲在对面的景福宫的宫门里都不行,因为躲不开打湿的裤腿和新鞋,躲不开没完没了的哗哗声。

咱那里的六月天,太阳已经很毒,再穿插上几个“桑拿天儿”,直接把人带入了“烧烤模式”,但现在让雨浇的是另一种“难挨”的感受,我只想赶紧上船,冲个热水澡,盖上被子,缓缓劲儿。

傍晚前返回邮轮,混沌不清的天空,还是像从汪洋大海中捞出来一般。提振精神最有效的办法,是一块撮一顿。

四层的罗密欧与朱丽叶宴会厅只接待预约客,厅门前排队的人数再多,也得按位等候进入,这足以吓跑一拨儿又一拨儿沉不住气的食客。反正我们人多,在哪儿都是拉呱,就索性排起队来。

好不容易被引导员带到指定位置,上下两层挑空的豪华大厅,顿时让人觉得不穿正装都不好意思落座。服务生来自 17 个国家,我们摊上的是位菲律宾小伙，他笑容可掬，就是不懂汉语。看着他递给我们人手一份的英文菜单，几乎都不知所措，我拘束地胡乱点了一份候着了。

老段要的西式焗蜗牛最先上桌，胃口一向不错的他一勺子下去竟给“晃”着了。人家用像是深盘盛着的这道菜，其实是浅浅的一层、共五六只去壳蜗牛的鸡蛋糕。他自嘲道：不是被人家“坑着了”，而是自己“想多了”。

我的西式烟熏三文鱼配饭团到了，块儿大量足，味道虽不大“亲切”，但挺合我“豆腐牙”口的。再看老妻啃的比想象小了不少的黑椒牛排，我多少也找到点儿平衡。

在这里用餐，是一道菜吃完再上一道，老段又点的什锦生菜沙拉，得等到我们都吃完才上。这功夫，他聊完俩外孙的“稚言稚语”，接着说：“外孙一个星期来两天，我得忙活四天，采购一天，走后‘清理战场’一天。出来顿顿吃现成的，不习惯了呢！”“你做饭呀？”我问。他接话：“做还挑毛病呢！”我说：“够能耐的了！”他妻子开口说：“把肉炖成红烧肉算什么呀，把萝卜做成红烧肉的，才算能耐呢！”看来，她是不会放松对他的要求的，老段还有很大的上升空间。

老妻也没少抖搂：“俺家看着小的，养着老的，小的两岁多，老的八九十，我这做女人的得当男人用。”我赶紧补充道：“我这做男人的得当牲口用。”

一桌子人鸡零狗碎地扯得正欢，菜上齐了，我可逮着机会了：“服务生老指画冰激凌，不会是收费的吧？”话题接着变成“像收又像不收了”。

遇到爱“尝鲜”的食客，真没辙。找了邻桌的服务生才弄明白冰激凌是白送的，记不清谁吆喝的了——每人一份。随后，给我们每人送上一份只是以冰激凌做点缀的蛋糕大盘，顿时把我们吓着了，吃到这个时候谁也塞不进去了，彼此瞅瞅，忍不住一阵儿哄堂大笑，笑得服务生更蒙头了。还是老相指画邻桌上的三色球形小份冰激凌，服务生才最终明白这帮吃货的意思了。

在济南下馆子，最没劲的就是满目的大路菜，吃不出一点新意。这里的菜品是西餐、东南亚菜和日本菜的融合，口味混杂。每一餐的“意外之味儿”都能让游轮活色生香。听总监凯斯介绍，餐厅每天准备 1500 种食材，咱怎么也想象不出这么多东西是如何搭配的，明天再来好了。

亲水是人的天性，更何况是大夏天的。第四天傍晚时分，趁着阳光不强了，我一个猛子扎进 9 层的露天泳池里。

池子长 13 米，宽 4 米，整个蝶泳什么的扑腾三两下就到头了。虽说这“迷你池”不足以展示本人的“能耐”，但咸咸的海水，加上 24℃的水温，足以让人感受到浮力超大，身心舒爽。满池子就我一个人，爱咋撒欢儿就咋撒欢儿，谁都无法阻挡我在围观者面前逞能耐的那种劲头！

微波荡漾的海水，映衬着船灯初上的光亮，不知谁飞来一句：“有套圈领奖活动，排队喽！”话音刚落，俺这伙儿齐刷刷地站成一排。

四个老男人都是“穿衣显瘦，脱衣有肉”的主儿，个个不光胸肌“蜕化变质”了，还挺着圆滚滚的大肚子。知道的，是等着做游戏；不知道的，还以为是相扑队员等着过磅呢！还真别说，我们一亮膘，身边的四位女士立马被衬托得苗条起来。周围的几个小子也开眼了：“爸爸肚”比不上“爷爷肚”是不争的事实。

一阵哈哈之后，拿到纪念品的老妻第一个吆喝：风大了，上自助餐厅喽！

坐在靠窗的小桌旁，她边吃边对我说：“今天一早老天放晴，咱去首尔，中午突然有雨，好在咱从游乐园出来，一头钻进商城。闹了半天，游乐园和商城都是乐天一家的。”我说：“才明白呀？导游不是说乐天是韩国最大的公司之一吗，那栋在建的 123 层地标建筑，也归它，咱逛的商城是它的附楼。”

在邮轮上打球

她咕嘟了几口冰镇柠檬水，继续说："在这儿购物带给我的是另一番畅快了。"我说："都说，女人的心思，男人难体会；老女人的心思，更难整明白。不是你们一个个大包小提溜的，也撑不起这里经济的一片天啊！""你是不是心疼钱了？"我说："扯多了吃撑了，去泡吧消食喽！"

躺在9层的泡吧，露出脑瓜，周身舒坦。泡的时间长了，热大劲了，一个鲤鱼打挺跳起来，直挺挺地躺在池沿边上，风凉无比。

第五天入夜，船在轻浪中慢行，我们在甲板上吹着海风，喝着咖啡，打着扑克，再美气不过了吧！

俺这伙中四人同岁，都是53年出生；四人同学，都是中学一个班的；四人当过兵，都是70年入伍的；四人有老兄，都是老爷子"前窝"的。相同相近的岁数和生活背景，让我们彼此有聊不完的话题，牌打上个通宵也不带困的。

遗憾的是我不会打牌，只能傻傻地看人家热闹，插句话都没有底气，后来干脆"闪"了，本来不打牌就是"自己孤立自己"，还不如主动"独立寒秋"呢！

出去待够了，我忍不住招呼他们："连着好几个晚上，我混在年轻人堆儿里，挤进四层可容纳800人的剧场，先是看了场国标舞搭档伊夫根（Margarta Ievgen）演出，又看了场2015年菲律宾好声音亚军鲁亚哈蒂（Monique Lualhati）秀，还看了场澳洲魔术大师卡梅隆（Duck Cameron）的表演。今晚是皇家歌手、舞者和神话管弦乐队的演出，咱不能再错过了。"没想到他们还听"忽悠"，高高兴兴地被"骗"进了剧场。

演出是晚9点45分开始。趁着不到点儿，我一边和他们拉着呱，一边用手机把白天上岸的一些感受记了下来。

> 上午9点，船停靠在朝鲜半岛最南端的济州岛港。济州岛的天是晴朗的天，大老远来的游客真喜欢。随导游20分钟车程，便到龙头海岸，龙头岩是一块高10米、长30米的巨大奇岩，站在龙头岩西侧100米的地方，看这些奇岩，就像巨龙咆哮着从海里跳出来一样。遗憾的是，这个最佳观赏点人满为患，规定我们停留的时间又短，不得不说再见。

看完演出，老妻坐得生疼，终于发话：别接着打牌了吧，舱房里有"小家伙"等着我们呢！

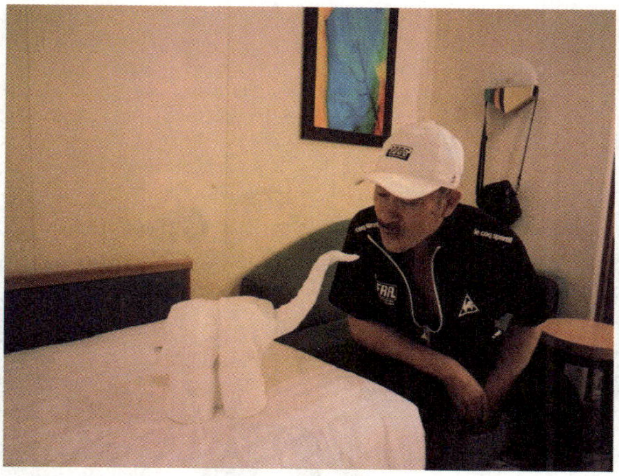

与舱房“小家伙”共情

推开房门，一只“小猴子”果然静候在那儿，卖弄着自己的表情，这是服务生精心制作的毛巾猴，萌萌的、茸茸的，让人不忍心惊动它，我用平时亲外孙女的特有的飞吻动作，和它打了一个招呼。这几天“小企鹅”“小兔子”“大象”“骆驼”轮番出场，说不定明天还有惊喜！

我没有睡意，拎上件长袖衣，坐在甲板上吹风，脑子里一直在打转转：东西有感情吗？说东西是有感情的，也许是矫情，但人是有感情的，谁也不会否认。床上摆放的这些小东西，不都是因为爱才来到我们身边的吗？

第六天夕阳西下，淅淅沥沥的小雨下个不停。我在甲板上看雨，老妻搭话：“你相机的内存不多了，今天下船在佐世保六个小时，拍了些啥？”我张口就是“树、车、人！”

回放录像：日本佐世保的树堪称一绝。导游小林说，这个城市大的看点有两处：一是九十九岛观景台，二是豪斯登堡公园。我倒是觉得去俩景点沿途的树木很震撼。九十九岛观景台和咱国内的千岛湖有一拼，上千个岛子都看了，上百个岛也就不在话下了。两个景点之间约有半小时的车程，山路弯弯，两边几乎都是原始森林，我认得出的杉树、桧树、落叶松遮天蔽日，郁郁葱葱。这里有严格的法规：林木资源不允许动用，木材全部进口。路边民居户户栽种着观赏树，一颗颗普通的小叶黄杨、罗汉松、白皮松硬是捯饬成散球形，有模有样、有姿有色。

和老妻在九十九岛观景台

一路上行人不多，但车子不少。满大街跑的一水的小铃木和“小方盒子”（K-car轻自动车）。这些车以两厢为主，精致、高配、省油、灵便，看上去或时尚，或炫酷，或怀旧，特别招人喜爱。

路上无论小车还是大巴，车窗都是锃亮的。人家除了有得天独厚的自然条件，洗车还是免费的。加油站一律限价，加油站主要靠提高服务质量包括提供免费洗车服务吸引客户。

回放手机视频：到达大村湾豪斯登堡公园，便走入色彩斑斓的荷兰风情园。园区以荷兰女王在海牙的宫殿为标准建造，面积比东京迪斯尼乐园还要大两倍，是亚洲最大的休闲度假主题公园，恢宏壮观。

我们这一船人涌入，足足多了两千人，园区特意为“大部队”光顾安排了欢迎仪式。数十位四老五十的表演者身着和服，随着大太鼓、钟等乐器的节奏起舞，动作简单而有意思：身体作塌腰状，但上身挺直，右手与右脚、左手与左脚轮换同时向前伸出，渲染出一种令人叫好的情绪。我忍不住也手舞足蹈起来，随后和那些表演者拍照，人家都面带微笑，迎上前来，主动配合。

我一边指画着视频，一边解说着，直到老妻哈欠连天。在回舱房的楼梯上，我说：“咱这船离港时你看到欢送仪式了吗？”她说：“光顾上在西点厅吃东西了，没注意。”我说：“有一二百人，像是学生，统一着装，挥舞着显眼的黄手巾，不停地向咱船上的人招手致意，还有乐队奏乐，场面十分感人。”

在大村湾豪斯登堡公园

第七天傍晚时分，我透过顶层特色餐厅的落地玻璃窗望去，月光从天上洒下来，落到邮轮上，邮轮的影子掉在海上，比邮轮要小，好像是邮轮生了个孩子。

是啊，这趟出行，我也好像多了不少东西。单是相机里就有 400 多张照片了。能完美收藏每个精彩瞬间，大伙儿的眼中都泛着得意的神色。我和老妻更多了老段两口的风趣、老相两口的明白和老张两口的关照。

即将下船

老段，“才、情、趣”全了，堂堂的部队司令员退下来，并没拿自己当根葱，也不装蒜，拉的呱实在，还能制造“笑果”。如今，逗笑成了很多人稀缺的能力，你想找乐，那就和他两口多待会儿吧！

老相，心性活泛而敏感，对怎么吃来怎么喝，怎么玩来怎么乐，随时都有一些小感触，跟着活明白了的他两口学，准没什么错。

老张，爱笑、厚道、热心肠，被他呵护了一路，回去该好好跟他两口约一场酒。当然，少不了老段和老相四口。

第八天邮轮返回天津母港，上午 9 点下船。坐上回家的动车，我还在愣神，一直沉浸在撩人的邮轮夜色中。

2017 年 2 月 8 日

欧洲的诱惑

最近，一首新歌《再不疯狂我们就老了》被很多年轻人传唱，我这个老家伙竟也产生共鸣：再不疯狂真的就老了。趁着现在精力和体力还来得及，何不出趟远门“疯狂”一把。长期以来，欧洲对我的诱惑，是因为它有意大利的古迹、瑞士的风光、法国的浪漫和德国的文明。我肯定会把首次正式出境游的地点锁定到意大利、瑞士、法国和德国。“身未动，心已远。”

4 月 29 日，我和老妻成行，一早飞往上海。次日下午 3 点，我们从浦东机场乘东航飞机，追着太阳，13 个小时后到达意大利的首都罗马。当地时间比北京时间晚了 7 个小时，罗马现在实行夏时制，等于晚了 6 个小时，天才刚刚黑下来。俺俩跟的这个旅游团 34 人，虽说人不少，但很快就被安排在市区的一家酒店住下了。酒店房间不大，设备简单，床才四拃两指宽，恨不能一翻身就掉下来，但特别干净和实用。

罗马最大的看点有两处：一是斗兽场，二是圣彼得大教堂。随团导游张家雄是台湾人，他带团十几年了，是个罗马通。他叫司机把我们坐的大巴车直接开到了城中心的君士坦丁凯旋门，下车便是罗马斗兽场。这个用石头垒起来的巨型建筑近看是圆形，其实是椭圆形的。张导介绍，它长 188 米，宽 156 米，高 57 米，可容纳 9 万人，是在公元 72 年由 4 万名战俘用 8 年时间建造起来的。古罗马时代斗兽场修建了很多，遍及地中海周边沿岸城市，但留存下来的寥寥，四层斗兽场全世界只有这一座。

到罗马，必进梵蒂冈。梵蒂冈在罗马城内，面积只有北京故宫的五分之三大，500 多人，是最小、人口最少的主权国家。世界上最大的圣彼得大教堂就建在这里。教堂蔚为大观，气势非凡。堂中央的圆形穹顶，是巴洛克式建筑的典型标志。随着拥挤的人流我们进了教堂，只见堂内金碧辉煌，美轮美奂。这里荟萃着一个时代最精华的绘画艺术、雕刻艺术和装饰艺术珍品，完全没有一般教堂给人压抑与幽暗的感觉。置身其中，即便不懂艺术的人也不能不流连忘返，赞叹不已。

在梵蒂冈

如今，新教各派在西方尤其是在英美占了上风，东正教则散布在东南欧和俄罗斯，而在全世界，以梵蒂冈城国为中心的天主教依然拥有最多信徒。

体验罗马，在帝国大道上走走看看是再好不过的了。漫步在由方形小石块铺就的街上，你能感受到：每一块方石都有不凡的来历，每一处遗迹都有动人的故事，每一座房子都有特别的讲究。几何对称是罗马建筑的主要特点，中世纪几何对称图形的建筑与路旁挺立着的一棵棵伞松，相得益彰，相映成趣，构成极有韵味的立体图画。

罗马不是一天建成的，但罗马是要一天逛完的。第二天我们赶往佛罗伦萨。

在罗马

两个半小时的车程后到达目的地。一进佛罗伦萨就下起雨来，我们都躲在临街房檐下避雨，不时有中世纪装束的马车“嘀嘀答答”从面前缓缓驶过，让我霎时间好像回到了中世纪的欧洲。15 世纪至 18 世纪中期，当地的巨商美第奇家族酷爱艺术，在他们的保护和资助下，积聚起一些名人、名家、大家、大师，其中有达·芬奇、拉斐尔、米开朗琪罗等卓越的艺术家和其他社会名流，他们创作了大量的绘画、雕塑，使这座小城竟然成了欧洲艺术文化和思想的中心。

如今，整个佛罗伦萨成为一座露天的美术馆和博物馆，地标是圣母百花大教堂。这个被称为世界第三大教堂的白色瓜棱土红色穹顶格外引人注目，堂外造型各异的宗教人物雕像栩栩如生，活灵活现；墙壁上镶嵌着许多展示宗教题材的精雕细刻的浮雕和巨幅彩色画像。米开朗琪罗广场中央有让人眼花缭乱的雕塑，其中最抢眼的是大卫雕像，尽管是一个复制品。

穿过几条小巷，我们来到但丁故居。这是这座城市引以为傲的地方。老宅子不大，挺简易的。顿时，雨下得大了起来，好像要特别增加气氛，哭诉这位伟人。但丁很有故事，也很能写故事。9 岁的他在跨越阿尔诺河南北两岸的“维科古桥”上与女孩贝雅德丽齐一见倾心。8 年后，二人在这座桥上再次相见。早年酷爱诗歌的但丁，后来发达当上了行政官，他因抵制教皇对内政的干预被放逐。为寄托对贝雅德丽齐的美好情感，并表达自己的抱负和情操，他完成了《神曲》的写作。

出了佛罗伦萨，往东北方向行使两个半小时便到威尼斯。整座城市建在水上，由 118 个小岛组成，并以 177 条水道和 401 座桥梁连成一体。水道即为大街小巷，船是唯一的交通工具。老妻跟我乘一只“贡多拉”(轻盈纤细、两头翘起的黑色小船)穿梭于大街小巷。你在船上看风景，“看风景的人在楼上看你”，一切都是刚刚好的惬意模样，蜿蜒的水巷、流动的清波，诗情画意久久挥之不去。

在圣马可广场

圣马可广场是威尼斯的中心广场，广场的圣马可教堂的美是最难描绘的，你根本无法用言语来表达你内心的激动——你面对的不是一个单纯富丽堂皇的建筑，加上三面回廊，它是信徒心中的圣地，歌者吟唱的旋律，画家梦里的涟漪。这里当年被拿破仑誉为“欧洲最美丽的客厅”，现在仍被世人称为“世界上最美的广场”。威尼斯是个美到极致和充满梦幻的地方，凡是来到这里的人都依依不舍。

米兰是我们在意大利要到达的第四站，也是最后一站。路边的咖啡店随处可见，人们悠闲地晒着太阳，啜着咖啡。如此慵懒的城市，让我刚刚还在匆匆赶路的心放了下来，缓缓地融入那懒懒的阳光里。

在这里，古典的端庄与现代的繁华有机地统一在一起，每个街角的转弯处都能带来不同的景观感受。当米兰大教堂映入眼帘时，德国作家黑塞“旅游就是艳遇”的名言兑现了。我简直不相信这世界上竟然有如此惊艳，如此气度恢宏、身姿伟岸、极尽奢华的教堂建筑。

米兰大教堂是哥特式建筑的主要代表，高耸瘦削的尖顶及窗户上巨大斑斓的玻璃画，表现出崇高、神秘、哀婉的强烈情感。这种建筑由罗马建筑发展而来，第一座哥特式建筑是巴黎圣丹尼斯教堂，最负盛名的哥特式教堂除了米兰大教堂外，还有巴黎圣母院和德国科隆大教堂。在欧洲人的现实生活中，教堂并非阴森可怖的形象，而只是从历史传承下来的一份文化遗产，或家门口一个自己从小受洗和长大的地方。

来米兰转悠，在愉悦了自己感官的同时，自然少不了买点什么。国人出境疯狂购物，多少能提振当地经济，可谓好事一桩。俺虽不是出手阔绰，却也满载而归，其中有犒赏自己的蓝白长袖衬衣和大红短袖衬衫。尽管尺码凑合，价格不菲，但恋物无罪，小奢有理。

四宿三天的意大利逗留时间过去了。导游一再提醒大家意大利治安不好，却丝毫不影响我对罗马、佛罗伦萨、威尼斯和米兰的好感。这些地方都同时拥有历史、时尚和美食。历史的辉煌到了极致，现代的时尚和美食(尽管俺不好这口)也到了极致。在这里，既能看到一种颓废的美，又能看到他们出产的极具爆发力的法拉利赛车和极具活力的意大利足球队……

5 月 4 日一早，我们乘车 4 个小时后出境，进入瑞士。过去，我总是听说瑞士人讲究，干什么事都很用心，就像他们做的手表、军刀一样，一入境，还真见识了。首先是高速公路就不一样，不仅平整、规范，而且选材讲究。他们用了一种小石子，夜间能够发光。瑞士得天独厚，有四分之三的山地，是典型的城市乡村化、乡村城市化的国家，社会福利是很好的，他们有讲究的资本。

瑞士还有1000多个隧道，处处是蓝天、白云、山林、溪流，“噢，游走在天地怀间，一路花开灿烂”。车到因特拉肯（位于图恩湖和布里恩茨湖之间）停了下来，眼前树木葱郁、芳草萋萋，甚至飘来飘去的雨、轻轻掠过的风，都带着青绿的颜色，一棵棵硕大的樱花在街角“漫不经心”地生长和绽放，自由而随意。这里的樱花带给人们的不仅是美艳和芬芳，还有一种生活的精致和感动。

有时喜欢一个地方是跟遇到的人和发生的事紧紧相连的。晚上，我们住进一家临街的私人旅馆。旅馆门头不大，通道狭窄，但房间是实木搭建的，而且带阁楼。楼下是一个大双人木床，楼上有两个单人木床，都归我们两口享用，真是够奢侈的。美美一觉醒来，女房东备好牛角软面包、方形硬面包、生熟肉片、水果沙拉和各种饮料，一直忙个不停。男房东一边忙活一边不停地用蹩脚的汉语打招呼：“你好！毛泽东！”大概他对中国最深的印象就是有个毛泽东了。临别时，男房东竟然追到电梯里硬塞给我一块金纸包的巧克力。

带着对瑞士人满满的好感，我们要去巍峨的皮拉图斯山了，它是阿尔卑斯山脉北部的一座山峰。时间关系，只能乘半小时的索道上山。翻越茂密的杉木林，登上海拔2200米的山顶，脚下雪峰连绵、冷峻峭立，云海翻滚；眼前天山合一，空灵静谧，气象万千。一只只黑毛黄嘴红爪的鸟都不“眼生”，凡在此拍下的照片没少得了它们的“掺和”。我和老妻似乎都从大自然中感受到一种情绪：她随手捧起一把晶莹剔透的雪，忍不住嚼了一口。我顿时觉得：一个人能够和自己心爱的人在阿尔卑斯山顶感受雪的滋味，感受大自然的壮丽和神奇，恐怕是一生最爽、最无憾的事情了。

游山是上午的项目，玩水则是下午要进行的了。午饭后我们赶往瑞士中部的琉森。琉森曾是瑞士的首都，湖光山色相互映衬，一步一景，移步异景。这里的水是甜的，空气是甜的，我的心情也是甜的。乘船在琉森湖游览，虽说赶上了阴雨天，但它让我对湖上岸边更多了一份朦胧感和梦幻感。老妻冷不丁地问我：“如果让你在这里长期待下去，你乐意吗？”我不加思索地答道：“No，这里是好山、好水、好寂寞。住的、吃的这两档子事咱不差，只是空气和水比不上人家。等到风景都看透，你陪我看细水长流就足够了。”

在瑞士琉森

5 月 6 日，我们要去法国。路边油菜花开得放松，但我心里很是纠结。“坐着车子转，隔着玻璃看”，七八个小时，得有足够的耐性和体力支持，可我伤风感冒的症状全出来了。

傍晚，终于进巴黎了，没多一会儿，满城的辉煌扑面而来，“甲光向日金鳞开”的感觉，让我像用了药一样兴奋起来。塞纳河两岸，你无论从哪个角度，都能看到埃菲尔铁塔。这个“大家伙”300 多米，有 100 层楼高。4 个塔墩由水泥浇灌，塔身全部是钢铁镂空结构。当初，它是为了迎接世博会在巴黎举行和纪念法国大革命爆发 100 年修建的。“今夜万家灯火时”，我站在 59 层的蒙帕纳斯大厦顶层，“隔窗望，梦中佳境在”。晚 9 点，铁塔通体光闪，为整个巴黎城大添光彩。

第二天一早，穿过协和广场和香榭丽舍大道，我们迫不及待地来到塞纳河右岸的卢浮宫。建于 13 世纪初的卢浮宫，现今既是一座具有文艺复兴时期风格的王宫，又是一座藏有大量法国和世界各地艺术珍品的博物馆。它与大英博物馆和美国纽约大都会博物馆并称为世界三大博物馆。这个馆藏品达 40 万件，有雕塑、绘画、美术工艺及古代东方、古代埃及和古希腊罗马等 7 个门类。地陪导游给我们每人发了一个耳机，进宫后才知道太有必要了，因为这里简直就是闹人灾，缺少这玩意儿什么都听不见。我和老妻牵着手，唯恐找不到对方，跟不上队伍。不过，再挤也还算值得，因为看到了镇馆三宝:《蒙娜丽莎》油画、“维纳斯”雕像和“胜利女神”雕像。这里所有的画作、雕塑都洋溢着生命的感觉，散发着鲜活的气息，惟妙惟肖，精美绝伦。

傍晚，巴黎圣母院的晚钟回荡天际。走进圣母院，会发现这是一座恢宏的哥特式教堂，高耸的尖塔、尖形拱门、大窗户和玫瑰花窗玻璃，给人印象深刻。圣母院东西走向，西侧是入口，有三扇大门，门楣上石刻的诸神栩栩如生，营造出在天空中萦绕的意境。进门大厅中端是怀抱婴儿的圣母玛利亚的玉石雕。中堂长 60 米，空间高大宽敞但十分幽暗，顿时给人一种庄严肃穆的感觉，仿佛进入一个与世隔绝的境地。雨果笔下善良的怪人卡西莫多、美丽的吉卜赛少女艾丝梅拉达和邪恶的神父克洛德·弗罗洛似乎就在钟楼里、耳堂边、石柱后……

圣母院出口处西侧的场地上搭着巨大的临时看台，原来我们正赶上巴黎圣母院 850 周年的庆典活动，一系列的弥散、演出等纪念活动在这里举行。这座教堂始建于 1163 年，历时 180 多年完工。法国大革命期间，它遭到破坏。雨果曾感言：“这座教堂依旧是非常美丽。但是人们仍然不免愤慨和感叹，看到时间和人使那可敬的纪念性建筑遭受了无数损伤和破坏，既不尊重给它放上第一块石头的查理曼大帝，也不把给它放上最后一块石头的菲立浦·奥古斯特皇帝放在眼里。”①

凡尔赛宫是另一个好去处。位于巴黎西南郊外 18 公里处的这个宫殿是皇帝的行宫。宫殿建筑气势磅礴，布局严密、协调。正宫东西走向，两端与南宫和北宫相衔接，宫顶摒弃了巴洛克圆顶和法国传统的尖顶建筑风格，采用了平顶形式，显得端正而雄浑。随着同样拥挤的人群我们进入宫内，500 多间大殿小厅处处金碧辉煌，豪华非凡。除了有精美的雕刻、巨幅油画以及挂毯，还有各式造型超绝、工艺精湛的家具及其他艺术珍品。

---

① [法]维克多·雨果：《巴黎圣母院》，海拉尔：内蒙古文化出版社，2009 年，第 157 页。

和老妻在凡尔赛宫前

法国是一座拥有众多古迹建筑和深厚历史沉淀的国家。遗憾的是，我们是在白天疲于奔命、晚上住得最烂的地方感受这一切的。如果承认意大利是一个“大贼窝”的话，那么法国就是一个“垃圾场”。不光是住处糟糕，街道、场馆一样糟糕。这也难怪，据世界旅游组织统计，去年造访法国的外国游客达 8300 万人次，比 6600 万法国人还多。人多为患嘛！

5 月 8 日，我已身心疲惫，加上感冒症状加重，不想动弹了。但是，还得按旅程上德国。又是七八个小时的路程，才到法兰克福，“人在囧途”真不是滋味。

法兰克福是德国第二大城市，以金融和高科技著称。这里既有古老建筑，也有现代的摩天大厦，使人犹如进入时空隧道一般。市中心的罗马广场旁有阶梯状人字形屋顶的罗马厅（旧市政厅）和哥特式的帝国大教堂。这个教堂尽管是法兰克福的精神中心，还曾是德国皇帝的加冕之地，但它与商业街比邻而居，不显贵气反倒透着落寞，有一种铅华洗尽、遗世孑立的沧桑感。对我和我这伙不谙基督教文化的外国游客来说，这里跟其他教堂也没太大分别，甚至更不好玩儿，不如穿行闹市奢侈品店带劲。很快，我们便一股脑儿地钻进购物店。菲仕乐的不锈钢炒锅很沉，但没有动摇老妻要拎回来的决心，因为“德国的就是最好的”说法早就深入人心。没多大工夫，俺俩就大包小包提溜着，大有“再不疯狂就没有机会了”的架势。

5 月 9 日下午两点半，我们结束了 10 天的欧洲之旅，从法兰克福机场乘东航飞机回国，10 个半小时后落地。走出上海浦东机场，我在想：这次出去尽管旅多游少，尽管身体欠安，尽管吃惯了中华美食的胃口很受委屈，但还是能够撑下来的，因为欧洲有诱惑，而且挡不住。

在法兰克福游船上

2013 年 5 月 10 日

看宋丰光《盛夏和谐图》

宋丰光约饭，今晚在山东大厦天泽府，撮一顿正宗的鲁味佳肴，顺便看他的新画《盛夏和谐图》。

天泽府在主楼二层的西南角，装修不久的这个“楼中庭院”，足够中式古典民居风，足够讲究和奢华。大厦总经理田纳新早早地出来迎候，这种规格的接待，我还是头一遭。

丰光让我做主陪，我识抬举，真拿自己当大哥，当自家人。说来他比我小个三四岁，我堂侄子是他女婿，论亲戚都不对，正经是一家子。

一二十口子亲友一落座，前菜未上，我本该像模像样地招呼着喝杯茶、嗑嗑瓜子什么的，可啥都没顾上。咱不是搞美术的，也不是写评论的，就一“吃瓜群众”，但愣是没忍住，屁股没坐热乎就蹿趟子了。甭问，找《盛夏和谐图》去。

一层西南角的齐鲁厅宽敞、明亮，很是“高大上”。在我预料不到、准备不足的时刻，《盛夏和谐图》便把它那夺目的光华、风采全部展现在眼前了。

画心加框，几乎占满朝南的整面墙。瞬间，我的心怦怦直跳，是因为画面内容传达的信息，还是因为巨幅画带来的视觉冲击？可能都有吧。

大画是典型的现代国画中的水墨画，主打荷叶，一二十片硕大的叶片支撑起整个画面，呈现出的情景是：齐鲁盛夏，风吹水面，莲叶舒展，花团锦簇，荷香弥漫。我最爱的青荷，以她特有的姿态和热情，冲我莞尔一笑。于是，我的心也跟着动了起来。

盛夏的青荷齐刷刷地往上蹿，晨光洒在荷叶上，风再来助推，光与青绿相互辉映，闪烁着蜡质的光华，简直就是灿烂色彩的大交响。

凑近看，青荷仿佛铺天盖地、飘飘荡荡，片片张开了裙裾，朝向东南，或昂首挺胸，或横斜于水面，大有“不如醉里风吹尽，可忍醒时雨打稀”的感觉。

画面处处有景、景景生情，分组和距离也有讲究，看不出起承转合的痕迹，只是里边有的暗示我不一定能猜得出来。

退几步再看，没有完全相同的两片叶子，正所谓“荷而不同”，但它们又同生共长、叶脉通气，和谐相处，自自然然。其实，越是自然的东西，越能体现生命的本质。观荷思和，是对生命本身的享受，也是对生命意义的追求。青荷开出了花，分明赶来赴这一季的生命盛典。我有了莫名的感动。

盛夏和谐图

回到餐桌，亲友都赞：画入了眼、贴了心、润了肺、暖了胃。我似乎忘了自己这会儿的角色，没了“顺序”，也顾不得吃相，紧扒拉了几口，就像“麦霸”，正经叨叨了起来。

我看这幅画，就是一句话：大厦最该挂的，丰光最该画的。

大厦不缺大画，二三十个大厅，个个琳琅满目，大画都大成了一个样子：“大、老、粗。”“大”，是画幅大；“老”，是形式感老；“粗”，是表达方式粗。

《盛夏和谐图》也大，高 3 米，长 9 米，一片荷叶恨不能两米，但它能大到好处，这就是在“求新”上做足了文章。

几年前，我去北京人民大会堂，在二楼回廊北侧的墙壁上，见过崔如琢的大画《荷风盛世》，丰光更熟悉这幅画。为避免与别人的作品雷同，与自己过往的作品重复，他选用了非常规的、非习惯性的绘画语言来表现新画，完全不按套路出牌。

从内容上看，荷叶作为画作的题材，是再传统不过了。然而，他的构图很现代。一个传统的东西放在现代的框里面，这很有意思。丰光钟情于动荷，认为静态的荷叶很美，动态的荷叶更美，尤其是夏荷，浓丽厚重，盎然勃发，妙趣横生。他挖空心思干的，是让自己笔下的荷带出纯粹的本土味儿，带出浓重的文化味儿，带出老辣的男人味儿，还得有诗的意境，就像成熟的果实不能没有果汁一样。

“没有金刚钻，不揽瓷器活。”五年前，他和妻子在人民美术出版社出版了

《中国当代名家画集宋丰光　张锦平》一书。三年前，他同妻子、女儿的巨幅作品《黄河入海流》获山东省泰山文艺奖一等奖。有了重重的这么两笔，他充满自信地大展拳脚。

丰光的审美取向从过往重严谨、重理想境界转向重情绪张扬与情感宣泄，画面的放纵和阳刚之气与旧有的荷画典雅和阴柔之气形成了大的反差，让其在意思表达上与传统画拉开了距离。

从形式上看，丰光以线条构成为主，伴有散点泼彩。线条使得青荷更有表情，更有力，更概括。散点泼彩，有形式美和自身表现性，粗犷的线条加上深浅、厚薄、浓淡不同的团块，形成了他特有的艺术表现形式。

《盛夏和谐图》有"接天莲叶无穷碧"的壮观，但不见绿，只是蓝，不仅没有违和感，反而让人耳目一新。其实，用蓝不用绿，没什么不对劲的。"碧"是青绿色，而其中的青是介于绿和蓝之间的颜色，有点类似于天空的颜色。每个季节有属于每个季节的色彩，天蓝是夏季的专属色，也是丰光的心头好。用上它，一水荷青，就像打上"高光"，映现出一幅浪漫多彩的人与自然同框的田园诗画。

聊丰光的画，肯定绕不开这个人。在我眼中，他实在、谦和、低调，一点儿都不匠气，对生活从无奢望，也不太讲究身份感，但在作画上极不安分，不断有新的想法蹦出来。

好多人以为画荷是丰光的绝活，他就"好这口"，其实不然。

丰光是喝着马踏湖的水长大的，从小爱画，"湖中有，笔中无"的东西不多。他画鱼能带出"鱼腥味"，画苇能带出"苇子香"。相比之下，画荷略显少了些。

在济南上学的时候，他有事没事总在大明湖边看着荷叶发呆，时间长了，便悟出一个道理：要让人家先看到他想画的东西，而不是画他看到的东西。他慢慢开始享受绘画。

这次接受山东大厦的任务，丰光觉得"碧荷迎宾"是再合适不过的选题，他想推自己一把，把过去画得少的青荷不拘地展现出来，并希望吸引人的不一定是画中所描绘的片片荷叶，而是一股奔涌而来的鲜活的笔墨之气。

酒过三巡，菜过五味，坐在副陪位置的丰光发话："明天是'十一'，四天后是中秋节，今晚聚餐本来就是和家人一块，见见好朋友，祝贺节日，结果全成赞画了。"

我说："和些老家伙一块吃饭，我很烦除了聊养老就是拉养生，好像活着仅仅是为了保老命，没什么劲！过去不看画，日子该咋过还是咋过，但今天看了画，突然发现自己的品位、格调、审美都不一样了。或许就是那句话：有艺术，叫生活；没有艺术，只能算活着。"

老妻接了句："生活不止眼前的干净摆盘，还有颠勺后的一片狼藉。我也想有艺术，有生活，不想算活着，可怕'驴歇磨停'，从明天起咱家厨房的活归你好了。"

"天啊，这是哪儿跟哪儿呀！"

沉浸在《盛夏和谐图》中

大厦的几个头儿敬酒来了，我抢先提议："《盛夏和谐图》是丰光献给大厦的一份大礼，也是送给自己60岁生日的一份大礼，让咱们共同为丰光最"狂"之作的亮相，干杯！"

2017年9月30日

庆 生

我天天糙米蒸菜，怕自己忘了世上还有美味佳肴，以庆生为由头，在即墨的馆子猛造了一顿，两杯原浆扎啤落肚，回肠荡气，大日子的仪式感一下子拉满。

餐毕，舌头变大，脸放红光，挺胸凸肚，没了“正形”，见乌泱乌泱的人还在大厅等座，更是一脸嘚瑟。出门赶上大太阳，“上蒸下煮”的感觉突然激发出“不能被秋老虎打败”的勇气和力量，执意野泳。

即墨港中旅度假村酒店

五六分钟的沙土路，光着膀子、赤着脚丫的我，小自在。眼前，海浪小了不少，玩水的孩子扎堆，还得就着浒苔“下饺子”。浒苔连年到访，“至今已觉不新鲜”。你别说，我还愿意人多凑热闹。只是不料，野泳“圣地”，撞见熟人，挺难为情，紧捂肚皮，沉入水中。

各种泳姿轮番展示，唯恐别人看不见。过去在泳池，我的蝶泳总能成功地吸引池边人的注意力，但游出百米，缺了观者，提不起情绪。只为发泄，一阵扑棱，结果划伤三处，腿上脚上，血乎淋拉。包扎躺平，满肚子味精、猪油渣味儿和着酒气往上顶，恶心不已。自责、后悔的心情远比划伤糟糕！吞茶三碗，才找回点儿心理平衡。

即墨港中旅度假村酒店

半夜两点，别人想精神都精神不起来，我却想不精神都难。或者酽茶生效，或者佐匹克隆失效。

三年前，一学生被借调到体育总局筹办奥运会，我想好沾个光，淘换张东京奥运会游泳赛事的门票。不料，赛期延迟一年不说，新冠肺炎病毒仍在“捣蛋”。现在东京去不了，只好去京东逛逛。深更半夜的，在没有更好的选择之前，这就是最好的选择。

鳌山棒子

乐泉地瓜叶

眼皮实在抬不起来，吞下佐匹克隆，脑海中还是反复出现傍晚煮的竽头和棒子、蒸的芹菜和地瓜叶。这小二十天来，踏平三分天下有其一的大青岛，让我最惦记的，竟然是在即墨赶王哥庄集买的土产。从集市的这头，跟随着拥挤的人群走到那头，划拉了一大堆白庙芋头、鳌山小粒棒子、金口芹菜和乐泉地瓜叶。崂山山泉滋润的富含微量元素的沙土芋头、棒子格外香软黏滑。早晨还长在沙里土里的芹菜和地瓜叶，晌午进了我的拉杆车时还支棱着叶子。有这几种饭食垫底，保你也不会记挂口口相传的馆子味儿。

鳌山卫蓝莓

鳌山卫南瓜

我实岁六十九，按民俗过虚岁生日的说法，虚岁七十，算得上一个人的大生日了。

这几十年，我没改过名，但被熟悉的人尤其是身边的人不断地改着称呼——“小虎”“大虎”“老虎”“虎老”。前两个阶段，虎劲儿冲天，没啥不敢想不敢干的，虽说不怎么着调，甚至有些滑稽，但气度豪迈，旋律悠扬。不情不愿地走到后两个阶段，整个人换了一副嘴脸：老了，可老而不达，难以安然地接受衰老。时不时地跟自己较劲儿甚至焦虑，像风干的菜叶，蔫不唧儿。还动不动地拿着“衰老”当病治，像中枪一样，丧气。

老伴说，当你失去好心情，不如找件开心的事情，“赔”给自己，于是俺俩带着外孙女来即墨小住。

住处面朝黄海，远眺崂山，坐拥凉风和清气。不仅大环境合意，小氛围还迷人。庭院深深，草木萋萋，青果飘香，园中有园，景外有景，抬头刚吻果意，低头又闻花香，教人怎能不“笑看风轻云淡，闲听花静鸟喧”。

待在这样的院里、屋里，说不睡就不睡，说不起就不起，说不出门就不出门，还得大鱼大肉，这是对新住处和假期基本的尊重。一家人都跟产妇坐月子似的，不洗脸梳头、不换衣裳，逮着鱼虾蟹贝可劲儿地造。尽管已经封海，海货小了几号，但毕竟是一早捞上来的，上锅几分钟，馋死人的味道就弥漫开来，配上刚摘的紫豆角、旱黄瓜，再掰块王哥庄大馒头，吃相稳稳地在出卖食量，真看出是从大老远缺海鲜的地方过来的。

六十九是个令人唏嘘的岁数。但转念想来，这何尝不是两个特别好的数字组合，更何况有鳌山卫海风吹着，有专属美食体验，还有老伴儿和小伴儿在跟前。俺外孙女的大名就叫小伴儿，这个名我真给她起着了。

难怪外孙女不想走了，我都拔不动腿啦！想想即将背负起接送孩子上学的重任，一丝无奈涌上心头。

一把年纪的人了，还被认为有剩余价值，说不上是苦还是乐！说苦了吧，明明是自己上赶着的，“姥爷负责阳光雨露，外孙女负责茁壮成长”出了口，难收回；说乐了吧，“即墨没够儿”的感觉更强烈。

即墨呀即墨，喜欢你的人很多，不缺我一个；可我喜欢的地方很少，除你就没了。话也得说回来，谁让咱日渐硬化的血管里还流淌着有温度的血液呢，只能割爱，打道回府。

在车上，我忽然想起30年前柯达胶卷的一则广告：一小男孩装扮小老虎在幼儿园演出，不料虎皮裤子掉下来，他委屈地一转身刚好被抓拍到。这时传来歌声：“每一刻别悄悄溜走，是柯达留在我身边。”我不想让“庆生”这一刻悄悄溜走。出去撑一顿，不如拍几张纪念照片。“柯达时代”不再，晒晒手机随拍，分享此刻、分享生活。

2021年8月17日

门前玉兰

门前玉兰，不比门头高多少，花枝也不长，却如同胳膊，天天能把我“拽”下楼。

话得说回去。十五年前，我费劲巴拉移栽来的这株玉兰，长着长着，竟成了“邪子”。主枝倾斜，侧枝不对应，灰头土脸的，花味儿还“冲”，甚至挺“恶”，很难亲近。在家坐腻歪了，咱这“有树的人”下楼给桃树、杏树、梨树剪个枝、浇个水、追个肥，却从没玉兰什么事儿，似乎光开花不结果的就该过“低配”生活，先天不足的就该待在“被爱情遗忘的角落”……

白玉兰

虎年了，那个叫“奥密克戎”的家伙仍不消停，居家抗疫不能不“动”呀。一进三月，猫了一冬的我，立马变身“楼串子”，天天在家院楼间花园乱窜，挖空心思地物色起“对撇子”玉兰。

大院四十一栋楼，不少楼间花园有玉兰，只是一树树枝头花苞还憋着，像极了我老家莱州苗家出的灰毛笔头，一撮一撮的、油亮油亮的，讨喜得很。家的东向有十几株白玉兰，西向有二十几株紫的，北向有三十几株粉的，南向有两株黄的。这些玉兰成片的成片，成对的成对，唯独“邪子”单枪匹马地混在果树堆里，还被遮蔽得若有若无。

二乔玉兰

女儿喜欢单色的玉兰花，尤其是粉的。外孙女眼“贼”，喜欢白和紫的杂交——二乔玉兰。说为了写作文，她观察过：这个品种小枝没毛，花蕾卵圆形，花瓣不是渐变的粉色就是紫色。我倒偏好白的，觉着它干净、素雅，更能代表这种花性。“邪子”是白花，算合意吧。

一夜风紧，我晨练出门，有一搭没一搭地瞅瞅玉兰，隐约觉得上面晃动着些白团，可静神细想，它去年开花的时间还要晚上个七八天，便头也不抬地离去。回来的时候，秀挺起来的一树玉兰花跟我撞了个满怀，缓缓神儿，喜出望外：“邪子”当上全院玉兰花“先遣队”队员啦！

黄玉兰

凑到跟前，光秃秃的枝条上，数不清的花花朵朵，仿佛得了谁的号令似的，呼啦啦说开就开。细看花瓣如同破壳般顶开外侧的薄片，带着一种不管不顾的勇敢，挺立枝头。预报的气温 2℃—3℃，一时刮起西北风，冷雨也凑热闹似地来一拨，我打了个冷战，顿觉这花实属不易。

“邪子”见我跟它近乎起来，便来劲儿了。“喂，老家伙，听说最近‘青绿腰’很火，这会儿我就叫你看看什么是真正的‘青绿腰’”。老院不会说话，老楼不会说话，迎风抖动的玉兰枝会说话呀！“邪子”不光表露心声，还真要起来，舞出“青绿腰”的造型。先是右侧枝在前，左侧枝在后，呈几何状。然后，主枝随风慢慢向后，倾斜至六七十度迅速回正。这动作反复多次，如同不断被拉伸又弹缩的拉力器，其难度系数堪比孟庆旸在春晚《只此青绿》舞蹈中表演的“青绿腰”。本来就细枝瘦腰的玉兰亮出绝活儿，加上简约风格的色彩搭配，虽不如孟庆旸等舞者专业、惊艳，但足够轻巧、足够传神，妥妥的一灵魂舞者。“邪子”的美不是刻意装扮出来的，而是一种随心所欲的美、没心没肺的美。正是这种不期而遇的无心之美，让我心动不已。

“邪子”长在坡上，东靠转山，离山顶也就百十米。它在青绿山树的衬托下，越发顾盼生姿、卓尔不群。转山孕育了玉兰，玉兰又使转山春光漫溢、生机无限，恍若《千里江山图》活化在眼前。

木兰

《只此青绿》出了圈，也让《千里江山图》成为焦点。宋代王希孟《千里江山图》“朦胧体”的画法，把笔墨和渲染发挥到极致，玉兰花的绽放则把青绿转山景色的远近和质感体现得淋漓尽致。王希孟画出了 18 岁的生猛、18 岁的无畏、18 岁的气魄。玉兰则带着宋风雅韵开出料峭寒意中的生猛、料峭寒意中的无畏、料峭寒意中的气魄。

白玉兰

接下来的几天，我没少在“邪子”跟前打转转。女儿也常过来，每次还少不了文盲式赞美：“真好看 ！”我这摄影“二把刀”，用手机“咔嚓”了好一阵子，外孙女看后却质问道:“姥爷,您这是揪了人家多少花才鼓捣成这个样子?”我神秘兮兮地低声说:“让你见识一下‘作案工具’!”说着便从身后双肩包里掏出三四个硬纸板。她问:“啥玩意儿?”我说:“咱家的鞋盒子盖呀。”她恍然大悟:原来不揪花,用盒盖做背景板呀! 立马来了个“厉害”的小手势。

紫玉兰

玉兰顶枝上仅剩的几个花苞也开了,早开的那些花瓣要么可劲儿地向后方伸展,要么极力地反向打卷。怒放后的几朵开始掉花瓣,一瓣、两瓣、多瓣,凸显古铜色的花心。凭一颗兰质蕙心,玉兰以不同的姿态呈现于世。在这里,没有衰败,没有低头,只有坚定的长、从容的进,只有在新时段成就最好的自己。我弯下腰捡起地上的一片花瓣,捻了一下,闻闻。“邪子”有感应:多少年“受过的委屈、流过的眼泪、一下子都涌上心头”。它在沉默无语中既露出愤愤不平的怨气,又带出惊鸿一瞥的傲气。我突然意识到:过往自己对它的轻视或无视,“伤害性不大,侮辱性极强”。

广玉兰

十几天来，我见证了门前玉兰“高开炸走”的全过程，对它的认同感、推崇度、情感黏度有了极大的反转：初春的美有十分，得把五分给玉兰。有了玉兰花开，这个时节就有了灵魂。如果不与这株花树相伴为邻，又如何能感受到生命能量的释放过程和形而上的东西呢？

木笔

2022 年 3 月 15 日

过70岁生日

今天我过70岁生日，醒来就笑了。

我爱过生日，还爱咋呼着过。过生日往往心情最好：被家人宠着，被亲友敬着。以前没少干让别人操持破费的事儿，恨不能敲锣打鼓放鞭炮，或者鼓掌欢呼吹口哨。

今年是过大生日，无论如何得改。这不，提前半个月，就悄没声地躲到了即墨鳌山湾的住处。

“婉拒了哈！”微信里用这句带有委婉意味的表达，谢绝了两波亲友、三波学生的庆生之约。

立秋已过，都还喊热。今早仍热得邪乎，鳌山湾离崂山比即墨城区近得多，看崂山的天气预报本该更靠谱，但体感温度远不止崂山预报的32℃，或许这正是“生日感”最强的一天的开始。

鳌山湾

我和外孙女出门闲逛，路过一片套种着两席子韭菜的菜地。韭菜被晒得可怜死了，叶子有些耷拉、有些蜷缩，就剩下一口气的样子。

“韭菜卖不？咋卖？”我有一搭没一搭地开口，菜主是个老汉，他顺手割下一大把不怎么蔫的，说道：“这是咱地道的‘灵山韭菜’，10块钱一斤。现在不少种韭菜的，明明是根生了虫，硬往叶子上喷药。我不仅不往叶子上喷药，而且是用发酵豆饼做底肥，用生物制剂在根部除菌除虫。你看这韭菜长得比胳膊长，叶片又宽又大，叶背有棱有角，掰断是钝三角形，味儿特别浓特别正。”

或许他觉出我嫌贵，接着说：“我干了40年镇办小学教师，今年70岁了，不骗人！你买不买的无所谓，反正我说了，你就懂了，即使不买我的，想吃灵山有机韭菜也能买到正宗的。”我赶紧说：“咱俩是同行，也是同龄，今天我过生日，正指望着这好韭菜包顿饺子呢！”说完彼此瞅了瞅，会心一笑，我不只是带走了他的善意，还有他帮着割的两捆韭菜。

突然，一场急雨噼啪而下，我头上身上的汗珠子被生生地摁下。连着一个星期天天有雨，鳌山湾全年的雨好像非得在这几天下完似的。我不由地跑了几步，外孙女却在原地皮精神起来：唱着自己瞎编的“生日歌”，扎煞着双臂，不停地扭动着小屁股，动作夸张且生硬，毫无美感可言，还一脸“坏笑”地说：“就想看这个老头子过生日是怎么笑岔气的！”她见我笑点超高，便从撒欢到撒野：把提溜着的那根捆韭菜的绳子解开，走几步就做一做“天女撒花”状，整个一“流水作孽”。我知道这个时候，说什么都是对“妞”弹琴，自讨没趣，只好屁颠屁颠地跟在后面，走一路捡一路。这老脖子、老腰、老胳膊、老腿的，费了老鼻子劲儿才拾完。说来也怪，面对这停不下来的“小疯妮”，让你没了脾气，还有所触动：为什么不能活得像个孩子？

是呀，我收起伞，索性扒了老头衫，赤膊上阵，见四处没人，干脆脱了鞋，走在被树木花草簇拥、盘缠着的小路上，觉着小路欢喜得直打转。

下馆子，撑一顿，留影，拉倒。我过生日也脱不了这个“套路”。

湿热，不光让人难受，鳌山湾的海蜇也受不了，一波波地浮出来“纳凉”，当地馆子的主打菜自然成了海蜇皮。尽管这里的扎啤都说是一厂的，蛤蜊都说是红岛的，茶叶都说是崂山的，蟹子都说是本地的，可我还是觉得饭菜可圈可点得多。除了白生生的蜇皮，还有金灿灿的黄鱼、银亮亮的刀鱼、红彤彤的对虾，都是卖相味道俱佳、可持续圈点的。

正午，爱凑热闹的太阳又出来了，树荫畏缩了，可怜巴巴地靠近树根，蛋糕“卡点儿”上桌。这个399块钱的蛋糕啥滋味儿，没留意，可蛋糕上那句“男神老爹，生日快乐！”倒蛮有意思。平日我非但没有“父爱泛滥”，反而是个“甩手”的，既不给他们买菜做饭，也不接送外孙女上学放学。即便如此，竟然还被“封神”，关键是至今没有跌落“神坛”、褪去光环，自然心生欢喜。但一转念，这个暑期，女儿女婿宁肯为他们闺女花 3000 块钱报写字、游泳、作文三个辅导班，也不愿意用我这免费甚至会倒贴钱的老爸，可恰恰我自以为最擅长的就是写字和游泳，真有点儿“打脸”。如果不是这样，也不得不承认俺家“神坛”的门槛太低，或者“跌落”与否意义不大。

赵老弟两口、张老弟两口、李老弟两口和辛老妹抱着一捧捧鲜花出现了，又见到亲老弟、侄女两口、大内侄两口、小内侄，还有学生小尚两口、小于两口、小薛两口、小卓两口，喜出望外。王老弟从诸城快递来烤肉，李老弟两口从威海捎来无花果，还有“李老师，我们也悄悄爱着你哟！”之类的“隔空喊话”，大生日的氛围感拉得满满。

女儿女婿定做的生日蛋糕

在这个“最有爱的日子”里，我开了瓶好酒，瞅着扎堆美食，在统统造光之前，发表了“被宠感言”：

过生日，从某种意义上来说，是对自己感情生活的一次盘点。我喜欢什么样的人呢？约略如下：实在，心性相通，能产生心流，也就是一种心理的充实和愉悦。今天来的各位，都是实实在在的性情中人。每一位身上，总有吸引我的这样那样的优点，却没有让我难以容忍的缺点。平时不光联系紧密，而且相处轻松。话分两头说，我哪有什么这好那好，只不过是你们有多好，好到总是觉得投缘，总能同频共振，总会又亲又近，即使我有“性格缺陷”，还“爱显摆”，也没被减分，甚至悄悄地还给加分。这是一种情分、一种厚爱。正是你们的出现，才使我人生的格局被撑大了许多，才使我的日常生活更充实、快乐和美好……

自家北窗外，是新落成的山东大学青岛校区体育馆，紧挨着海滩。我见海则喜，见浪则嬉，下午把下海游泳、拍照正经当成一次特别的纪念仪式。

在鳌山湾海滩

鳌山湾海滩有“黄海暖流”和“沿岸流”两股洋流加持，海水温润清浅。我换上一条辨识度极高的虎皮花纹泳裤，把外孙女一下子惊到了，她脱口而出：“姥爷，你确定这是男生穿的？”我说：“确定呀，这是我最好的一位学生刚送的，他专门为我这个‘老男生’量身选定的。怎么了，虎年穿虎皮花纹泳裤下海正搭呀，你该叫好才是！”她半信半疑的，还想说些什么，可我已下海扑腾起来，还故意展示起蝶泳：脑袋、花泳裤、大脚丫三点一线，有节奏地一浮一沉，紧紧抱着救生圈的外孙女一整个笑晕。

地中海欧陆风格的皇冠假日度假酒店紧挨着沙滩，这个典雅大气的建筑衬托上蓝天、白云和退潮的沙滩，天、地、海、物融为一体，色彩鲜亮明快。在这个巨幅“画板”中，我的出现与水中倒影产生对称、呼应的趣味，形成虚实“对话”，虽然在画面比例不大，但其意境不差，它构成了“点线面”中的一个“点”，疏密相间，恬静清雅，富有韵律感。欠缺之处：没有等待时机，拍出这把年纪还纳悦自己的“神韵”。

在即墨皇冠假日度假酒店海滩

我怎么看怎么觉得照片景太好，人太差："鼻子不是鼻子，脸不是脸"，凭咱超强的虚荣心，干脆"换脸"，我把刚刚学会的"手机抠图"派上用场，打开软件"工具""双重曝光"，点击几下，轻松搞定。不过，画面放大，还是能看出"破绽"，但至少彰显出个人的审美喜好。尽管这是一个虚假的自我沉浸、自我感动的过程，可自我沉浸、自我感动也是一种沉浸、一种感动，有就比没有强。

碧色可人、清香四溢的韭菜水饺，把人挠得心痒痒的，晚饭如愿以偿。碗筷一推，看着一张张自拍照，心里念叨：不贪十分，八分就好。一张不可近瞅只可远观的沙滩照，成了我 70 岁生日最好的纪念照。美好总是在不经意间到来，今天兴奋愉悦的心情，具有冲出图片扑面而来的感染力，看着看着，又笑了。

在鳌山湾景区

2022 年 8 月 17 日